ANSYS 电磁兼容仿真与场景应用案例实战

主　编　肖运辉　张　伟

副主编　曹根林　李　旭　杨利辉

参　编　王晓峰　倪　胜　何雅威

　　　　张　旭　罗　辉　王　翔

　　　　吴紫玉　刘　捷

机械工业出版社

本书是一本站在仿真角度，面向电磁兼容设计与整改工程应用的实战指导参考书。

本书对电磁兼容仿真有关的基础知识、框架技术和相关工具进行系统介绍，并根据实际工程问题，归纳整理大量具体应用案例，包括机箱、线缆、PCB、整机、电磁环境等多个层次方面，涵盖实际工程问题的需求描述、仿真方法和工具、仿真流程、结果分析等多方面内容，具有极高的工程实战参考价值。

本书适合从事电磁兼容设计和整改的电子设计工程师，以及相关研究院所、高校从事电磁兼容研究的研究人员和相关师生用于工作实战指导和学习参考。

图书在版编目（CIP）数据

ANSYS电磁兼容仿真与场景应用案例实战/肖运辉，张伟主编. —北京：机械工业出版社，2023.9（2024.11重印）
ISBN 978-7-111-73655-4

Ⅰ.①A… Ⅱ.①肖… ②张… Ⅲ.①电磁学-计算机仿真-有限元分析-应用软件 Ⅳ.①O441.4-39

中国国家版本馆 CIP 数据核字（2023）第 149753 号

机械工业出版社（北京市百万庄大街22号　邮政编码100037）
策划编辑：林　桢　　　　　　责任编辑：林　桢　朱　林
责任校对：郑　婕　张　薇　　封面设计：鞠　杨
责任印制：单爱军
北京虎彩文化传播有限公司印刷
2024 年 11 月第 1 版第 3 次印刷
184mm×260mm · 24.5 印张 · 546 千字
标准书号：ISBN 978-7-111-73655-4
定价：109.00 元

电话服务　　　　　　　　　　网络服务
客服电话：010-88361066　　机 工 官 网：www.cmpbook.com
　　　　　010-88379833　　机 工 官 博：weibo.com/cmp1952
　　　　　010-68326294　　金 书 网：www.golden-book.com
封底无防伪标均为盗版　　机工教育服务网：www.cmpedu.com

　　我非常荣幸地向大家推荐这本期待已久的新书——《ANSYS 电磁兼容仿真与场景应用案例实战》。本书是关于 ANSYS 电磁兼容领域的权威指南,不仅提供了解决方案和工具的讲解,还包含了丰富而详细的案例教程,为业内同行提供了宝贵的参考和学习资料。

　　如今,电磁兼容已经成为电子领域中不可忽视的重要环节。在日新月异的技术发展中,电子产品和系统相互之间的电磁干扰问题越来越突出。解决这些问题对于确保设备的正常运行、提高产品质量和可靠性至关重要。而 ANSYS 公司作为业界顶尖的仿真软件提供商,提供了一系列强大的工具和解决方案,可以帮助我们有效应对来自电磁兼容的挑战。

　　本书的作者团队来自 ANSYS 公司及合作伙伴的资深工程师队伍,具有不同的行业背景和经验,更具有非常深入的理论背景研究和积累,尤其对仿真软件相关解决方案具有全面而深入的多年经验使得本书的案例教程具有更加突出的代表性和针对性,从而更加具有学习价值和参考价值。他们经过多年的研究和实践,在 ANSYS 电磁兼容仿真领域积累了丰富的经验和知识。他们将这些宝贵的经验汇集于此,无论读者是工程师、研究人员还是学生,本书都可以成为他们学习和应用 ANSYS 电磁兼容仿真的必备指南。通过阅读本书,读者将能够深入了解电磁兼容的基本概念、常见问题和解决方案。通过逐步的案例教程,将学会如何使用 ANSYS 工具来模拟和分析电磁兼容问题,并掌握解决这些问题的关键技术。而在这个快节奏的科技发展时代,掌握先进的仿真工具和技术将是确保产品质量和市场竞争力的关键。

　　本书的亮点之一是丰富的案例教程。这些案例覆盖了多个行业和领域,涉及电子设备、通信系统、汽车工程等众多应用场景。每个案例都详细介绍了问题的背景和要解决的挑战,然后逐步引导读者使用 ANSYS 工具进行仿真建模、分析和优化。通过实际案例的学习和对附带工程文件的练习,读者能够掌握关键的技术细节和解决问题的方法,从而更好地应对实际工程中的电磁兼容挑战。

　　此外,本书还提供了大量的工程文件和视频教程,以帮助读者更好地理解和应用所学知识。无论是初学者还是经验丰富的专业人士,这些文件和资料都能够帮助其更直观地理解 ANSYS 工具的使用和对仿真结果的解读。

　　最后,我要向作者团队表示衷心的感谢。他们的辛勤努力和专业知识使得本书成为可能。他们的经验和见解将成为读者学习和应用 ANSYS 电磁兼容仿真的宝贵资源。

我希望本书能够成为读者在电磁兼容领域的得力助手，帮助其解决实际工程中的挑战，并取得更加卓越的成就。无论是学术界的研究者，还是工业界的从业者，本书都将为其提供宝贵的知识和实践经验。

祝本书取得巨大的成功，并为业内同行带来实质性的价值和启发。

ANSYS 公司中国区总经理

这是一本站在仿真角度，面向电磁兼容设计与整改工程应用的实战指导参考书。

电磁兼容（Electromagnetic Compatibility，EMC）是指设备或系统在其电磁环境中符合要求运行并不对其环境中的任何设备产生无法忍受的电磁骚扰的能力。因此，EMC 包括两个方面的要求：一方面是指设备在正常运行过程中对所在环境产生的电磁骚扰（Electromagnetic Disturbance）不能超过一定的限值；另一方面是指设备对所在环境中存在的电磁骚扰具有一定程度的抗扰度，即电磁敏感度（Electromagnetic Susceptibility，EMS）。

一千个人眼里会有一千个哈姆雷特，对电磁兼容问题来说，亦如乱花入眼，各有不同。其涉及的行业众多，学科庞杂，从业者的背景多样，他们对问题的理解有深有浅，经验有多有少，所以一直以来，解决问题对专家的依赖度非常高。仿真是先进的有效手段，然而仿真终归是帮助工程师验证想法和辅助做出判断的工具，并不能替代工程师直接做出决定，而一旦转向借助仿真手段来辅助解决实际工程问题，对于跨界或初级人员来讲，往往就不知所措，无从下手。

电磁兼容仿真旨在用软件仿真的手段解决实际工程中的问题，但由于实际问题的种类繁多，场景多变，所以一个软件或一条技术路径，往往是不够的，而每一个软件或每一条技术路径，都有其门槛，也就是所谓的学习成本问题。对于工程师来说，不管白猫黑猫，抓到老鼠就是好猫，我们的目的是解决问题，而不是成为一个仿真软件专家，所以最低成本的入门，把仿真手段用起来，就是最切实际的学习之道。

所以，我们特别需要有一套浅显而完整的仿真逻辑，将电磁兼容仿真涉及的方方面面，用到的各种工具和流程，用最具体的方式呈现给读者，说清楚其思路、方法、过程及结果，并能提供实际操作案例甚至是视频教程，帮助使用者快速建立系统化的仿真框架，在工具层面实现落地，结合实际工程问题，先模仿，再创新，最后融会贯通，将最先进的仿真技术应用到我们的工程实践中去。

本书整理的初衷即来源于此，首先对电磁兼容仿真有关的框架技术和相关工具做一个简单的介绍，帮助使用者对后面案例用到的技术和环境有一个基本的了解；然后根据实际工程的问题划分，分门别类整理了十几个较为详细和具体的案例，覆盖机箱、线缆、PCB、电源、驱动系统、射频天线、整机、环境等多个层次方面，内容涉及问题的需求描述、仿真方法和工具、仿真流程、结果分析等多个部分。

本书所包含的案例，相互之间基本独立，覆盖范围差异明显，使用者可根据自己的问题类型选择单独参考和使用，也可以作为系统性研究电磁兼容仿真的框架材料来参考。案例配套了可复现的工程文件以及部分视频教程，帮助大家更方便地将学到的技术和方法落地，帮助消化和吸收。

本书的适用对象主要为高科技行业、新能源行业、工程机械行业、消费电子行业等涉及电磁兼容工程仿真问题的相关从业人员，也可作为高校电子类专业广大师生的仿真应用参考材料。

由于本书的目标是通过案例的方式介绍方法和思路，对软件和底层技术的介绍无法深入，所以本书需要读者对相关软件和技术已经有基本的了解。如需要了解更多软件使用方面的材料，建议联系相关厂商的技术人员。

本书涉及子学科和行业众多，虽然从编者角度已经尽最大努力，兼顾专业价值和行业价值，但由于眼界和经验所限，所述内容及方法流程的不足之处在所难免，恳切希望得到广大读者的积极反馈和建设性意见，帮助我们做到更好。

CONTENTS

目 录

第1章　电磁兼容基础与仿真

1.1　电磁兼容基础

1.1.1　何为电磁兼容

先举一个最常见的电磁兼容现象的例子：在手机来电时，传声器会出现失真，伴有刺耳的"吱吱"声或者电视机/计算机屏幕出现闪烁，这些是因为手机通信的电波从空间耦合到传声器、电视机/计算机接收天线上使其受到干扰。

现代社会是科学技术蓬勃发展的时代，而所有的新技术新应用，其底层都离不开电子技术，包括强电、弱电、微电子等方方面面的技术发展和广泛应用，而电磁兼容问题，可以说是与这些技术和应用相伴相随、共存共生的，工程人员要做的是用巧妙的技术手段达到平衡，使得设计变得强健的同时，不对外部造成不必要的干扰。

国家标准 GB/T 4365—2003《电工术语　电磁兼容》对电磁兼容所下的定义为"设备或系统在其电磁环境中能正常工作且不对该环境中任何事物构成不能承受的电磁骚扰的能力"，即电子、电气设备或系统在同一电磁环境中能良好执行各自功能的这样一个共存状态。简单点说，就是各种设备都能正常工作又互不干扰，达到"兼容"状态。所以电磁兼容所要求的是在共同的电磁环境中，不受干扰且不干扰其他设备。

电磁兼容包括两个方面的要求：一方面是指电子、电气设备或系统在正常运行过程中对所在环境产生的电磁骚扰不能超过一定的限值，即 EMI（Electro Magnetic Interference，电磁干扰）。另一方面是指电子、电气设备或系统对所在环境中存在的电磁骚扰具有一定程度的抗扰度，即 EMS（Electro Magnetic Susceptibility，电磁敏感度）。

1.1.2　电磁兼容三要素

产生电磁兼容问题必须具备以下三个要素（见图 1-1）：骚扰源（干扰源）、耦合路径、敏感设备，被称为电磁兼容三要素，缺少任何一个都构不成电磁兼容问题。

干扰源即产生骚扰的电子、电气设备或系统，说明骚扰从哪里来；耦合路径是将干扰源产生的干扰传输到敏感设备的路径，说明骚扰如何传输；敏感设备是受到骚扰影响的电子、

耦合路径

干扰源　　　　　　　　　敏感设备(受扰体)

图 1-1　电磁兼容三要素

电气设备或系统，说明骚扰到哪里去。

电磁干扰源通常分为自然干扰源和人为干扰源。

自然干扰源，包括大气噪声干扰，如雷电；太阳噪声干扰，即太阳黑子的辐射噪声；宇宙噪声，即来自宇宙天体的噪声，以及静电放电，如人体、设备上所积累的静电以电晕或火花方式放掉。

人为干扰源指电子、电气设备和其他人工装置产生的电磁干扰。随着近现代电子科学技术的蓬勃发展，人为干扰源几乎无处不在，常见的人为干扰源包括无线电发射设备（包括移动通信系统、广播、电视、雷达、导航及无线电接力通信系统），工业、科学、医疗（ISM）设备（如高频手术刀、X 光机、核磁、CT、高频理疗设备等），电力设备（包括电机、继电器、电梯等设备），汽车、内燃机点火系统（汽车点火系统产生宽带干扰，从几百千赫到几百兆赫），电网干扰（指由 50Hz 交流电网强大的电磁场和大地漏电流产生的干扰，以及高压输电线的电晕和绝缘断裂等接触不良产生的微弧和受污染导体表面的电火花），高速数字电子设备（包括计算机和相关设备）。

电磁干扰的耦合路径是指传输电磁干扰能量的通路或媒介，分两种方式：传导传输方式和辐射传输方式。从被干扰的敏感设备角度来看，干扰的耦合可分为传导耦合和辐射耦合两类。任何的系统与外界沟通，不管是通过有线还是无线方式，都一定会有暴露的路径，而解决耦合路径的干扰耦合，主要通过屏蔽或滤波的方式。

敏感设备是指当电磁干扰发生时，会受到电磁危害导致性能下降或失效的器件、设备、分系统或系统。任何电子、电气设备都可能是干扰源，也可能是敏感设备；干扰源可以是无信息的电磁噪声，也可以是有用的功能性信号。

以上电磁兼容的三要素，构成电磁兼容问题分析的基本应用场景，是我们理解和研究电磁兼容问题的基础，干扰源是因，受扰体是果，耦合路径是链接因果的路，所有电磁兼容问题的解决手段，都可以从这三个方面来想办法。

1.1.3　电磁兼容标准

电磁兼容标准是指导电磁兼容设计、试验等工作的法律性文件，用于电子电气设备、系统的论证、设计、试验、使用等各个阶段的工作流程和操作。因此，电磁兼容测量、试验标准既是电磁兼容实验室测量必须遵守的规范，也是进行电磁兼容现场测量时尽量借鉴、参考的依据。

要了解电子产品与系统的电磁兼容问题和相关测试标准法规，先要从分析形成电磁干扰现象的基本要素出发，而这些组成要素和相关的干扰能量的传输机制就是相关测试法规和测试方法的基础。前面已经简单地介绍了相关的概念，即电磁兼容三要素：干扰源，耦合路径以及受扰体。

电磁兼容标准和规范分为两大类：EMI 和 EMS。当噪声源为待测物而受扰体为量测仪器时，即为 EMI 测试；反之，如果噪声源为产生干扰信号的仪器，而受扰体为待测物时，则为 EMS 测试。任何电子设备既可能是一个干扰源，也可能是一个被干扰体，所以，电磁兼容测试包含 EMI 测试和 EMS 测试。

目前电磁兼容的标准分为国际标准、地区标准、国家标准以及行业标准。国际标准包括国际标准化组织（ISO）标准、国际电工委员会（IEC）标准和国际无线电干扰特别委员会（CISPR）标准。地区标准如欧洲经济委员会法规（ECE Regulation）标准、美国联邦通信委员会（FCC）标准、日本电磁干扰控制委员会（VCCI）标准。国家标准主要包括国家标准化管理委员会（SAC）制定的 GB 国标相关标准以及军用设备标准 GJB。

行业标准包括家电行业电磁兼容标准，汽车零部件和整车电磁兼容标准等。无论何种电磁兼容标准，目前电磁兼容的验证主要依赖原型样机测试认证。目前的电磁兼容测试认证主要包括了以下几个大类：传导发射（CE）、传导敏感度（CS）、辐射发射（RE）和辐射敏感度（RS）测试。

1.1.4 电磁兼容测试

电磁兼容（EMC）测试是产品设计过程的关键部分。由于 EMC 认证是产品上市销售的必要条件之一，因此正确掌握设计的这一要素至关重要。EMC 测试是测量电气产品在其预期的电磁环境中令人满意地运行的能力，而不会对该环境中的任何目标产生无法忍受的电磁干扰。EMC 与其他安全方面不同，因为电磁现象存在于所有电气设备的正常使用环境中。

产品 EMC 测试在设计、开发和生产阶段均有进行，以确保所有产品在到达最终用户之前都是安全的。EMC 型式试验通常比常规生产试验严格得多，因为它们旨在验证产品的安全设计。此外，在 EMC 测试期间，必须对产品样品进行通电。

EMC 测试的主要类型如下：

1. 辐射发射测试

辐射发射测试测量电气产品无意中产生的辐射的电磁场强度。

2. 传导发射测试

传导发射测试测量产品产生并传导到电源线上的电磁能量部分。

3. 闪烁测试

闪烁测试是排放测试的另一种形式。它有助于确定产品样品是否在分支电路中产生波动负载，从而导致 RMS（有效值）电压波动和闪烁。

4. 辐射射频电磁抗扰度测试

辐射射频电磁抗扰度测试测量产品对辐射射频电磁场干扰的抗扰度性能，以模拟发射电磁波的干扰。

5. 静电放电抗扰度测试

这种形式的 EMC 测试评估外壳、可访问端口和产品样品的其他类似区域的静电放电抗扰度的性能。

6. 浪涌抗扰度测试

浪涌抗扰度测试评估设备对浪涌干扰的抗扰度性能。

7. 磁场抗扰度测试

这种形式的 EMC 测试测量电气产品对磁场干扰的抗扰度性能。

8. 电快速瞬变脉冲群（EFT）抗扰度测试

该测试有助于评估产品对电快速瞬变脉冲群干扰的抗扰度性能。

9. 谐波测试

谐波测试测量电气产品的谐波电流要求。

电磁兼容测试是非常专业且庞大的一个方向，这里不做深入的探讨，有兴趣的读者可自行参考有关专业书籍。但这里想澄清的一点是，对电磁兼容仿真而言，与测试对标从来不是其目的，而找到问题根因，解决存在的电磁兼容问题才是其目的。因为除了部分无源性能指标以外，大部分电磁兼容测试中，其测试条件和仿真的输入条件就很难对标，这就导致其结果的参考性，不是以对标为目的。这也是很多来自电磁兼容测试背景的工程师容易误解的地方。

1.2　电磁兼容仿真

传统产品的电磁兼容设计，主要依靠经验和测试，对于电磁兼容问题的故障定位和解决方法缺乏有效的手段，成为制约系统性能的瓶颈。在整机系统级，如果仅依靠经验和测试来解决电磁兼容问题，难度非常大，解决问题的周期也会非常长，很有可能会影响产品的上市时间。

而电磁兼容问题在产品开发过程的越早期解决，可用的措施越多，所需成本也越低，而到了产品开发过程的末期，则可用措施会非常少，且成本会呈指数级上升，如图 1-2 所示。高性能计算机技术和软件工程的飞速发展，为虚拟仿真现实世界的物理现象提供了可能，越来越多的工程设计倾向于借助仿真工具解决问题。

1.2.1　什么是电磁兼容仿真

所谓软件仿真就是将各种现实世界的物理现象和自然规律，归纳为数学方程和公式，再利用软件编程，转化为计算机能够处理的数值计算问题进行模拟的过程。从 1960 年美国加州大学伯克利分校诞生的第一个 SPICE（Simulation Program with Integrated Circuit Emphasis）程序开始，电子仿真软件仿真几乎伴随着计算机和芯片技术的发展同步发展。1985 年随着 ANSYS 公司第一款电磁场有限元仿真软件 HFSS 诞生，使用仿真软件模拟电路工作状态和电磁场传播特性，仿真电磁兼容问题成为可能。采用软件仿真的方式对电磁兼容问题进行模拟和推演，帮助定位问题和解决问题的计算机辅助技术，被称为电磁兼容仿真。

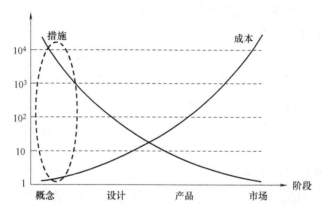

图 1-2　解决电磁兼容问题的措施、成本与产品开发过程的关系

电磁兼容本身包含两个概念：电磁干扰（EMI）和电磁兼容（EMC）。电磁干扰（EMI）是指由电磁现象引起的设备、传输通道或系统性能的下降。电磁干扰又分为传导干扰和辐射干扰两种：传导干扰是指通过导电介质把信号耦合（干扰）到另一个电网络；辐射干扰是指干扰源通过空间把其信号耦合（干扰）到另一个电网络，当频率高到信号线长度可比拟于信号波长时，辐射现象就比较显著，从而产生电磁辐射干扰。电磁兼容（EMC）是指在有限的空间、时间和频谱资源下，各种设备共存而又不致引起性能降低的科学。

电磁兼容问题，由于目标的尺寸和工作模式、频率不同，电磁噪声产生和传播的机理有很大不同。电磁兼容仿真软件无论在仿真规模和仿真精度上，目前和可预见的相当长一段时间内都无法完全取代测试。即便如此，在不同的尺度上，针对特定的问题，采用合适的电磁兼容仿真软件并相互配合，提前预测待测设备的电磁辐射和兼容特性、定位问题的根源，并权衡各种改进措施对系统电磁兼容性能进行改善，可以大大节省测试和定位解决问题的时间和成本，并有效提升系统的电磁兼容特性。

更重要的是，通过电磁兼容仿真软件的学习使用，可以非常直观并有效地了解电磁兼容产生的机理和电磁噪声传播的方式，从而加深对电磁兼容问题的理解，从设计之初就重视并采取合理的设计规范，避免电磁兼容问题在最后样机测试认证或实际工作时刻发生。

1.2.2　电磁兼容仿真技术的挑战

审视行业内的电磁兼容仿真相关技术和软件，可以归纳出来以下几个方面的挑战是决定电磁兼容仿真水平和应用的重要因素。

1. 规范的设计流程

电磁兼容问题具有随机性和多样性，传统的设计思路中仿真软件起到的作用是在加工测试前的预测评估，而复杂系统的电磁兼容问题涉及的分系统、设备、器件众多，通过精确建模来预测评估难以实现，若采用等效的方法对问题进行简化，则又需要逐个问题进行分析，方法往往不具备通用性。因而导致许多电磁兼容项目设计思路不清晰，测试与仿真的手段缺乏有效的结合，没有形成具有可操作性和可重复性的设计流程。

2. 仿真工具间的协作与互通

电磁兼容问题往往涉及的研究对象多而复杂，简单的技术工具往往具有明显的功能短板，用于实际工程会捉襟见肘，难堪大用。电磁兼容仿真工具应能够同时进行电路维度和电磁场维度的仿真计算和信息协作，互为支撑，应包括对天线、大尺寸平台、线缆线束、雷击、静电等各类部件和现象进行建模和仿真的能力，这样才能形成全面解决电磁兼容问题的工具基础和能力基础。

3. 复杂问题的大规模计算能力

电磁兼容项目涉及的问题尺度往往跨度大、覆盖频带宽、分系统和设备众多、结构复杂，容易产生巨大的计算量。比如，一个飞机平台上的天线布局问题通常达到数百个电波长以上。目前，用于仿真的计算机典型配置都是几十个 CPU 核和几百 GB 内存，今后用于系统级电磁兼容仿真的计算资源将需要上百个 CPU 核和数 TB 内存，也需要仿真软件全面支持高性能计算，充分利用硬件技术的发展红利。

4. 跨学科的协同设计能力

实际工程问题的解决，往往是多学科共存、相互影响的，如果在仿真的层面，也能做到多学科的协同设计和计算，对问题的解决无疑锦上添花，解决问题的迭代次数更少，可充分享受到仿真带来的便利。比如常见的机箱设计，电磁屏蔽性能是其核心的设计指标，同时，内部电子设备的存在，需要有良好的散热设计，但通风孔的存在，对屏蔽性能却是起反作用的，所以需要在这两方面做合理的取舍和平衡，这就需要用到电磁屏蔽计算和散热设计计算两个学科方向的仿真计算。

1.2.3 电磁兼容仿真软件的分类

电磁兼容仿真软件从算法上大体上分为两类：一类是基于等效电路法，或者经验公式、经验规则检查类的软件；另外一类是基于数值计算类的软件，二者各有特点。

基于等效电路法或经验规则的电磁兼容仿真软件，最大的特点是仿真速度快，使用相对简单，但是对于仿真目标结构、尺寸或工作方式有局限。这些软件在以前计算机运算速度和内存都比较有限，仿真软件计算能力较低的时期比较流行。

数值计算类的电磁兼容仿真软件，对仿真目标的结构、尺寸等普适性要好得多，但主要问题是仿真速度慢、效率低。为了突破计算效率的瓶颈，一方面需要有更强大的计算机资源，另一方面在软件算法方面要进行突破。美国 ANSYS 公司的电子桌面系列电磁场和电路仿真软件，针对电磁兼容问题，在部件级推出了一系列针对性的电磁场和电路数值计算软件，分别针对芯片和封装，SiP 和 PCB 电路，开关电源部件和系统，电机及其控制系统，线束线缆，机箱和屏蔽结构，天线平台等进行建模和分析。此外，ANSYS 的高性能计算（HPC）技术，还可以自动将大规模仿真问题分布到网络上互联的多台计算机或大型计算机的各个计算节点并行仿真，不仅使得仿真问题的规模增加很大，而且提高了仿真效率。

电磁兼容仿真根据仿真目标的尺寸和工作模式、频率，分为多个层次的仿真。一般电磁兼容仿真包括四个层次：系统级，子系统级，设备级，部件级。

1.2.3.1 系统级

系统级是指在整个待测设备整体的电磁兼容分析。系统级电磁兼容仿真主要研究系统设备布局中的电磁隔离度评估、各个子系统电磁辐射指标分配及整机 RCS（雷达散射截面）等内容。系统级的电磁兼容分析，重点在于电磁场定性分析，通常会涉及大尺寸的研究目标对象，或者是复杂的系统级场景，往往需要较强的高性能计算能力才能在系统级对仿真问题进行较高精度的建模和仿真。

1.2.3.2 子系统级

子系统级是指在整机系统中相对独立的各个分机或单元的电磁兼容分析，如伺服子系统、信号处理器子系统、二次电源子系统等。子系统级电磁兼容分析，起到承上启下的作用——既关注从系统级分配的辐射指标，以及与其他子系统的相互干扰和电磁隔离度，也关注来自底层设备级和部件级的电磁辐射源、互联/屏蔽滤波等部件，组合在一起产生的系统电磁辐射。

子系统级的电磁兼容分析，求解的目标尺寸一般比系统级要小一些，重点在于电磁场混合算法集成——既有大尺寸和高性能求解能力，同时又能够通过数据链接或特殊边界条件设置，集成来自设备级和部件级的电磁场仿真数据，在具备求解一定规模尺寸问题的前提下，兼顾设备和部件的细节。

1.2.3.3 设备级

设备级电磁兼容仿真主要研究各个单机的电磁辐射特性，包括构成单机的单板、电源、线缆和屏蔽机箱等，利用专用的电磁场和电路仿真软件，对各个设备在各种工况下的电磁辐射值进行模拟分析。设备级电磁兼容分析，重点在于专用电磁场仿真工具与通用电磁场仿真工具的结合，电磁场仿真工具与电路系统仿真工具的结合。一方面，专用的电磁场仿真工具可以方便地对线束、封装、电机、变压器等三维结构建模或者提供方便的接口直接导入 PCB 版图或连接器模型进行分析，并与通用电磁场仿真工具配合实现集成化仿真；另一方面，电路和系统仿真工具可以导入或者建立有源器件的 SPICE 或 IBIS 行为级模型，并设置工作频率和工作模式，与不同电磁场工具配合，实现设备级电磁辐射分析。

1.2.3.4 部件级

部件级电磁兼容仿真研究 PCB 单板、电机、变压器、开关电源电路、屏蔽结构、线束线缆、连接器等各个部件的电磁辐射或屏蔽隔离特性。部件级电磁兼容仿真主要使用各种专用电磁场仿真工具，导入或者建立部件模型，仿真电磁传播和屏蔽特性，对部件设计和选型提供参考依据。

1.2.4 电磁兼容仿真的应用价值

电磁兼容仿真由于其基于虚拟原型的低成本及高效率、易于重复等特性，能在设计之初引入虚拟正向设计，将电磁兼容设计风险从设计开始就处于可控状态。其主要的应用价值有以下三个方面：整体规划和指标分配，问题复现和验证，以及问题诊断和整改。

1.2.4.1 整体规划和指标分配

系统层面的电磁兼容整体规划和指标分配需要有一套行之有效的设计方法，国内外都处于蓬勃的研究发展之中。然而，不管什么类型的设计方法，都需要有足够多、足够有效的数据，帮助其做出选择和决策，而电磁兼容仿真，就是这样的低成本实现数据获取的不二之选，仿真数据的多样、分析的深度、拆解的灵活是其他任何一种研究方法都无法比拟的。

1.2.4.2 问题复现和验证

这类应用应该是仿真的最基本应用方式了，也是仿真的最基本能力。给出确定的问题描述，根据问题条件建立合理的仿真模型，得到关心的仿真结果，按照预期的方式，去解读和验证仿真结果。比如汽车雨刮电机产生的电流脉冲信号，对车灯照明的干扰影响，即可通过建模仿真的方式，完整看到车灯受干扰的过程和影响程度。

1.2.4.3 问题诊断和整改

复现问题不是目的，解决问题才是。能重复做一次仿真，那就可以做十次、百次，只要条件允许，理论上，可以通过仿真得到我们要的任何数据和方案，这就是仿真的可重复性价值，可以用来实现问题的诊断和整改。我们可以改变设计的参数，改变计算的条件，从而实现无数多次虚拟的实验，从中找到问题的规律和解决的思路，用新的参数和设计去替代方案，最终得到最有效的整改，实现设计最优化，当然，优化的目标也可以是解决问题的成本。

1.2.5 电磁兼容仿真的精度问题

1.2.5.1 仿真与测试对标

仿真和测试都是为了解决电磁兼容设计中遇到的问题，只是两种不同的手段，但由于其发生作用的阶段不同，代价差异巨大。工业界的电磁兼容问题由来已久，标准和规范也都是基于测试的结果和方法来定义的，所以，一直以来都有一种测量唯一论的错觉。产品合格不合格，一切以测试结果说了算。

有了仿真手段，这种局面也并没有得到太大的改观。仿真更多的作为一种虚拟验证的手段，而没有作为辅助设计的手段，所以，经常有朋友问"仿真计算精度达到多少才算是合格的？我要如何提高计算精度？"，还有人问"仿真计算结果与实际结果偏差很大，到底是什么原因造成的？"这些问题的出发点无非是仿真者迫切地希望得到能跟测试对标的结果，或者与测试可相比拟的结果，以此判断仿真的结果有没有价值。

这问题看似简单，然而想要回答出来却并不容易。

谈到计算精度，通常指的是计算结果与真实值之间进行比较。那么问题来了，真实值是多少？有人说实验值，那问题是，实验值是否等于真实值？如果将实验值当作真实值，那仿真条件是否做到了和实验条件完全一致？注意是完全一致，这是比较的前提。否则比较两个不确定的值是毫无意义的。这个比较对象如果无法明确的话，谈精度毫无意义。

真正有价值的是数据背后的真相，即产生该问题的原因。仿真也好，测试也好，就是为了帮助设计者找到问题的症结，问题的根因，以及问题的解决之道，而不带来新的问题，从而理解问题，指导设计。

1.2.5.2　仿真的精度陷阱

1. 数值算法与数值误差

电磁兼容仿真软件对于三维物理空间的计算方法是数值算法，比如有限元算法、矩量法等，这些算法把物理问题的数学模型转换成数值模型，通过计算机进行求解。数值仿真计算是将现实世界的复杂问题抽象成能够用数学模型表达的物理问题，进而利用计算机求解数学模型得到想要的物理量的值。

从物理问题抽象得到的数学模型是连续的模型，计算机并不擅长处理这类连续模型，所以需要将连续的数学模型转化为计算机擅长处理的离散矩阵方程。离散模型建立过程中，对空间也好，对时间也罢，离散间距越小，离散模型越接近连续模型，最好是间距无限趋近于零，但这样计算机就干不了。所以需要量力而为，采用合适的离散间距（网格尺寸和时间步长）来进行求解。

比如我们知道，有限元是用四面体单元去拟合复杂的几何模型，网格的细化程度直接关系到几何模型的逼近程度，这种逼近程度，可以理解成精度的几何拟合误差。

数值算法会存在以下几个方面的误差来源，影响到仿真的结果精度。

1）模型误差——实际问题的解与数学模型的解之差。

2）观测误差——对于数学问题中所出现的一些参量，观测不可能绝对准确。

3）截断误差——一般问题通常难以求出精确解，需要简化为较易求解的问题，以简化问题的解作为原问题解的近似。比如求一个收敛的无穷级数之和，总是用它的部分和作为近似值，截去该级数后面的无穷多项。

4）舍入误差——在计算的过程中往往要对数字进行舍入，如受机器字长的限制，无穷小数和位数很多的数必须舍入成一定的位数。

2. 与仿真场景及使用者有关的精度问题

（1）建模与简化

任何的技术，必有其代价和局限性。

对于仿真而言，在给用户提供广阔的空间和可能性的同时，使用者需要对问题本身和技术手段进行取舍，在效率和精度方面取得合理的平衡，用最小的代价，解决工程中实际遇到的挑战。所以，仿真从来不是为了追求与实际一模一样，而是在付出代价尽可能小的前提下，尽可能做到具有可参考性。

仿真建模过程中，我们需要对电磁兼容问题进行问题抽取建模，选取问题的核心部分，进行精细评估，找到问题的根源。比如机箱问题，存在电磁泄漏超标，实验测试中，是在机箱内设备工作状态下，量取其一定距离的辐射场数据，取统计学结果或最坏值，以此判断其是否合格，而仿真的方法不需要去复现这样的过程，因为代价太大甚至不可能，也没必要。

所以，使用者带来的误差风险，其一就是在建模及简化问题的过程中，容易引入不必要的误差，这需要使用者对问题有较为深入的理解，有一定的电磁兼容基础，能做出合理的判断和取舍；其二是对建模做简化时带来的误差风险。

问题总是复杂的，但对问题的抽取却需要尽量简化。越是简化的问题，越容易用仿真的方式定位到问题本身，越利于理解问题本质。仿真是为了加速问题研究和解决的效率问题，时间和资源都是有限的，需要尽量提升效率，因此，我们仿真电磁兼容问题时，首先就是对模型进行适当的简化。

（2）数据完整度

仿真基于给定的模型和条件，而有的应用场景下，可能仿真者并不能获得全部的条件，或者得到的模型条件具有一定的局限性，这将是我们不得不面对的带来精度问题的另一个主要原因——仿真数据不完整。

举个例子说明，作为总体单位，我们需要对来自部件厂商的多副天线进行隔离度仿真，以评估其布局位置是否合理，理想的情况是我们具有天线的完整详细模型，也具有载体环境的详细模型，基于此进行精细化的数值仿真工作。显然，现实中，可能出现不同的情况，比如供应商出于商业原因不愿提供详细模型，或者供应商是国外厂商，产品手册中并不提供可供仿真的详细模型，而整体的天线布局仿真不会因为没有天线模型就可以不做，所以，我们需要对天线模型进行近似建模或者用类似等效源来代替，这个代替过程，无疑将引入巨大的不确定性。

回过头来看，即便数据不完整，这种情况下的仿真就没有意义了吗？

当然不是，相反，仿真具有很大的意义。数值仿真的核心价值是提供给我们一套研究方法和手段，抛开不能获得的那部分数据，其他的仿真依然可以指导对应场景下的工程设计，虽然数据不那么完整和准确，不能直接对标，但仿真的结果，能定性并定量地告诉我们，方向在哪里，规律在哪里！

1.3 基于 ANSYS 软件的电磁兼容仿真体系

1.3.1 ANSYS 电磁兼容仿真方案简介

ANSYS 的电磁兼容仿真软件，涵盖了航空、航天、船舶、车辆、机车、通信等行业电子系统中，从电子设备布局，PCB 的信号完整性、电源完整性和电磁兼容协同设计优化，到机箱屏蔽效能和孔缝电磁泄漏，线束线缆的耦合噪声和电磁辐射，开关电源电磁干扰设计，天线杂散干扰和目标特性研究，再到雷击和强电磁脉冲干扰防护，静电放电（Electro-Static Discharge，ESD）防护等多领域电磁兼容问题的研究。仿真结果可以与 GJB 151A 等电磁兼容测试相关标准进行对比，从而在虚拟样机阶段评估设计的电磁兼容裕量。ANSYS 的电磁兼容仿真软件突出特点如下：

1）多尺度多层次，通用工具与专用工具相结合，从封装 PCB 到整机全系统仿真。

2）电路与系统协同仿真，把握电磁兼容和电磁干扰中辐射源和传播路径仿真的关键。

3）支持高性能计算，快速仿真大规模和宽带复杂问题。

4）多物理场耦合仿真，协调电磁兼容与流体、散热和结构振动、应力等之间的关系。

ANSYS 的电磁兼容仿真方案，在技术层面，包括了从概要设计、电路设计，到器件选型设计的硬件设计全流程中的电磁兼容仿真，从研究电磁兼容关键的环节入手，系统全面地仿真和解决电磁兼容和干扰问题；在流程层面，强调系统电磁兼容指标的合理分配，系统与器件的协同设计，固化流畅的电磁兼容设计流程和设计经验积累，同时还兼顾散热和结构振动等多物理域可靠性设计；在部署上，兼顾分散式单机和小团队设计模式，以及集中的基于高性能计算和云存储管理模式。

1.3.2　ANSYS 电磁兼容仿真整体框架

电磁兼容属于电学科目，这当中涉及各种场景的电磁场问题和电路问题，电磁场与电路是产品 EMC 分析不可分割的两大因素，在进行电磁兼容仿真时，必须考虑电路与电磁场的协同与耦合，才能分析电磁兼容当中一系列的传导、辐射及感应问题，才能评估干扰等级及抗扰等级。

ANSYS 电学产品中涉及诸多电磁场仿真工具，适合于不同的应用分析对象的建模，包括电磁场空间分析及电路仿真，例如 SIwave 用于封装/PCB 的建模仿真，HFSS 于机箱、车体、天线等高频辐射分析，EMA3D 用于复杂线缆、车体、大型载体的建模仿真等，Maxwell 用于电机、变压器之类的低频器件建模，另外 Q3D 用于连接器、TSP 等低频部件参数抽取及场感应分析，不同场分析工具之间存在数据耦合接口，可以实现大系统的场耦合分析。同时，所有这些场仿真工具都可以与电路仿真系统实现数据的耦合与传递，包括集成于 AEDT 电子桌面的 Twin Builder 与 Circuit，这两者分别应用在机电系统和高速射频系统中，在电路系统中结合有源/无源器件的建模，进行电路时域与频域的功能分析，实现全系统的场路系统仿真，得到电路节点上的电压、电流、频谱以及三维空间的场分布等结果，从而帮助工程师分析产品对象的相关 EMC 特性，也可以再基于 optiSLang 优化平台工具，对设计参数进行优化分析，探索产品的最佳设计状态，基于 HPC 实现多机多核共享内存并行计算，提升仿真计算的工作效率。仿真整体框架图如图 1-3 所示。

EMC 包括的内容非常繁多，针对不同的产品、不同的应用场合以及不同的频段，都可能有不一样的测试标准以及流程，因此，在对产品进行 EMC 仿真之前，需要了解产品功能原理以及对其应用场景的熟悉，分析 EMC 风险点，制定 EMC 仿真的思路与建模策略，根据仿真分析的目的，参考相关的评估标准，选择正确的工具软件来进行虚拟模型的建立与仿真计算，从而获取对产品优化设计有参考价值的仿真结果。

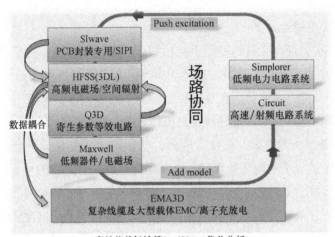

高性能并行计算/optiSLang优化分析

图 1-3　ANSYS 电磁兼容仿真框架

1.3.3　电磁兼容主要问题的仿真思路

众所周知，电磁兼容（EMC）是指设备或系统在其电磁环境中符合要求运行并不对其环境中的任何设备产生无法忍受的电磁骚扰的能力。因此，EMC 包括两个方面的要求：一方面是指设备在正常运行过程中对所在环境产生的电磁骚扰不能超过一定的限值；另一方面是指设备对所在环境中存在的电磁骚扰具有一定程度的抗扰度，即电磁敏感度。

构成一个 EMC 问题，必定涉及三大要素，①干扰源（噪声源），②耦合路径，③受扰对象。实际上，一个复杂的电子系统或者设备，可能有若干种干扰源，若干个复杂的耦合传播路径，以及若干个不同性能表现的受扰对象。所以，EMC 的测试结果，通常都是在这些因素的共同作用之下的一个结果，那么，当面对这样一个复杂的对象，该如何利用仿真软件进行 EMC 仿真？对诸多对象系统该如何进行 EMC 建模？要百分百还原复杂系统的所有因素，其实是不现实的，因为涉及太多的建模对象，例如芯片、开关器件、PCB、线缆、滤波器件、外壳、材料、天线、暗室等，所以完完整整的整机模型会有庞大的仿真数据与计算量，另外，对工程研究和产品研发效率也不具备太大的帮助，所以如何选择一条合理的且尽量简便的仿真思路，快速优化产品相关 EMC 性能分析，变得尤为重要。

做 EMC 研究分析的目的，主要有两个：一是通过相关标准的认证要求，让产品能够顺利进入市场，二是提高产品 EMC 性能，避免由 EMC 导致的电力电子设备工作异常问题。一般来说，EMC 仿真也需要考虑到三大要素的建模，包括噪声源的建模，耦合路径的建模，以及受扰对象，前面提到过，复杂系统可能有非常多的因素，实际在仿真工作当中，考虑到仿真的工程效率，工程师可以进行局部对象的建模分析，建立简易的仿真模型，迅速高效地提炼出有利于改善整机产品 EMC 性能的优化改善措施，例如，单对噪声源进行电路建模及滤波优化分析，降低噪声源强度，又例如，从空间辐射路径的角度优化设计，对产品外壳进行电磁屏蔽分析，通过优化提升外壳设计的屏蔽效能，再例如对辐射体进行空间布局分析，仿真优化线缆的辐射，这些都能起到改善整机 EMC 性能的作用，优点是简单、便捷且易定位问题。当然，如果想要仿真匹配 EMC 测试结果，那么就需要考虑对整机 90% 以上的关键对象进行建模仿真了，这样做的缺点是数据量大、建模复杂、计算耗时，且不易定位问题。

　　通常来讲，EMC 仿真相对其他领域的仿真会比较灵活，不同的工程师对同一个产品问题进行 EMC 仿真，采用的建模思路和方法都有可能不一样，自然而然结果也不会一样，当然，重点是能否给产品设计带来正向的优化措施，避免潜在的 EMC 设计风险，或改善 EMC 性能。无论是进行哪一种 EMC 的仿真，包括 RE、CE、RS、EFT、ESD、EMP、SURGE 等，都可以从噪声耦合路径的角度去做仿真分析，下面根据电磁兼容的主要耦合路径来说明基本的 EMC 仿真思路。

1.3.3.1　传导耦合

　　EMC 的耦合路径主要包括传导耦合、辐射耦合以及感应耦合，其中传导耦合的过程是信号/噪声通过导体传导干扰到受扰对象的，这里的导体可能是信号线缆、电源线缆、接地导体、PCB 上的铜箔等，通常解决传导耦合的办法是在干扰进入敏感设备之前用滤波方法从导线上除去噪声。那么在仿真建模的时候，必须要考虑到这些涉及噪声传播的回路导体的建模以及整个传导链路当中的各类器件。这里可以利用到 ANSYS 场路协同的理念，将完整的传导回路利用电磁场仿真工具（例如 SIwave/HFSS/Q3D）抽取等效模型（Spice/S 参数等），集合电路器件模型（如 TVS、共模电感、滤波器、RLC、IC、IGBT、MOSFET、LISN 等）在电路系统（Twin Builder/Circuit）当中建立仿真电路系统模型进行电路仿真，即可获取该电路的传导发射（CE）的结果，包括共模、差模的干扰频谱。根据仿真结果分析，评估产品是否存在传导干扰的设计风险，如果有，即可在电路系统中进行及时的优化改善，比如在电路系统中添加高频滤波器、共模电感等来削弱传导干扰。

1.3.3.2　辐射耦合

　　辐射耦合是通过空间将一个电网络上的骚扰噪声耦合到另一个电网络上，一般属于频率较高的部分。当传导中的噪声频率达到一定程度之后，某些导体结构会表现出天线效应，从而将传导的电磁能量通过空间辐射出去，可能会导致对其他电路/设备的干扰或者造成 EMC 认证失败，一般来说，高频的传导问题通常都伴有辐射问题，所以，在进行辐射发射仿真时，其基本思路与传导发射一致，也需要考虑传导的影响，也适用场路协同的思路，不同之处在于有更多辐射相关的内容需要计算，比如利用电磁场软件 HFSS/SIwave 计算电路传导效应的同时，也可以计算辐射问题，查看相关的辐射参数结果，例如空间场分布、3 米法/10 米法辐射强度、辐射方向图等。参考相关标准，即可评估电路的辐射发射等级、辐射热点频率及辐射相关位置等诸多信息，给工程师进行辐射发射整改提供可视化的量化参考依据。从阻隔辐射耦合路径的角度去优化 EMC 性能，可以进行空间场的屏蔽改善，例如单独对外壳进行屏蔽性能仿真优化，也能优化整机对外辐射发射性能。

1.3.3.3　感应耦合

感应耦合是发生在导体之间以及某些部件之间（例如变压器、继电器、电感器等）。它可分为电感应耦合和磁感应耦合两种，一般这类感应属于频率很低的静态场耦合。电感应耦合基本的原理是，因为源电路上的电压会产生电场，它与敏感电路相互作用后，就出现电感应耦合（容性耦合），及两个电路之间存在等效耦合电容，噪声通过这个耦合电容传递到被干扰对象上。感应强度跟源电压、频率、导体几何形状和电路阻抗等因素都相关。而磁感应耦合（感性耦合）是因为当变化的电流产生磁通时，使源电路与另一电路（敏感电路）存在链环，结果出现磁感应耦合，及两个电路之间存在等效耦合电感，同理，感应电流强度跟源电流、频率、导体几何形状和电路阻抗等因素相关。对应这类问题的仿真，也可利用场路协同的思路，通常采用低频电磁场仿真软件（如 Maxwell/Q3D）进行无源部件的建模分析，提取无源模型、集合其他器件模型，在电路系统中建立完整的感应耦合电路，仿真相应的感应噪声强度，以及分析对应的优化改善措施。

1.3.4　ANSYS 电磁兼容仿真系列工具简介

1.3.4.1　ANSYS 电磁兼容仿真工具体系（见表 1-1）

表 1-1　ANSYS 电磁兼容仿真工具体系

软件分类	软件名称	应用概念图	简介与应用
几何前处理	SpaceClaim		CAD 直接建模编辑工具，用于 CAD 结构的三维建模、简化处理，可以实现便捷的直接编辑功能，便于电磁场仿真模型的网格处理
电磁场仿真	HFSS		模拟三维电磁场以设计高频、高速电子元件。其 FEM、IE、高频近似和混合求解器技术可解决射频、微波、IC、PCB 和 EMI 等问题

（续）

软件分类	软件名称	应用概念图	简介与应用
电磁场仿真	EMA3D Cable		提供从设计到验证的工作流程，包括 EMI/EMC 认证支持。EMA3D Cable 是一种平台级电磁线缆建模和仿真工具
	EMA3D Charge		聚焦充电和放电现象。它模拟空气中的电弧、表面和内部充电、粒子传输和电介质击穿，帮助用户评估和管理与系统中过量电荷积聚相关的风险
	SIwave		解决电子设备中的电力输送系统和高速通道问题。这是一个专门的工具，用于 IC 封装和 PCB 的电源完整性、信号完整性和 EMI 分析
	Q3D		计算电子产品的频率相关电阻、电感、电容和电导（RLCG）的寄生参数。模拟和设计电子封装和电力电子设备
	Maxwell		求解静态、频域和时变电场。Maxwell 是电机、变压器、致动器和其他机电设备的电磁场低频求解器

（续）

软件分类	软件名称	应用概念图	简介与应用
电路与系统	ANSYS Circuit		高频高速电路仿真系统：支持导入各类格式的器件模型，能进行时域瞬态分析、线性网络分析、眼图分析、谐波分析、系统分析等，包含各类有/无源器件库。能够连接电磁场仿真软件工程实现场路协同仿真
	Twin Builder		多物理域、多层次的系统仿真软件，适用于电机、电磁、电源及其他机电一体化系统，以及自动控制、航空航天与工业自动化等应用领域，在 EMC 领域主要应用于电力、机电系统的电路仿真分析
优化与设计探索	optiSlang		专业的优化软件，是参数敏感度分析、多学科优化、稳健性、可靠性分析与设计优化的算法工具包

1. 几何前处理工具

SpaceClaim 是一款三维实体直接建模软件。它为工程和工业设计人员提供了充分的自由和空间以轻松表达最新的创意，设计人员可以直接编辑模型而不用担心模型的来源，同时可以为 CAE 分析、快速原型和制造提供简化而准确的模型。

SpaceClaim 支持标准数据交换格式，如 ACIS、STEP、IGES、ECAD、Rhinoceros、DWG、DXF、STL、OBJ、XAML、VRML、3D PDF，包括与 Bunkspeed、HyperShot 的交互。安装附加模块后，SpaceClaim Engineer 还可以直接导入并编辑 Pro/ENGINEER、Autodesk、Inventor、CATIAv4 和 v5、VDA、Parasolid、SolidWorks、JT™、NX 等文件。

CAD 模型在用于模具设计、CAE 网格划分、数控加工等操作之前，都需要进行模型的清理工作，去除不需要的孔、小的导圆、倒角以及小的凸台等，通常这些工作会需要很多的时间，SpaceClaim 软件的几何模型清理方法则可以快速完成。

SpaceClaim 的模型修改与清理工具里的"填充"工具极其适合去除凸台、凹陷、导圆等部位，它会智能判断所选取面所属的部位特性，然后施加不同的操作，对于凸台，执行的是去除，而对于凹陷执行的是填充，一个命令就可以完成绝大多数的清理任务。

SpaceClaim 的建模工具可以在零件或装配的任意截面视图、二维工程图以及任意 3D 视图下工作，甚至是在 SpaceClaim 的 3D 标注环境下工作。用户可以在熟悉的 2D 设计视图下通过一个布局或对 2D 元素进行回转、对称等操作即可轻松得到三维的部件。

用户能够用任意相交平面剖分模型，用以进行设计优化。替换零件的表面为另一曲面而无需对零件的其他部分进行重构，SpaceClaim 鼓励真正创新的设计。

2. 电磁场仿真工具

（1）通用的三维场分析工具 HFSS

HFSS 是功能强大的任意三维结构电磁场全波仿真设计工具，是公认的业界标准软件，它采用有限元法对任意三维结构进行电磁场仿真，仿真精度高，可用于精确的电磁场仿真和建模，在国内有广泛的应用。它拥有功能强大的三维建模工具，能够方便地建立任意的三维结构，支持所有射频和微波材料，可实现器件的快速精确仿真。

HFSS 采用了自动适应网格剖分及自动加密、切向矢量有限元、ALPS（Adaptive Lanczos Pade Sweep）和模式-节点（Mode-node）转换等先进技术，使工程师们可以非常方便地利用有限元法对任意形状的三维结构进行电磁场仿真，而不必精通电磁场数值算法。HFSS 自动计算多个自适应的求解过程，直到满足用户指定的收敛要求值。其基于 Maxwell 方程的场求解方案能精确预测所有电磁波性能，如散射、模式转换、材料和辐射引起的损耗等。HFSS 还可以与电路、系统设计工具集成在一起，实现动态链接和协同仿真。

HFSS 在 EMI/EMC 设计中解决的主要问题包括：

1）系统/整机的 EMI/EMC 设计仿真。通过精确的三维结构的电磁场仿真，得到电磁场强度分布和辐射特性及谐振模式等；从而可以准确地研究评估电子设备/系统的 EMI/EMC，比如设备的电磁泄漏、屏蔽效应、辐射强度等。

2）天线与外壳和电路板等之间的相互作用。在 HFSS 中建立实际的天线和安装环境，输入几何结构和材料特性，通过电磁场仿真，可以快速方便地得到各个天线与外壳及电路板等部件之间的相互作用和辐射特性的变化以及周边的电磁场分布等。

3）高速关键路径/复杂的三维高速结构的 EMI/EMS/SI 设计仿真。对于高速关键路径，如子电路板/背板的高速信号线、过孔、芯片封装、连接器等，可以用 HFSS 建模进行三维建模仿真得到 S 参数等，分析信号的传输、反射和阻抗匹配特性，计算辐射和色散、模式转换和材料频变效应等对信号传输的影响，并进一步设计和优化。

4）参数抽取和等效电路模型输出。通过 HFSS 仿真，结合全波 Spice 选项，可以得到任意三维结构的等效电路模型，输出格式兼容了主流的 EDA 工具仿真模型，包括 HSpice、PSpice、Berkely Spice、Ansoft Designer/Maxwell Spice、Cadence Spectre 等，用于信号完整性仿真。

（2）专业的复杂线缆仿真工具 EMA3D Cable

EMA3D Cable 通过 FDTD+TLM 的混合算法，可以同时实现三维结构与线缆的电磁仿真。

通过该软件，用户可以快速获取线缆的寄生参数、线缆的传输与串扰特性、线缆的 EMI 特性与抗扰性能。

EMA3D Cable 定位为 ANSYS 的平台级线缆电磁仿真软件，作为 ANSYS 电磁仿真框架的重要组成部分，EMA3D Cable 能与 HFSS、EMIT 等软件协同仿真，快速处理不同维度、不同级别的电磁问题，也是目前市面上唯一能兼顾大型复杂系统与产品细节的仿真软件，在复杂线缆系统的电磁仿真领域具有无可比拟的优势。支持 ANSYS 的验证导向型设计工作流程，包括线束认证和线束模型的系统级 EMI 分析，软件能够对电气布线系统线缆屏蔽和走线进行准确的 EMC 设计和验证，可帮助工程师研究大型平台设计，评估线束防护方案。

另外，EMA3D Cable 有强大的直接建模模块，基于直接建模思想，提供一种全新的 CAD 几何模型的交互操作模式，在集成工作环境中使设计人员能够以最直观的方式进行工作，可以轻松地对模型进行操作，无须考虑错综复杂的几何关联关系。

（3）专业的充放电仿真工具 EMA3D Charge

EMA3D Charge 是 ANSYS 全新的充放电预测仿真解决方案，用于分析充放电现象。软件采用时域求解器模拟空气中的电弧、材料表面及内部充放电、粒子传输与介质击穿等现象，帮助评估和管理如电力高压设备、航天器等系统中由于电荷积聚引起的材料击穿、电弧放电和 EMI 问题。EMA3D Charge 集成在 SpaceClaim 中，工程师可轻松完成模型清理、材料分配、环境定义、网格划分及仿真分析。

（4）专业的板级仿真工具 SIwave

SIwave 广泛应用于高速计算与通信、数模混合设计、消费电子设计、射频/数字混合电路设计中，是功能强大而完备的 PCB 电源完整性、信号完整性和电磁兼容/电磁干扰仿真设计工具，基于快速有限元法的 PCB 电磁场全波仿真算法，彻底突破了 PCB 布线工具和加工工艺的种种限制，能够提取实际三维结构，包括非理想的电源/地平面在内的全波通道参数，精确仿真信号线的真实工作特性。秉承 ANSYS 强大的电磁场仿真能力，针对 PCB 的结构特点，具有强大的建模能力，集成主流的 EDA 工具（Cadence、Mentor、Zuken 等）接口，非常方便而快捷，能够方便地实现 PCB 预布局仿真和布线后仿真。

此外，SIwave 还可以仿真分析整个 PCB 的全波效应，对于真实复杂的 PCB 设计，包括多层、任意形状的电源和信号线，可快速仿真整个电源和地结构的谐振频率，用来考察 PCB 上关键器件的位置和关键网络的布线路径中潜藏的辐射干扰源，并模拟放置去耦电容后对谐振的作用及影响。

SIwave 可以通过在电源和地等直流网络上设置端口，考察电源供电阻抗，了解电源分配系统（PDS）性能，并模拟放置去耦电容后对电源阻抗的影响；考察信号线和电源或地之间的耦合，了解同步开关噪声，仿真 PCB 电源完整性。

SIwave 可以添加独立源和频率变化的受控源做扫频分析，模拟数字电源或者数字信号对于敏感信号和敏感位置以及整个 PCB 的影响，从而评估电路中的干扰分布；可以做近场和远场的辐射分析，考察 PCB 的辐射特性。SIwave 的 DC（直流）分析可以仿真走线和平面甚至过孔上的电流分布密度和直流压降。SIwave 的仿真结果可以通过二维或三维图形显示，并可输出 SPICE 等效电路模型用于时域仿真和系统的频域分析。

软件支持多种扫频算法，包括离散扫频和自适应插值扫频等，能够快速得到结构的频率响应；支持频变材料特性，附带有世界主流厂商的电容模型库，能够进行 PCB 谐振模式分析、频率扫描分析、电源/地阻抗分析、信号线特性抽取、差分特性计算及直流压降分析、PCB 远场和近场辐射分析等；支持频变信号源用于辐射分析。

SIwave 拥有强大的后处理功能，能够以多种方式方便地得到需要的结果；能够直接和 ANSYS 时域/频域电路仿真工具 Circuit 集成，自动建立时域仿真原理图，加入所需的非线性器件模型，通过与 Circuit 的双向数据交换，仿真信号线的传输波形、眼图以及 SSN/SSO，以及由此引起的 PCB 辐射和数字/模拟/射频干扰；SIwave 仿真得到的辐射场还可以通过场到场的数据链接，直接输出到三维高频结构仿真工具 HFSS 中，用于仿真经过机箱屏蔽后的系统辐射特性。

（5）快速的部件参数提取工具 Q3D

Q3D 是三维结构的寄生 RLCG 参数及等效电路抽取工具，针对任意结构对象，包括电缆和线束建模、连接线、电源线等，是电气参数提取和潜藏电路分析的重要工具，在解决电路模型方面它提供给用户无比精确和方便的结果，是目前电路模型提取方面的主流工具。

Q3D 提供了从几何模型到电气性能的整个仿真环境，无缝地集成建模、网格剖分、抽取 RLCG 参数、生成 SPICE 模型和电路仿真的流程。对于不同的结构，可应用二维或三维仿真器，自动抽取出互联结构的寄生参数和电路模型，把这些模型用于 SPICE 电路仿真，可得到各种信号完整性参数。

Q3D 包含二维参数分析工具 Q2D 选项功能，基于 FEM，求解任意二维模型的 E/H 分布以及 RLCG 参数提取，包括线缆、传输线等模型，生成等效电路，分析二维截面场分布，同时具有能够与 HFSS 实现 Cable Modeling 的场数据连接新技术，达到快速高效地求解线缆辐射发射问题，同时集合电路仿真工具可以进行场路协同的仿真电路，分析线缆捆扎方式的串扰强度。

（6）专业的机电系统设计与仿真工具 Maxwell

Maxwell 是低频电磁场分析软件，具备有限元分析功能，可以从场的角度精确分析低频磁性器件的电磁性能，例如电机，包括磁通密度分布、空载性能、负载性能、谐波分析、起动工况和故障工况等；可以从场的角度对电机设计参数进行优化。Maxwell 还有一些专门针对电机的便捷前处理和后处理工具，帮助工程师快速进行电机的有限元计算和性能优化。Maxwell 采用自动自适应网格剖分技术。

Maxwell 的 MCAD 软件接口功能，可方便地导入 SolidWorks、ProE、UG、AutoCAD 等软件建立的模型，并能够对导入的模型进行 Healing 和 Model Resoluation 设置，具有智能容错算法的网格处理技术，可顺利通过网格剖分。Maxwell 也支持场路协同仿真，用户可以定义任意波形的电压源或电流源（电压和电流可以是时间、速度和位置的函数），也可以利用

Maxwell 自带外电路编辑器或 Twin Builder 定义机电产品的正常和非正常工况控制电路，来分析电机在各种工况下的性能。Maxwell 包括各类后处理功能，例如 Maxwell 具有功能强大的集成化场后处理器，能获取任意点、线、面、体上的场量分布和数据，并可以矢量图、云图、等位线、曲线图、Excel 或 TXT 文本等方式输出数据。瞬态场分析还能输出各种瞬态响应曲线，例如电机的速度、转矩、电流曲线等，并以动画的方式显示矢量、幅值、等位线等场量分布随时间的运动状态变化的情况。此外，功能强大的场计算器能计算、绘制和以动画的方式显示任意方程描述的任意场量，例如复杂的代数、三角和标量、矢量微积分运算，面积分与体积分，还可求解曲线切向和法向分量等。

3. 电路与系统仿真工具

（1）完整的电路与系统仿真工具 ANSYS Circuit

ANSYS Circuit 是 ANSYS 公司推出的集成了千兆通信系统、高速电路系统、射频电路应用等高精度设计流程中电路和系统的仿真平台，具备高性能 SI、RFIC、MMIC、无线传输系统、SoC 以及其他微波射频器件的设计仿真能力。

这个平台方便地集成了缜密的电磁场和复杂的电路系统仿真功能，具有晶体管级的仿真精度，极大的电路容量，极高的仿真速度和杰出的收敛性。ANSYS Circuit 为高速电路和微波射频电路系统设计者提供了一个全集成的图形化设计环境，实现了原理图绘制、版图绘制和导入、电路设计和优化、参数扫描、敏感度分析、统计分析、仿真结果后处理等全面功能。

ANSYS Circuit 适用于多种高速信号传输总线设计，例如 XAUI、XFI、SATA、PCIE、HDMI、DDRx 等总线构架。通过动态连接 ANSYS 强大的电磁场分析软件（包括准静态电磁场工具 Q3D、三维全波电磁场工具 HFSS 以及 PCB 板级 SI/PI/EMI 仿真工具 SIwave 等），进行场路协同仿真，方便对 PCB、数模混合电路和高速电路的时域和频域特征进行仿真分析，得到信号波形、眼图、同步开关噪声（SSN）、同步开关输出（SSO）、电源/地的波动、数模干扰等分析结果。ANSYS Circuit 支持原理图和版图设计模块、传输线建模器（准静态 Q2D）、Nexxim 电路仿真功能。其中 Nexxim 电路仿真功能包括瞬态、快速卷积、BER（误码率）、时序分析、IBIS-AMI 电路仿真分析、谐波平衡、包络分析、PXF，以及系统频域电路仿真（线性和非线性仿真）等仿真功能。

（2）低频电路仿真与数字系统建模工具 Twin Builder

Twin Builder 是一个功能强大的跨学科多领域的高性能系统仿真软件、电路和机电系统仿真设计平台，非常适合于电源系统、发电系统、机电、电力电子等领域的系统仿真分析，Twin Builder 集线路、框图、状态机、VHDL-AMS、C/C++建模语言和求解器于一体，形成了基于物理原型的、虚拟的飞机电气系统仿真分析平台。Twin Builder 具有丰富的基本模型库和专业模型库，如开关电源、电力电子、高精度电机、汽车、传感器、液压、机械等模型库，可以很方便地实现飞机电气系统的整体建模和精确的仿真分析。

Twin Builder 具有各类高级分析功能，例如敏感度分析、蒙特卡洛分析、参数化分析、最坏情况分析、3D 分析、频率分析等功能，以及基于遗传算法和单纯形法的优化设计功能，可方便用户更好地了解参数漂移等因素对系统最终性能的影响，并协助用户优选最佳设计参数和方案。能够进行电力电子器件的参数化建模，包括 IGBT、MOSFET、二极管等电力电子器件的参数化建模向导，用户可在向导的指导下输入 datasheet 上提供的特征参数和性能曲线，从而完成电力电子器件的参数化建模，确保用户仿真时所采用的器件模型与实验产品吻合，从而有助于使仿真模型无限逼近于真实的模型。可以方便地导入 ANSYS 电机设计软件 RMxprt、电磁部件设计软件 PExprt、电磁场分析软件 Maxwell 2D/3D，以及 SIwave、HFSS 等高频软件仿真获取的模型，进行高精度的、基于物理原型的电气系统运行性能分析及电磁兼容、电磁干扰分析，建立完善的全系统模型，使仿真结果更加逼近实际的测试结果。

4. 优化与设计探索工具

（1）内置优化工具 Optimetrics

Optimetrics 是电磁场仿真软件的功能模块，可控制 ANSYS 电磁场仿真工具进行优化和参数扫描，优化的目标可以是 S 参数、阻抗、本征频率、EMI 辐射、天线方向图以及电磁场分布等任意参数。参数扫描可得到非常有用的设计曲线，并能对设计参数进行灵敏度和统计分析。Optimetrics 完全集成在电磁场仿真软件的运行环境中，是一个智能的参数化和优化设计引擎，通过简单易用的界面为使用者提供参数扫描、优化、敏感度分析及统计分析。这些功能使工程师能够在较大的设计空间内了解器件的特性，快速地找出性能最好并且具有最大加工容错度的设计。

（2）生态专业优化工具 optiSLang

optiSLang 是一款用于进行参数敏感度分析、多学科优化、稳健性与可靠性分析与优化设计的专业软件。可利用 optiSLang 优秀的算法，使优化的设计过程更加快捷方便。optiSLang 的功能包括了多学科优化、参数敏感度分析、可靠性等，并可以和需要的各类软件进行连接。在近十年内，optiSLang 在许多工程领域中均得到了完善的工程应用，集成 20 多种先进算法，为工程问题的多学科优化、随机分析、多学科稳健与可靠性优化设计提供了坚实的理论基础。

1.3.4.2　ANSYS 电磁兼容仿真工具的技术特点

1. 多尺度多层次，通用工具与专用工具相结合

由于电磁兼容问题的复杂性，电磁场仿真的对象多种多样，既有结构相对简单，但是电磁尺寸巨大的飞机、舰船、卫星和车辆等运载平台，也有机构非常复杂的 PCB、屏蔽机箱、设备舱、封装、线缆线束、天线和阵列天线等，在实际工程中，经常会碰到结构复杂同时又电大尺寸的电磁兼容问题。对于结构电磁场仿真，还需要有针对性的仿真功能和仿真软件，才能确保整个设计和仿真的工程实用性。

在子系统和系统级，ANSYS 的电磁场仿真软件推出一系列混合算法——包括频域有限元、时域有限元、高阶有限元、矩量法有限元、物理光学法、FEBI（有限元积分边界）边界条件、场到场数据链接——可以灵活处理微米级到几十千米范围尺寸目标的电磁计算。

三维全波仿真工具通用性强，仿真精度高，但是，对于 PCB 和线缆/线束这类结构非常复杂的问题，不仅仿真时消耗大量的内存和时间，而且，还要花费大量的准备时间，使得仿真失去应有的工程意义。而 PCB 电磁场工具由于其代码针对 PCB 结构特点进行了优化，一般不具备三维结构机箱的仿真能力。线缆的结构虽然同样非常复杂，其结构特点与 PCB 完全不同，在直线连接部分，只需进行二维仿真，计算其截面特性即可获取线缆特性，在线缆的分支、拐弯、接地等处，才需要进行三维电磁场仿真，所以，在系统电磁兼容防护设计中，电磁场工具需要将通用的三维全波电磁场工具与电路板专用工具、线缆仿真专用工具和非线性电路软件结合起来，才能各取所长，高效率地实现仿真设计。在部件级和设备级，ANSYS 各种电磁场仿真软件之间，以及电磁场仿真软件与电路系统仿真软件之间的数据链接和协同仿真，可以精确模拟部件和设备在不同工作状况下的电磁辐射。

2. 电路与系统协同

任何电子系统在设计或者改进之前，为了兼顾性能、成本和可靠性的要求，都需要提出合理的器件参数，选择合适的信号处理技术和通信方法。电子系统级仿真可以帮助设计人员在前期尝试不同的组合，从整体上评估系统性能，从而合理地分配预算指标，确定器件参数，完成器件的选型和技术的选择。对于复杂的电子系统（如雷达系统、导航系统、通信系统等）而言，系统级仿真已经成为整个设计流程中必不可少的关键步骤。ANSYS 的电子系统设计和仿真平台，能够克服上述实际困难，使得电子系统仿真能力达到了一个新的高度。

（1）电路、电磁场和系统混合仿真能力

ANSYS 的电子系统仿真平台，支持在同一个系统仿真项目中，同时使用系统模型、电路模型和电磁场模型，能够自动使用 ANSYS 的按需求解技术，调用 ANSYS 先进的电磁场求解器（ANSYS HFSS 3D 和 3D Layout）和电路求解器（Nexxim）对电磁场模型和电路模型进行精确求解，保证了系统仿真的精确度。

（2）场路双向协同耦合

电磁兼容/电磁干扰仿真问题，主要涉及结构的电磁特性和参与辐射的能量大小。结构的电磁特性需要利用电磁场仿真工具进行电磁场计算，而参与辐射的信号能量大小则需要通过电路仿真计算。同样的结构，在不同的频率上，输入不同的信号，具有不同的 EMI 特性。另外，同样幅度的干扰信号，用于不同的结构上，对不同的器件，会产生不同的 EMC 结果。同时，对于实际工程系统来说，还要进行电路的时域和频域仿真，研究辐射干扰的幅度和传导干扰的幅度，用于进一步改进设计，验证 EMC 设计措施的有效性。

雷击和高功率脉冲信号往往通过系统结构对系统造成干扰和杀伤，需要通过电磁场仿真研究雷击和高功率脉冲作用下的系统电磁场分布，根据系统结构特点进行改进设计。同时，还要进行非线性电路仿真，研究防护电路的构成和防护效果，对电路参数进行优化设计。因此，对于系统电磁兼容和防护设计来说，电路和电磁场仿真同样都是必需的。ANSYS 能够同时提供电磁场仿真工具和电路仿真工具用于 EMI/EMC 的仿真。电磁场仿真工具既能够解决如天线布局、方舱屏蔽、天线互耦、PCB 的屏蔽与辐射、防雷和高功率电磁脉冲、屏蔽网状结构仿真等诸多电磁场仿真任务，新一代的电路仿真器可以仿真雷击和高功率脉冲 ESD 防护效果、线缆线束串扰多项功能；同时，电路和电磁场仿真还可以交互进行，相互调用，实现协同仿真，将参与 EMI 的频谱能量自动准确地输出到结构电磁场仿真工具中，进行 EMI/EMC 仿真，得到贴近实际的真实结果，避免数据失真，提高仿真结果的置信度，为设计提供可行的工程化的指导。

（3）广泛的系统器件库和卓越的仿真能力

ANSYS 的电子系统仿真平台提供了大量可以直接使用的系统器件库，包括各种非线性器件库、数学函数库、编码解码库、调制解调库、滤波器库、信号处理库、通信标准库、雷达器件库和导航器件库等。电路仿真工具可以兼容 SPICE 模型、IBIS 模型、S 参数模型等多种仿真模型，同时还可以导入测试得到的无源和有源器件模型，测试得到的时域波形和频谱。

ANSYS 系统和电路仿真器可以自动选择瞬态仿真和包络仿真，以提高仿真效率，支持多速率仿真，能够考虑非线性、噪声和失配带来的信号畸变。提供 ACRP、EVM、眼图、误码率、IP3、噪声系数、星座图、功率预算分配大的系统指标结果。

3. 高性能计算（HPC）

现今，从事各个行业研发的 ANSYS 软件的用户都具备了不同形式的高性能计算（HPC）环境，ANSYS 致力于最大限度地挖掘现有 HPC 的计算潜力，为用户提供更高性能的并行计算。在并行算法方面，ANSYS 电子产品线仿真的并行计算技术包括以下几个方面：

1）区域分解（Domain Decomposition，DDM）：利用 DDM 技术在共享内存/分布式内存系统中更快地求解更大的问题。

2）频谱分解（Spectral Decomposition）：利用冗余的计算资源更快地求解扫频问题。

3）分布式求解（Distributed Solve）：利用分布式内存系统更快地求解多参数优化及统计分析等大设计空间问题。

4）多线程求解（Multi-Threading Solve）：利用共享内存系统进行多线程并行快速求解问题。

5）有限大阵列区域分解（Finite Array Domain Decomposition，FDDM）：利用 DDM 技术及阵列的周期网格重用特性，在共享内存/分布式内存系统上快速精确地求解有限大阵列结构问题。

4. 多物理场

ANSYS 公司仿真产品的应用领域几乎涵盖了所有的物理学科，包括结构、热、流体、电磁、光、系统、电路、芯片、算法、嵌入式系统等，并将所有这些学科集成于统一的平台下，实现集成化多学科 CAE 解决方案，为用户提供最先进的仿真技术，推动产品研发，缩短研发时间，降低成本。

集成化多物理场分析平台 Workbench 支持 ANSYS 全线产品，可在统一的环境下进行多

ebench 实现了从三维参数化模型建立和导入、网格生成和仿真

1.3.5 仿真流程自动化

1.3.5.1 为什么要自动化

经过各种类型的 EMC 仿真分析后，你一定会发现仿真流程通常包括模型处理、边界与求解设置、提交计算、后处理和数据分析与报告生成等几个步骤。所有这些步骤的组合构成了复杂的仿真流程。举个例子，一个复杂的仿真流程可能包含上百个步骤，而一个系统级模型的建立可能需要上千次操作，一个综合的后处理结果需要上万次结果数据处理。

即使是最熟练的仿真工程师，在仿真过程中，也需要反复检查和确认，以确保每次设置都完美无误，这些重复而烦琐的操作往往会耗费大量时间和精力。

理论上，所有操作步骤都可以通过代码自动运行。自动化能够让整个仿真流程自动运行并自动输出所需的结果，从而实现仿真一键完成，大大提高效率。虽然理想与现实总是存在差距，但在目前的技术背景下，我们已经能够完成相当大部分的自动化操作。

当我们将重复而烦琐的任务自动化时，不仅可以节省时间和精力，还可以减少因人为错误而引起的仿真结果不准确的情况。自动化可以明显提高工程师的工作效率，使他们有更多的时间和精力去处理更有挑战性和创造性的任务。

因此，自动化在现代工程领域中变得越来越重要。

1.3.5.2 自动化能干哪些事情

让我们来看一个相对复杂的 EMC 仿真分析过程。在这个过程中，各个步骤往往都需要进行大量的软件操作或数据处理。有些操作本身并不复杂，但需要重复性规范化的操作步骤很多，如复杂模型的简化、复杂整机模型的材料属性设置、大量的端口权值修改等。如果将这些操作步骤写进脚本中，就可以实现一键执行，从而将我们从烦琐的操作中解放出来，节省操作时间，避免操作出错，提高仿真工具的产出。

自动化不仅可以减少重复劳动，还可以将我们的经验积累进行量化和固化。通过代码自动化实现工程经验积累，可以有效地促进技术创新和效率提升。例如，SIwave 中的规则检查工具就是一个典型的自动化案例。

此外，仿真通常会产生大量的数据，如何对成千上万的数据进行有效的分析，提取到有用信息也是一个挑战。通过自动化可以高效地进行数据分析，自动生成需要的结果和报告。例如，对于 5G 毫米波终端的 PD 计算，需要从上万组数据中提取最差值，如果采用测试或人工计算，显然效率非常低，自动化几乎成为唯一的选择。

最后，在面对一些复杂的仿真分析时，通常涉及多个工具甚至多个学科的协同。单个工程师很难掌握整个工具链，从而导致仿真进程的卡壳。此时，可以将整个仿真流程进行自动化，只保留需要输入的入口，涉及多工具/学科的数据交换和设置通过代码进行固化，从而实现复杂仿真的流程简化。例如，在进行电磁热耦合分析时，需要同时掌握电和热分析工具，通过自动化，可以将电和热分析工具的整体仿真流程封装到一起，重新开发一个只保留关键参数和模型输入的界面，这样工程师就只需要关心当前问题的输入和输出，大大简化了整个仿真流程。

1.3.5.3　自动化的实现路径

很多人或许会想，自己不会编程，所以可以将编程的工作外包给专门编写代码的工作室。现在有很多写代码的工程师，因此理论上来说找到合适的人员应该不是很难。但实际上，这并不容易。

大多数程序员缺乏工程数学和电子工程相关的背景，要让他们理解仿真软件的操作并熟悉其中的原理需要花费相当多的时间。特别是在工程领域，范围相对较窄，因此大多数程序员没有意愿投入太多时间去学习仿真工程相关的知识。

对程序员来说，互联网商务、网络金融或者 APP 开发等领域是更为合适的选择。因此，相对可行的方法是让仿真工程师学习编程技能，并开发所需的自动化程序。

实现自动化的代码类型并不固定，常见的有 VBS、Java Script、Python 以及 Matlab 等。然而，考虑到目前的主流趋势和 ANSYS 平台的通用性，Python 成为业界主流的选择。因此，对于实现自动化的编程语言，Python 是目前最佳选择。

（1）Python

Python 是一个高层次的结合了解释性、编译性、交互性和面向对象的脚本语言。

Python 的设计具有很强的可读性，相比其他语言经常使用英文关键字和一些标点符号，它具有比其他语言更具特色的语法结构。

解释型语言：这意味着开发过程中没有了编译这个环节。

交互式语言：这意味着，可以在一个 Python 提示符 ">>>" 后直接执行代码。

面向对象语言：这意味着 Python 支持面向对象的风格或代码封装在对象的编程技术。

初学者的语言：Python 对初级程序员而言，是一种伟大的语言，它支持广泛的应用程序开发，从简单的文字处理到复杂的数据处理和机器学习。

（2）PyAEDT

PyAEDT 是 ANSYS 公司 PyANSYS 计划的一部分，旨在优化通过 Python 使用 ANSYS 技术的便利性。

PyAEDT 是一个 Python 库，可支持用户与 ANSYS Electronics Desktop（AEDT）软件进行交互。

PyAEDT 提供了易于使用的应用程序接口（API），用于 Python 环境与 AEDT 仿真环境进行交互。用户可以从 Python 环境中创建和修改几何形状、应用材料或设置仿真，并进行仿真结果的后处理。

PyAEDT 的一个主要优势是它能够自动化重复性任务，例如参数扫描和优化研究。Py-AEDT 可以用于扫描特定设计参数的值，并自动生成每个值的仿真结果，从而使用户能够快速确定最佳设计。

PyAEDT 也具有高度可扩展性，适用于小型和大型设计项目。它可以在本地计算机上或远程高性能计算集群上执行仿真，从而可以并行运行复杂仿真。

此外，PyAEDT 与其他 Python 库（例如 NumPy、Matplotlib 和 Pandas）可以完美集成，使用户可以轻松地分析和可视化仿真结果。

整体来看，PyAEDT 是一个强大的工具，使用户能够更高效、更友好地充分利用 AEDT 仿真功能。对于希望简化仿真流程，以便更高效投入设计研发的工程师、设计师和研究人员，PyAEDT 必不可少。

PyAEDT 的主要优点有：

1）自动初始化所有 AEDT 对象，例如编辑器等桌面对象、边界等；

2）错误管理；

3）日志管理；

4）变量管理；

5）与 IronPython 和 CPython 兼容；

6）使用数据对象简化复杂的 API 语法，同时保持 PEP8 合规性；

7）不同求解器之间的代码可复用；

8）丰富的函数和 API 文档；

9）代码单元测试，以提高不同 AEDT 版本的质量。

第2章 部件级电磁兼容

2.1 机壳

2.1.1 机箱屏蔽性能分析

2.1.1.1 概述

本节主要针对 EMC 中常见的机箱屏蔽问题，即通过机箱的屏蔽作用，来阻断信号干扰的路径，从而实现设备或系统的电磁兼容。

2.1.1.2 仿真思路

本案例以某简易机箱模型为例，采用 ANSYS AEDT 2021 版本的 HFSS 软件进行一系列的模型导入、边界模拟、平面波激励的设置等，通过研究并查看机箱内部某参考点的电磁场强度，来模拟出机箱对外来干扰的屏蔽性能，并直观地展示出电磁场的分布规律与机箱的屏蔽效能场图。

由于平面波激励的均匀性，在没有机箱的情况下，任意位置为 1V/m，即 0dBV/m。故仿真得到的参考点电平值，可直接作为机箱屏蔽效能的结果。

2.1.1.3 详细仿真流程与结果

1. 软件与环境

软件采用 ANSYS AEDT 2021 版本中的 HFSS 软件，硬件环境选择 PC 或笔记本计算机均可。

2. 新建 HFSS 工程

1）打开 ANSYS AEDT（电子桌面）软件，单击 或者 Project→Insert HFSS Design，并单击 或者 File→Save As... 保存文件，注意文件名和保存路径不能出现中文。

2）设置求解类型。

在菜单栏单击 HFSS→Solution Type，打开求解类型设置，选择 HFSS with Hybrid and Arrays，单击 OK，如图 2-1 所示。

需要说明的是，软件中适用于本案例的求解类型，图 2-1 中最上面的两种均可。这里选择第二种，是因为这是 HFSS 功能最全的一种，也最常用。

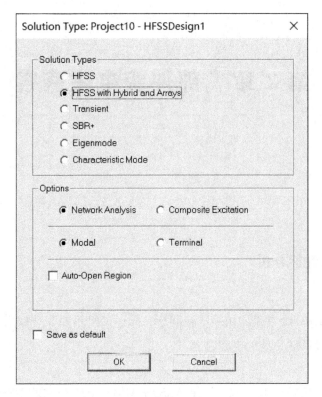

图 2-1　HFSS 中的 Solution Type

3. 模型导入与材料定义

（1）导入机箱模型

单击菜单栏的 Modeler→Import，在弹出的界面中，选择机箱模型 box_EMI. step，单击 Open 后界面如图 2-2 所示。

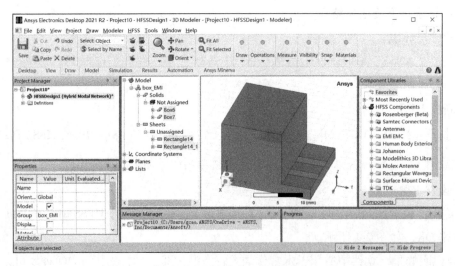

图 2-2　HFSS 中的 CAD 导入

（2）定义材料属性

在模型树管理窗口中，依次右键单击几何体 Box6 与 Box7，并单击 Properties 打开属性对话框，将 Box6 设置材料属性为 vacuum（真空），透明度均为 0.8，如图 2-3 所示；Box7 设置材料属性为 aluminum（铝）即可，如图 2-4 所示。

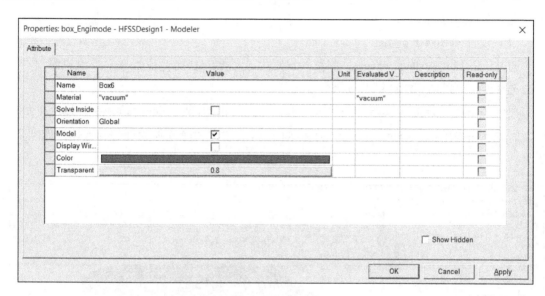

图 2-3　设置 Box6 材料属性

图 2-4　设置 Box7 材料属性

4. 设置边界条件

边界条件的设置，主要是简化建模，或者模拟一些特定的材料属性。本案例中涉及的边界条件主要有 Perfect E、Perfect H 与 Radiation 三种。

Perfect E 边界，模拟理想电边界，即理想导电的面结构。

Perfect H 边界，模拟理想磁边界，即理想导磁的面结构。

Radiation 边界，模拟吸波边界。

本案例中用到一个小技巧，Perfect H 边界覆盖 Perfect E 边界，被覆盖的部分，将等效为开孔，即自然边界。

（1）设置 Perfect E 边界

通过单击 Edit→Select→Faces，将鼠标设置为选择面的状态，或者在三维建模窗口右键单击选择面，也可使用快捷键 F 选择面状态。

按住 Ctrl 键依次选择 Box6 相应的 8 个面，通过单击 HFSS→Boundaries→Assign→Perfect E...，或者右键单击 Assign Boundary→Perfect E...，设置机箱壳体为理想导电体，如图 2-5 所示。

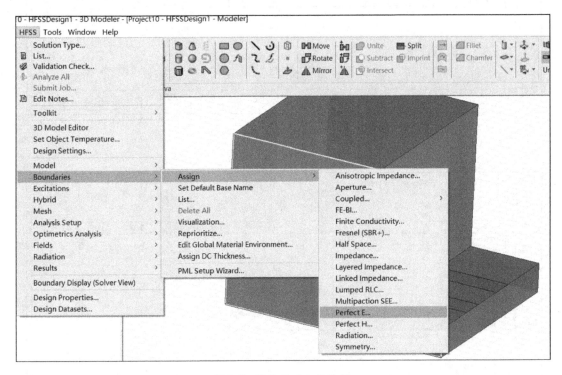

图 2-5　定义 Perfect E 边界

（2）设置 Perfect H 边界

同样地，将鼠标设置为选择面的状态，在模型树中，选中 Sheets 下的两个面 Rectangle14 与 Rectangle14_1，通过单击 HFSS→Boundaries→Assign→Perfect H...，或者右键单击 Assign Boundary→Perfect H...，将机箱开孔处的两个面结构设置为 Perfect H，如图 2-6 所示。

此时 Perfect H 边界与前面设置的 Perfect E 重合，此处则变为"自然空间"，以此模拟机箱开孔结构。

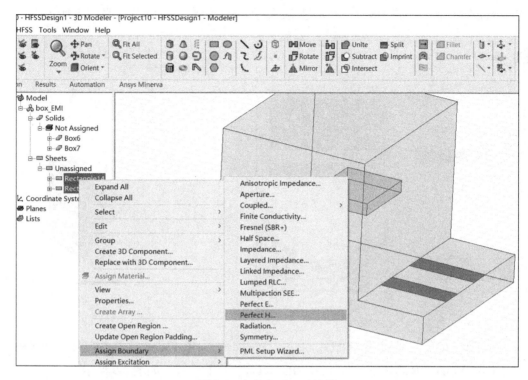

图 2-6　定义 Perfect H 边界

（3）设置 Radiation 边界

单击菜单栏 Draw→Region，添加空气盒子 Region，设置 15% 放大比例，如图 2-7 所示。

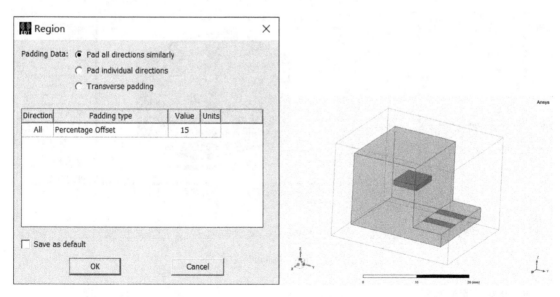

图 2-7　定义 Region 求解空间

右键单击空白处，选择 Select Faces，单击菜单栏 Edit→Select→By name，结合 Ctrl 键选

中 Region 的 5 个面，单击 OK。开孔那边的面，不进行设置，具体位置如图 2-8 所示。

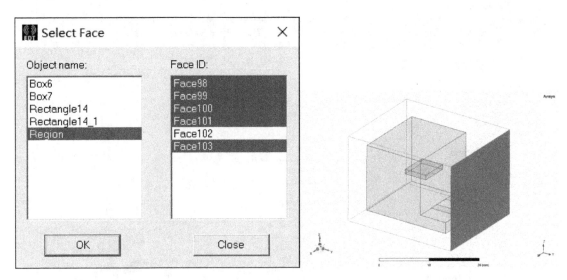

图 2-8　通过菜单选择"面"

选中 5 个面后，通过右键单击 Assign boundary → Radiation，或直接单击 HFSS → Boundaries→Assign→Radiation，即可完成 Radiation 边界的设置，如图 2-9 所示。

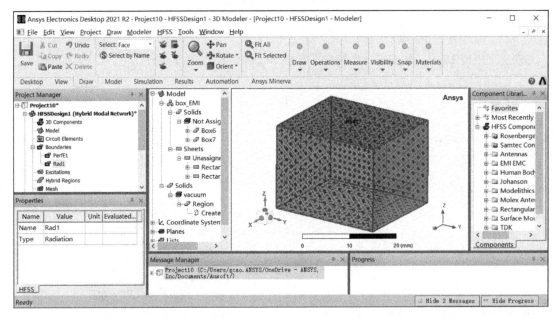

图 2-9　定义 Radiation 边界

5. 设置平面波激励

右键单击空白处，选择 Select Faces，直接用鼠标单击 Region 上未设置边界的那个面。

通过右键单击 Assign Excitation→Incident Wave→Plane Wave，打开平面波激励设置对话

框。按如图 2-10 所示设置，均采用默认设置，一直单击 Next，最后单击 Finish 即可。

如上，可定义从此面入射的平面波激励，模拟外来的电磁波干扰，设置效果如图 2-11 所示。电磁波的极化定义为 X 极化，沿 Y 轴负向传播，指向机箱内部。

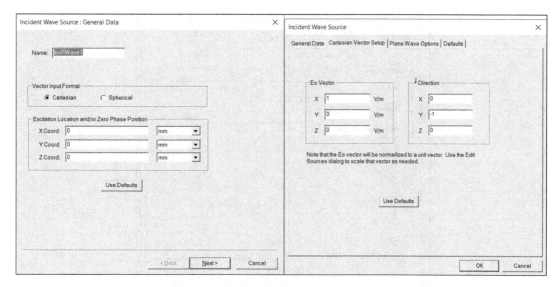

图 2-10 设置平面波激励中的相位、电场与传播方向

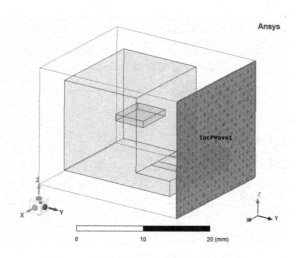

图 2-11 在特定的面上定义平面波激励

6. 设置求解、添加频率扫描

在 Project Manager 中，右键单击 Analysis，再单击 Add Solution Setup→Advanced。在弹出的设置窗口进行设置，设置求解分析完成，如图 2-12 所示。

在新建的 setup1 上右键单击选择 Add Frequency Sweep，添加频率扫描，如图 2-13 所示。

7. HPC 并行设置

单击 Simulation 工具栏中的 Analysis Config 选项，打开 HPC 并行设置，设置当前仿真的并行 CPU 数量，如图 2-14 所示。在 License 允许的前提下，一般设置为计算机的最大线程数，如图 2-15 所示。

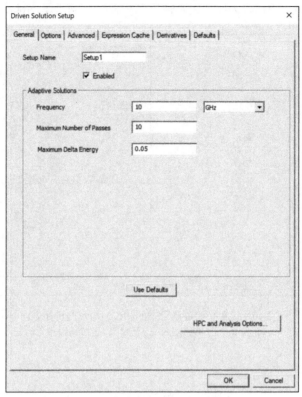

图 2-12　求解设置 Solution Setup

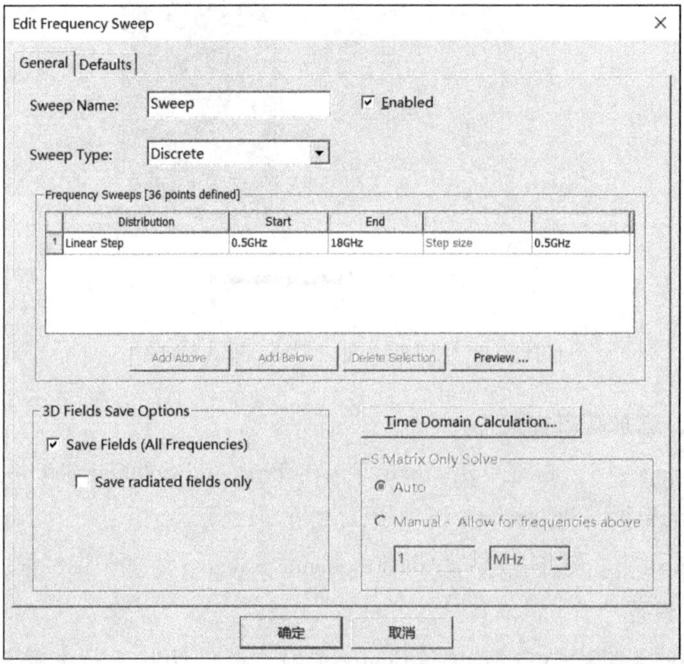

图 2-13　添加频率扫描

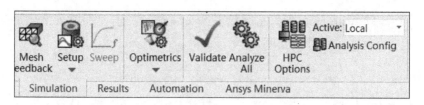

图 2-14　Simulation 工具栏

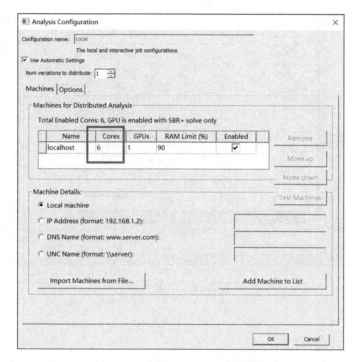

图 2-15　设置并行计算的 CPU 数量

8. 设计检查、运行仿真

单击 Simulation 工具栏中的 Validate 选项，检查显示各项设置无误，仅提示一个 Warning，指明 Perfect E 与 Perfect H 重叠，如图 2-16 所示。

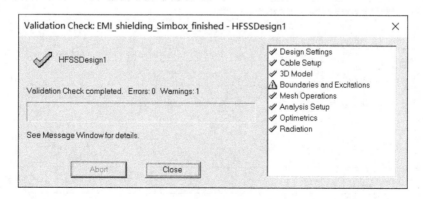

图 2-16　模型检查 Validate

展开工程树中的 Analysis 节点，右键单击 Setup1 选项，出现下拉菜单，执行菜单命令 Analyze，开始运行仿真，如图 2-17 所示。

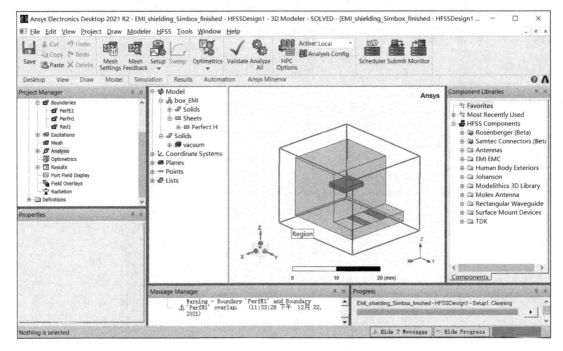

图 2-17　仿真计算运行中

9. 查看结果

（1）屏蔽效能曲线

添加一个点，作为参考，查看结果。具体的参考点由具体的仿真需求决定。本案例坐标点的位置选择，在机箱内的金属块 Box7 的边上，靠近开孔方向。模拟 PCB 或某设备在外来干扰的情况下，机箱带来的屏蔽效能大小。

在菜单栏单击 Draw→Point，具体坐标设置如图 2-18 所示。

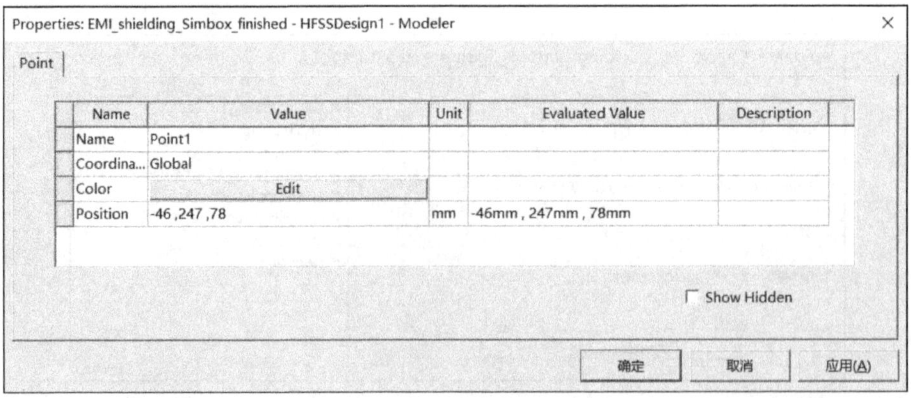

图 2-18　定义参考点 Point

在 Project Manager 中，右键单击 Excitation，选择 Edit Source，按图 2-19 所示设置，选择 Total Fields。

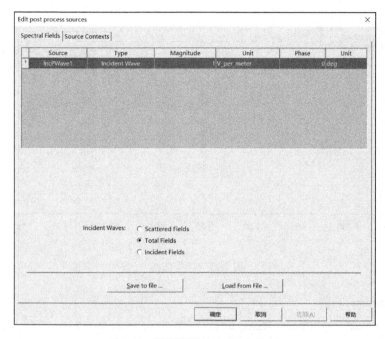

图 2-19　设置激励输入 Total Fields

在 Project Manager 中，右键单击 Results，单击 Create Fields Report→Rectangular report，在左上角选中刚才生成的那个点 Point，如图 2-20 所示，然后单击 New Report，生成结果，如图 2-21 所示。

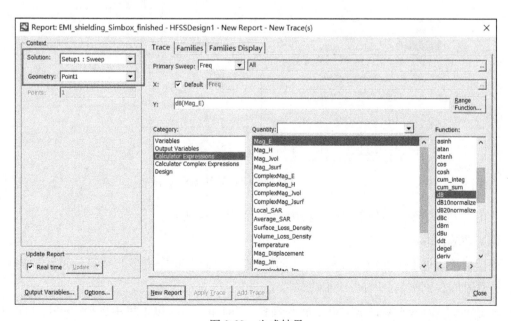

图 2-20　生成结果

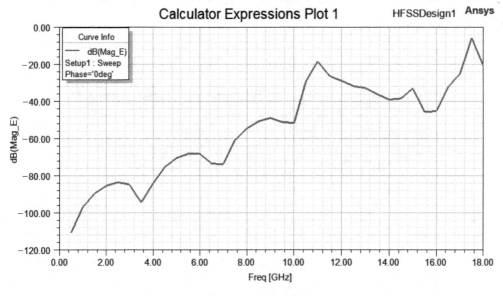

图 2-21　结果曲线

（2）三维电场分布图

选中几何体 Box6，在 Project Manager 中，右键单击 Field Overlays，选择 Plot Fields→E→Mag_E，如图 2-22 所示。在弹出的对话框中单击 Done，退出对话框，得到的场图如图 2-23 所示。

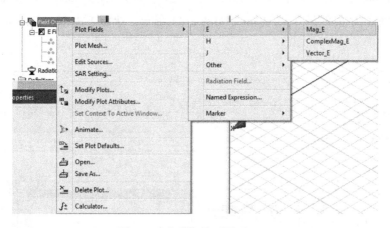

图 2-22　查看电场云图 Mag_E

双击左上侧的图，将输出单位更换为 dB，如图 2-24 所示。

（3）查看 Profile 日志

在模型仿真过程中或仿真完成后，可通过查看日志，获取更多的计算信息，如内存消耗、计算时间、网格划分时间、网格量等。

在 Project Manager 中，右键单击需要查看的 Setup，在右键菜单中选择 Profile，即可查

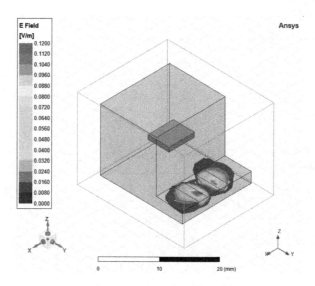

图 2-23　场图结果 Mag_E

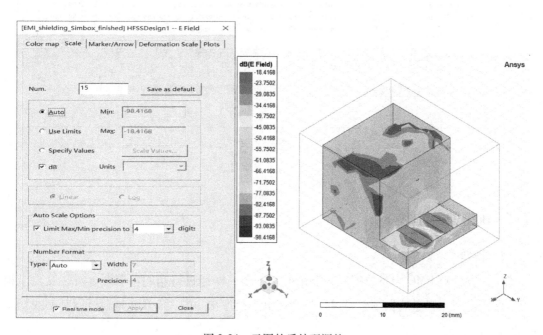

图 2-24　云图的后处理调整

看日志。另外的 Convergence 表示收敛过程，Matrix Data 表示端口特性结果，如图 2-25 所示。

2.1.1.4　结论

从仿真曲线结果以及电场分布图中，我们都能清晰地看到机箱对外来电磁波的屏蔽效果。同时，需要注意的是，机箱作为隔断干扰路径的手段，由于机箱上存在开孔部分，或多或少都可以漏进去一些干扰能量。所以，对机箱的屏蔽仿真或电磁泄漏仿真，机箱开孔部分是需要重点考虑的部位。

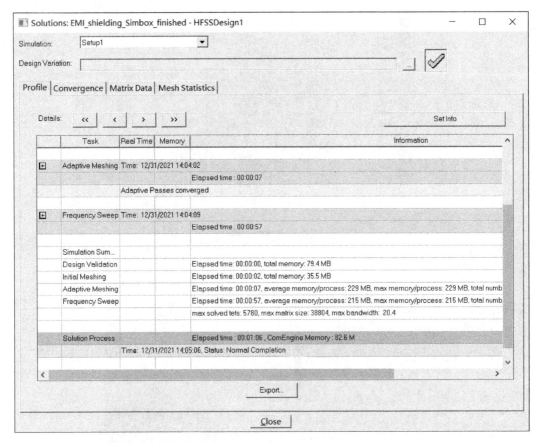

图 2-25　查看求解日志

2.1.2　机箱谐振模态分析

2.1.2.1　概述

本节主要针对 EMC 中常见的机箱谐振模态问题，即通过机箱的自谐振分析，发现机箱内不同区域易产生自激的振荡频率点，从而在电子设备布局中，有预见地避开同频率或相近频率的设备。

2.1.2.2　仿真思路

本案例以某简易机箱模型为例，采用 AEDT 2021 版本的 HFSS 软件，进行模型导入、边界模拟、谐振求解设置等操作，通过研究并查看机箱内部的自谐振频率点的能量分布图，直观地展示出各个本振频率点电磁场的分布位置，从而给后续的电子设备布局提供指导。

由于机箱的自谐振模态分析，本身不需要外接激励源，也就无须激励设置。不过，在仿真得出自谐振频率点之后，可通过激励源设置激活模态，对不同模态对应频率点激励，然后才能够查看能量分布的场图及位置关系。

2.1.2.3 详细仿真流程与结果

1. 软件与环境

本案例采用 ANSYS AEDT 2021 版本中的 HFSS 软件，硬件环境选择台式机或笔记本计算机均可。

2. 新建 HFSS 工程

1）打开 AEDT（电子桌面）软件，单击 或者 Project→Insert HFSS Design，并单击 或者 File→Save As... 保存文件，注意文件名和保存路径不能出现中文。

2）设置求解类型。

在菜单栏单击 HFSS→Solution Type，打开求解类型设置，选择 Eigenmode，单击 OK，如图 2-26 所示。

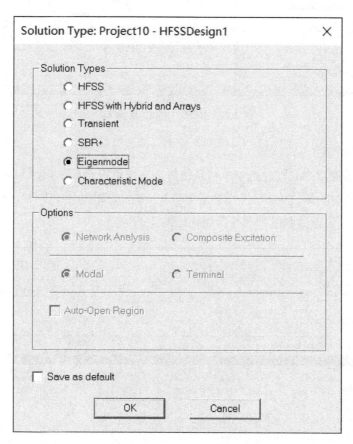

图 2-26 HFSS 中的 Solution Type

3. 模型导入与材料定义

（1）导入机箱模型

单击菜单栏的 Modeler→Import，在弹出的界面中，选择机箱模型 box_Res. step，单击 Open 后界面如图 2-27 所示。

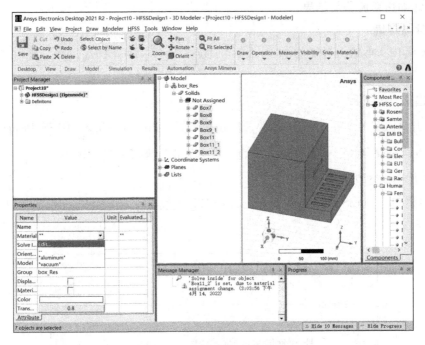

图 2-27　HFSS 中的 CAD 导入

（2）定义材料属性

在模型树管理窗口中，同时选中所有几何体，右键单击选择 Assign Materials，在材料属性对话框中，设置材料属性为 pec（理想导电体），如图 2-28 所示；同时，在左下侧的 Properties 属性对话框，设置透明度为 0.8 即可，如图 2-29 所示。

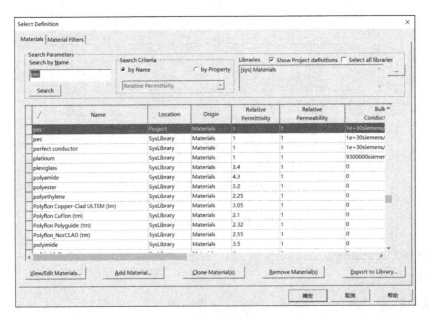

图 2-28　设置材料属性

对于本振仿真来说，机箱可直接设置材料为 pec，为简化模型，也可设置为实际的金属材料。

若机箱中有非金属材料，也可直接设置。

（3）建立空气盒子

在菜单栏中通过单击 Draw→Region，打开 Region 创建对话框，可快速建立空气盒子，如图 2-30 和图 2-31 所示。

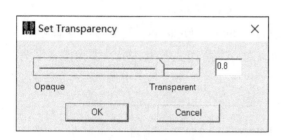

图 2-29　模型的透明度

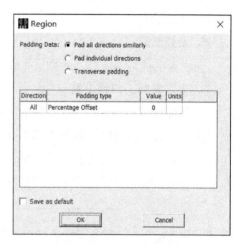

图 2-30　设置 Region 空间的大小

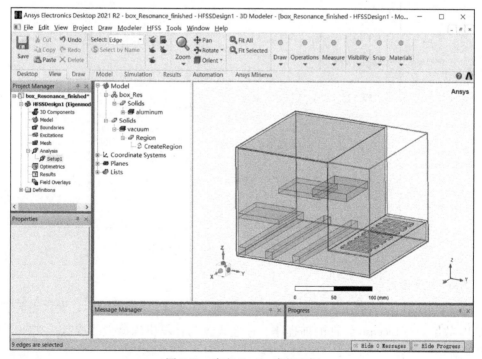

图 2-31　定义 Region 求解空间

需要注意的是，本振求解下的模式分析，仅需要机箱内部填充空气即可。而对于一些不规则的机箱，即使简化模型，也很难仅填充内部空气。所以，可以直接以 0 距离的 Region 方法，快速建立空气盒子。但是在查看结果的时候，要注意区别模式的场，是在机箱内的有效模式，还是在机箱外的无效模式。

4. 设置边界条件

边界条件的设置，主要是简化建模，或者模拟一些特定的材料属性。本案例主要是关于谐振模态的仿真，模型直接导入设置材料即可，也不需要设置辐射边界，仅需模拟出机箱的内部空气腔即可。

5. 设置激励

关于谐振模态的仿真，无须设置任何激励。

6. 设置求解、扫频设置

在 Project Manager 中，右键单击 Analysis，再单击 Add Solution Setup。

在弹出的设置窗口，如图 2-32 所示，进行设置 Minimum Frequency 对应最小求解频率，即机箱内各设备工作的最低频率。Number of Modes 对应求解模式数量，可设置为不大于 20 的整数。谐振模态分析，无须设置扫频。

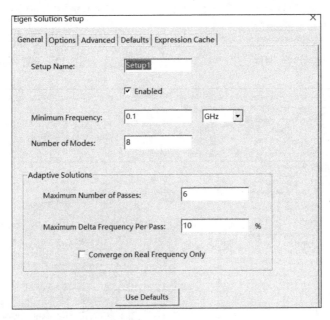

图 2-32　求解设置 Eigen Solution Setup

7. HPC 并行设置

单击 Simulation 工具栏中的 Analysis Config 选项，打开 HPC 并行设置，设置当前仿真的并行 CPU 数量。在 License 允许的前提下，一般设置为计算机的最大线程数，如图 2-33 和图 2-34 所示。

8. 设计检查、运行仿真

单击 Simulation 工具栏中的 Validate 选项，检查显示各项设置无误，如图 2-35 所示。

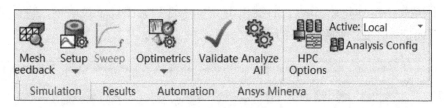

图 2-33　Simulation 工具栏

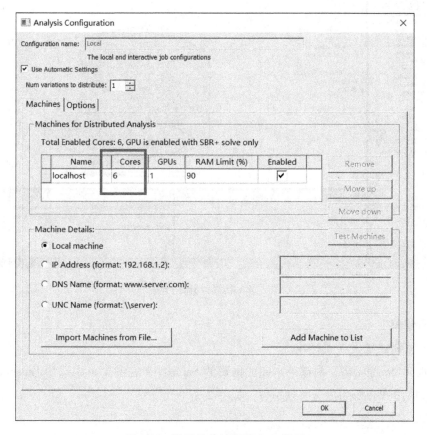

图 2-34　设置并行计算的 CPU 数量

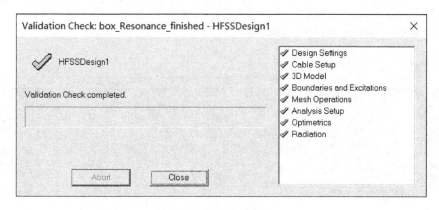

图 2-35　模型检查 Validate

展开工程树中的 Analysis 节点，右键单击 Setup1 选项，出现下拉菜单，执行菜单命令 Analyze，开始运行仿真，如图 2-36 所示。

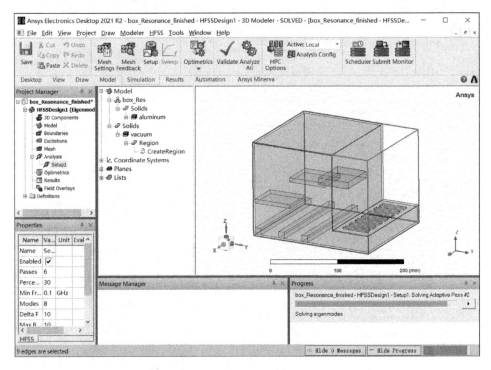

图 2-36 仿真计算运行中

9. 查看结果

（1）谐振模式结果（无耗状态）

在 Project Manager 中，右键单击完成仿真的 Setup，在右键菜单中选择 Eigenmode Data，即可查看谐振模态分析的各谐振频率点，如图 2-37 所示。

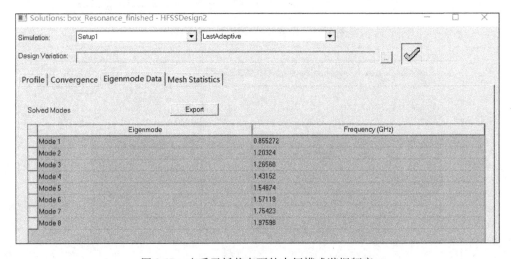

图 2-37 查看无耗状态下的本征模式谐振频率

（2）谐振模式结果（有耗状态）

将机箱及内部结构的材料属性，全部由 pec 更改为 aluminum（铝），如图 2-38 所示。再运行仿真一遍。

同样，在仿真完成后的 Project Manager 中，右键单击 Setup，在右键菜单中选择 Eigenmode Data，即可查看有耗状态下，各谐振模态的谐振频率点与 Q 值，如图 2-39 所示。

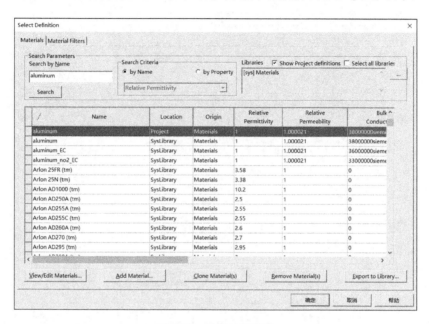

图 2-38　设置材料属性

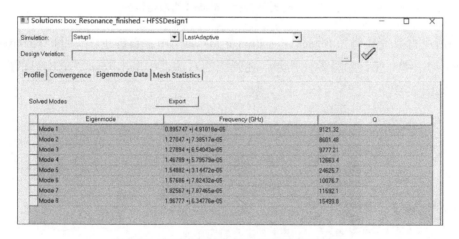

图 2-39　查看有耗状态下的本征模式谐振频率

（3）三维电场分布图

在 Project Manager 中，右键单击 Excitation，选择 Edit Source，打开激励设置对话框，如图 2-40 所示。此时，我们可以看到，激励设置里多出了 8 个已仿真完的模态激励。幅度为 0 或 1，表示不激励或激励状态，单位为焦耳。

依次选择每一个模式，将激励改为 1 焦耳，并查看当前激励下的场图，即表示该谐振频率点在机箱内的位置分布（注意，一次只能选择一个）。

需要注意的是，模式的顺序及其对应的谐振频率点。

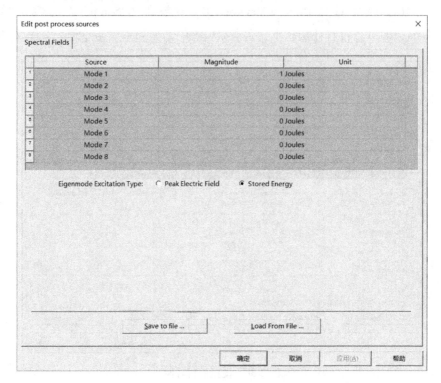

图 2-40　模式列表中的 Mode 1 为激励状态

选中创建的空气几何体 Region，在 Project Manager 中，右键单击 Field Overlays，单击 Plot Fields→E→Mag_E，如图 2-41 所示。在弹出的对话框中单击 Done，退出对话框，得到云图结果如图 2-42 所示。

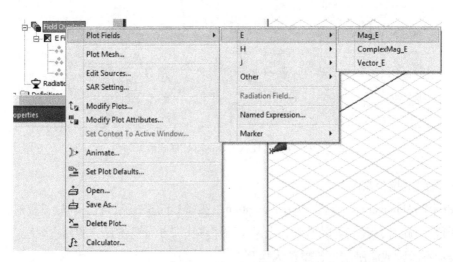

图 2-41　查看电场云图 Mag_E

双击左上侧的图，将输出单位更换为 dB，如图 2-43 所示。

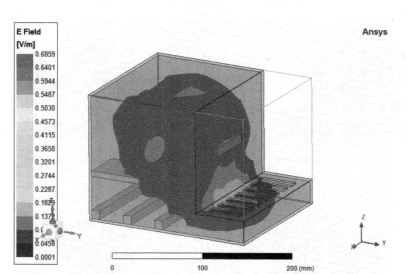

图 2-42　Mode 1 模式激励下的场图 Mag_E

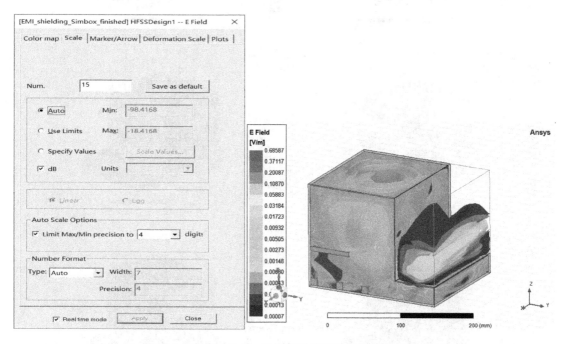

图 2-43　云图的后处理调整

依次查看所有 8 个模式的场图与位置分布如下：从左至右，从上至下，依次为 Mode1 ~ Mode8，如图 2-44 所示。

（4）查看 Profile 日志

在模型仿真过程中或仿真完成后，可通过查看日志，获取更多的计算信息，如内存消耗、计算时间、网格划分时间、网格量等。

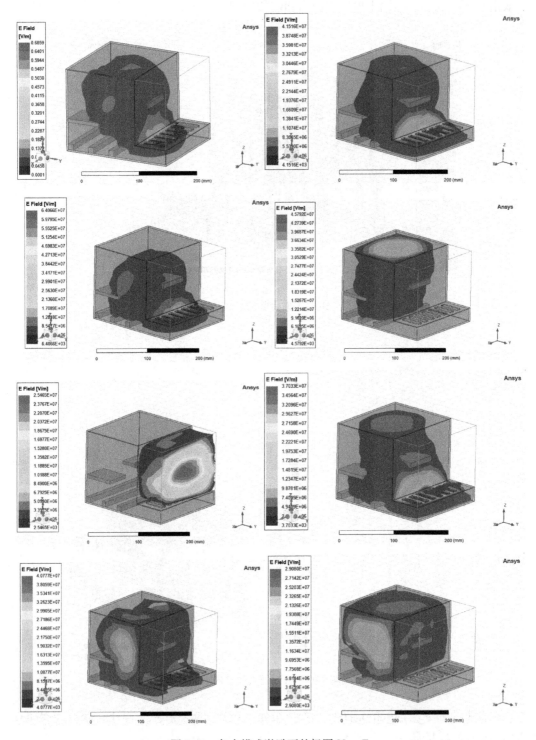

图 2-44　各个模式激励下的场图 Mag_E

在 Project Manager 中，右键单击需要查看的 Setup，在右键菜单中选择 Profile，即可查看日志内的信息。另外的 Convergence 表示收敛过程；Mesh Statistics 表示最终的网格划分情况，如图 2-45 所示。

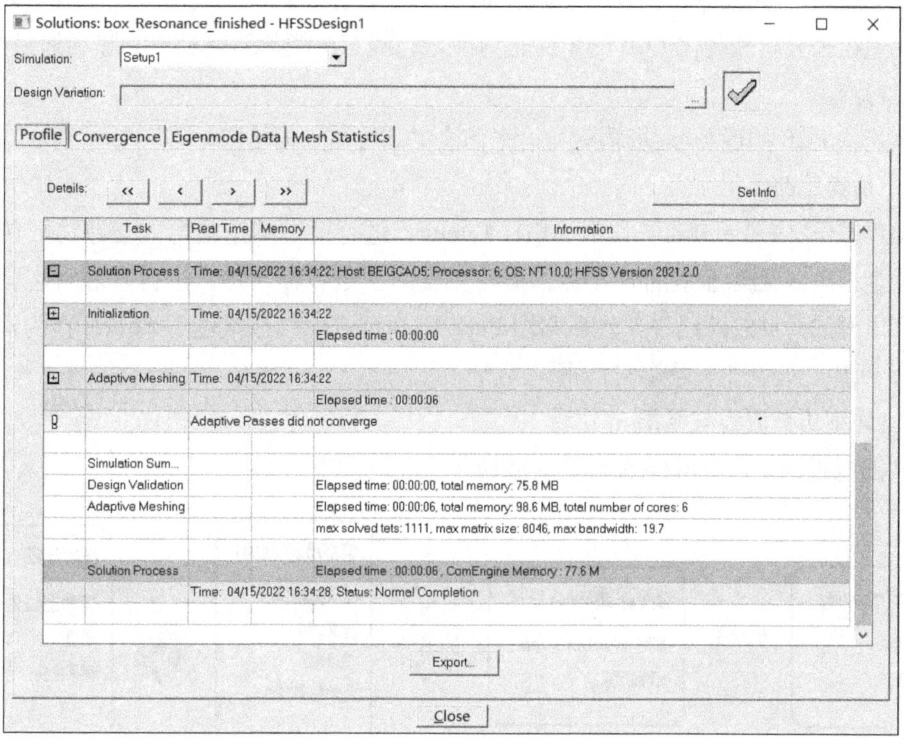

图 2-45　查看求解日志

2.1.2.4　结论

对于机箱的 EMC 仿真来说，谐振模态的分析是一种在获取不到各设备模型数据的情况下，定性地分析机箱自谐振问题，从而对设备布局提供一定参考的方法。

由于机箱自谐振的分析主要源于机箱的内部结构，而在增加设备布局后，机箱的内部结构还在不停变化，所以自谐振模态分析是一种简易的模糊分析方法。在有可能获取到设备模型或信息的情况下，还可以进一步对机箱进行屏蔽效能分析、电磁泄漏分析等。

2.2　封装与 PCB

2.2.1　PCB 电磁辐射仿真

2.2.1.1　概述

PCB 是电子设备中非常关键的部件之一，上面有着诸多元器件及芯片，电路工作状态下会形成相应的电磁能量辐射，是不可忽视的噪声源，对整机系统的 EMC 性能，有着至关重要的作用，所以，利用仿真技术来进行 PCB 的电磁辐射性能仿真是非常有必要的。

PCB 的电磁辐射，多数情况可能会导致产品整机 EMC RE 认证测试中的某些频率点不满足标准要求，一般来说噪声源都是由于电路板上关键的一些高速/高频器件或电路，可能通过 PCB 直接形成的辐射，也有可能通过辐射与设备内部的 IO 线缆形成的耦合，如果能通过有效的途径去分析和弱化 PCB 的电磁辐射能量，就有可能帮助整机产品顺利通过相关 RE 认证测试标准。

该案例从 PCB 的近场/远场辐射角度来仿真 PCB 的电磁辐射。

2.2.1.2　仿真思路

该案例基于 ANSYS SIwave 以及 AEDT Circuit，进行关键高速信号的场路协同仿真，集合芯片模型、PCB 无源通道的 S 参数，搭建完整的信号传输链路，进行时域瞬态仿真，获取信号和电源的时域纹波结果，然后利用 Push Excitation 将结果推送回 SIwave 作为辐射激励源，进行 PCB 的近场和远场辐射仿真。

2.2.1.3　详细仿真流程与结果

PCB 的电磁辐射仿真流程图如图 2-46 所示。

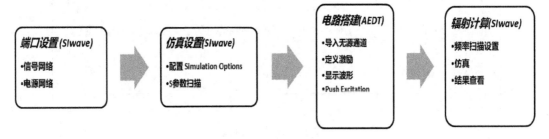

图 2-46　仿真流程图

该案例将选择关键的信号网络进行 PCB 的通道抽取，并计算这些关键信号和电源在传输过程中的电磁辐射情况，以下是关键信号：

- REFCLK0_N/P　　　　　　　（Clock 信号）
- PCIE0_RX0_N/P　　　　　　（RX 信号）
- PCIE0_TX0_N/P　　　　　　（TX 信号）
- V1P5_S0　　　　　　　　　（电源）

以上分别是 U2A3 芯片与连接器 J2LI 之间的 PCIE 信号及其参考时钟和电源。

1. 端口设置

（1）建立信号端口

打开工程文件 EMI_board，设置好 PCB 叠层数据，在以下窗口中选中信号网络，通过菜单 Tools 选择 Generate Ports on Selected Nets 进行信号端口的自动建立，如图 2-47 所示。

（2）建立电源端口

建立好信号端口之后，通过 SIwave Workflow Wizard/Configure PI analysis，选择电源 V1P5_S0，在连接器 J2L1 和 U2A2 器件上创建端口，如图 2-48 所示。

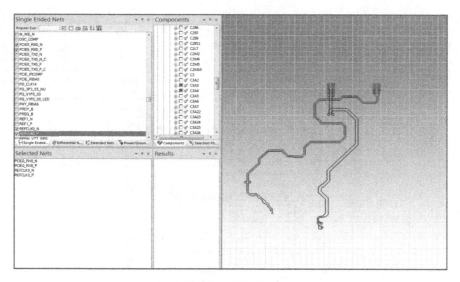

图 2-47　信号端口

图 2-48　自动设置界面

2. 仿真设置

创建好端口之后，需要进行多端口的 S 参数提取，首先调整设置，通过菜单 Simulation，单击 Options 选项，进行速度与精度的调整。然后单击 Compute SYZ Parameters 进行宽带 S 参数仿真。设置频率扫描范围和扫描方式，如图 2-49 所示，单击 Launch 进行仿真计算。

3. 电路搭建

待 SIwave 完成了 S 参数的计算之后，单击保存，然后启动 AEDT 电子设计桌面，新建一个 Circuit design，接着在 Symbol 栏中调取该 PCB 的 SIwave 工程文件，如图 2-50 所示。

图 2-49 SYZ 参数仿真设置页面

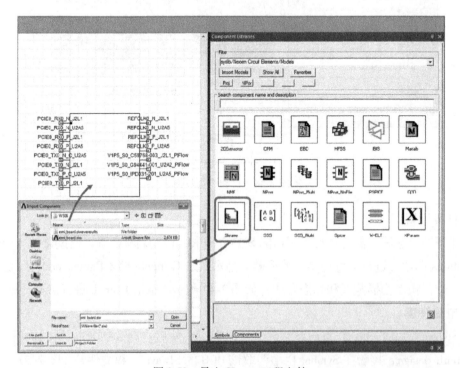

图 2-50 导入 SIwave 工程文件

PCB 上的相关信号走线和电源会以多端口的 S 参数形式出现在电路中，接着，在同样的 Symbol 栏下导入芯片 U2A2 的 IBIS 模型文件，将 IBIS 和 PCB 模型的相关端口进行电路连接，并给连接器端口端接 100Ω 电阻作为接收端模型，在 Component 中的 Independence Source 里面调取 V_DC 控件进电路，连接电源端口设置 1.5V 的 DC Source，在 Component 中的 Independence Source 调取 V_Clock 控件，与 REFCLK 端口相连接，搭建完整的电路如图 2-51 所示。

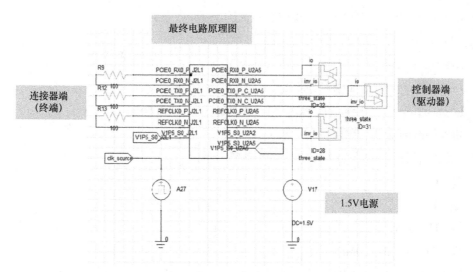

图 2-51   仿真电路

双击 IBIS 模型，进行 IBIS 模型的参数设置，如图 2-52 所示。

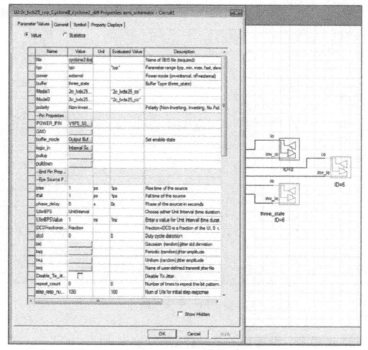

图 2-52   IBIS 模型设置

- power = external（非理想电源）
- Model1 = Model2 = 2c_lvds25_co（可以下拉切换）
- POWER_PIN = V1P5_S0_U2A5（选择电源网络）
- GND = 0
- buffer_mode = Output Buffer（输出）
- logic_in = Internal Source
- pullup = V1P5_S0_U2A5（选择控制芯片的电源）
- pulldown = 0
- trise = tfall = 1ps
- UIorBPSValue = 1ns（信号速率）
- do_encoding = 1（0 = no encoding，1 = 8b/10b，2 = 64b/66b）
- BitPattern = Choose PRBS 7（码源）

双击时钟信号源，进行如下设置，如图 2-53 所示。

- V1 = 1V
- V2 = 0V
- TR = TF = 1ps
- PW = 5ns（0.5/100MHz）
- PER = 10ns（1/100MHz）
- JITTER = 1ns

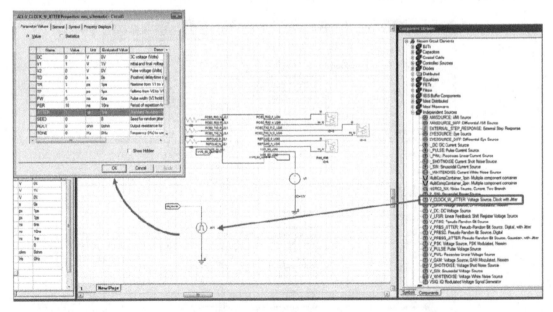

图 2-53　仿真电路

然后双击 IBIS Clk 模型，设置 CLK 驱动模型如下：

- power = external（非理想电源）
- Model1 = Model2 = 2c_lvds25_co（可以下拉切换模型）
- POWER_PIN = V1P5_S0_U2A5（选择控制芯片的电源端口）
- GND = 0
- buffer_mode = Output Buffer（驱动输出）
- logic_in = clk_source（选择时钟源）
- pullup = V1P5_S0_U2A5（选择控制芯片的电源端口）
- pulldown = 0

设置好之后，在 Project Manager 窗口处，右键单击 Analysis，选择 Add Nexxim Solution Setup→Transient Analysis，设置 Stop Time 为 300ns，单击 OK，然后单击菜单 Simulation→Analysis进行仿真计算。

4. 查看电路仿真结果

查看时域波形：右键单击 Results，再单击 Create Standard Report→Rectangular Plot，选择查看各个电路节点的时域结果，如图 2-54 所示。

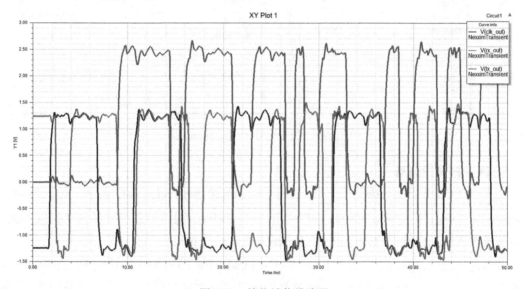

图 2-54　接收端信号波形

查看信号眼图：右键单击 Results，再单击 Create Eye Diagram Report→Rectangular Plot，设置 Unit Interval 为 1ns，单击 New Report，结果如图 2-55 右图所示。

结果分析：根据仿真得到的信号眼图和波形，对比芯片手册对信号输入的标准要求来评估信号质量。比如眼高、眼宽、Vih、ViL、Overshoot 等指标要求。

5. 推送激励源

当电路仿真有正常的结果之后，需要将 PCB 各个端口的信号源推送回 SIwave，作为激励源来计算 PCB 的电磁辐射，右键单击连接的 SIwave 工程文件模型，单击 Push Excitations，如图 2-56 所示。

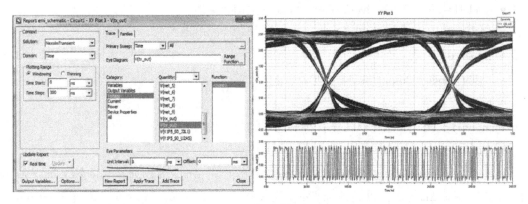

图 2-55　信号眼图查看

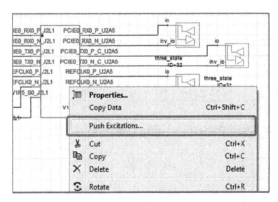
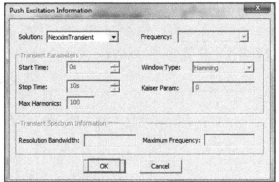

图 2-56　推送信号频谱回 SIwave

6. PCB 的辐射仿真

进行该 PCB 工程的 SIwave 用户，分别单击菜单 Simulation→Compute Near Field 和 Compute Far Field，勾选 Use sources defined in external file，设置扫频范围（这个扫描范围覆盖信号频谱宽度），如图 2-57 所示，单击 Lunch 进行仿真计算。

查看远场结果，右键单击菜单 Results→Far Field→Far Field Sim 1→Plot Far Fields，选择 Plot Etotal，然后单击 Create Plot，生成 PCB 的远场辐射方向图和强度曲线，如图 2-58 所示。

结果分析：根据远场辐射曲线可以观察到 PCB 辐射热点频率，对比产品需要认证的相应的 RE（辐射发射）标准，评估辐射裕量及强度，因为是单板辐射，未涉及机箱屏蔽效能和场线耦合影响，所以对比可以作为优化参考。

同时可以通过近场分析，观察热点辐射位置，进行 PCB 板级的屏蔽设计。右键单击菜单 Results→Near Field→Near Field Sim 1→Plot Fields，生成 PCB 的辐射近场云图，如图 2-59 所示。

结果分析：根据近场辐射结果，可以看到方框区域（软件中为红色区域）为电路板辐射的热点位置以及定义的频率点，结合该频率点的远场辐射强度，我们可以采取一定的屏蔽措施，比如在该位置安装一个屏蔽金属壳以抑制该位置的电磁辐射能量对外的干扰强度。

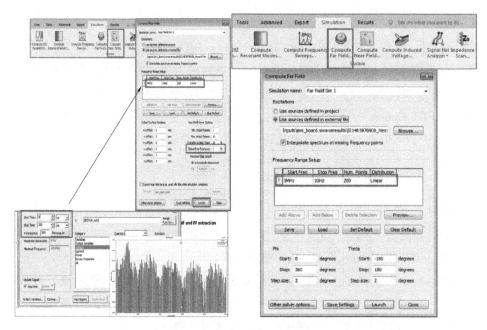

图 2-57　近/远场辐射仿真设置

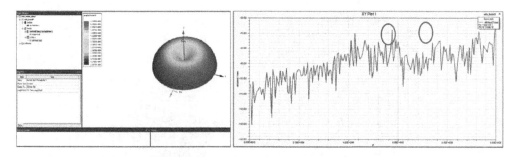

图 2-58　远场仿真结果

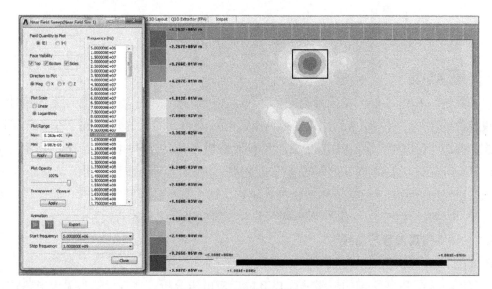

图 2-59　近场仿真结果查看

2.2.1.4 结论

该案例进行了 PCB 上关键信号的电磁辐射仿真，包括时钟信号、高速数字信号和电源，这些对象通常是引入电磁辐射干扰的关键对象，单独对对象电路及其物理结构进行建模分析，可以更加有效地评估它们的电磁干扰强度，从而可以比较有针对性地进行问题分析。利用 SIwave 和 AEDT Circuit 工具之间的场路协同原理，进行时域电路信号完整性仿真，频域空间电磁辐射的分析流程，根据仿真结果评估信号接收质量和电路的近场和远场辐射强度。

2.2.2 PCB 电磁敏感度仿真

2.2.2.1 概述

电子设备暴露在复杂电磁环境之下，由于耦合外界电磁能量，造成电子系统工作异常的现象比比皆是，电磁噪声可能通过电源信号线缆耦合进电路，也可能通过空间辐射的方式直接与内部电路耦合，PCB 是电子设备中非常关键的部件之一，其中信号走线与电源都可能耦合辐射能量，形成感应电压/电流，从而干扰电路的正常工作，如图 2-60 所示。该案例从 PCB 的辐射感应电压的角度来仿真 PCB 的电磁敏感度（EMS）。

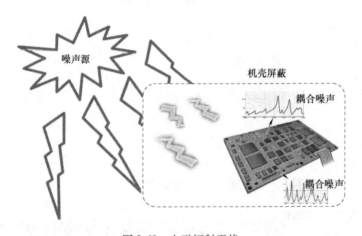

图 2-60 电磁辐射干扰

2.2.2.2 仿真思路

设备系统的 EMS 性能涉及因素比较多，包括机壳屏蔽性能、场线耦合、系统接地、电路板设计合理性等，因素繁多且比较复杂，本案例只从 PCB 单板的角度分析 PCB 的 EMS 设计状态，提出 PCB 的抗辐射优化方法，有利于整机系统的 EMS 性能提升。该案例基于 ANSYS SIwave，进行关键 PCB 电路的感应电压分析，指定外界电磁辐射能量以及辐射方向，计算关注电路节点上的感应电压频域辐值大小，评估干扰性能，并结合 PCB 的设计状态进行优化改进，对比优化前后的辐射噪声耦合强度，验证设计优化的有效性。

2.2.2.3 详细仿真流程与结果

PCB 的 EMS 分析仿真流程图如图 2-61 所示。

该案例将选择 PCB 关键的电路进行 PCB 的感应电压分析，并计算这些关键电路信号在

图 2-61　仿真流程

有外界电磁波辐射的情况下，电路端口上所感应到的电压幅值。

1. 前处理

（1）PCB 导入

通过菜单 Import，导入 EDA 设计文件，如 brd、odb++等，完成建模，此案例直接采用参考的工程文件进行仿真。

（2）叠层设置

打开工程文件 V_induced. siw，通过主菜单 Home→Layer Stackup Editor 设置好 PCB 叠层数据，如图 2-62 所示。

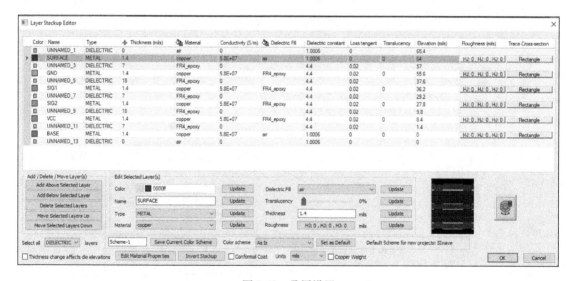

图 2-62　叠层设置

2. 选择信号

通过菜单 Tools 选择 Generate Ports on Nets，在图 2-63 窗口选中信号网络，进行信号端口的自动建立。

3. 仿真设置

创建好端口之后，需要进行感应电压的功能仿真，首先调整设置，通过单击菜单 Simulation→Options，进行速度与精度的调整。然后单击 Compute Induced Voltage 进行仿真。设置频率扫描范围和照射方向（单方向照射/多方向照射），设置电磁场电场强度，如图 2-64 所示，单击 Launch 进行仿真计算。

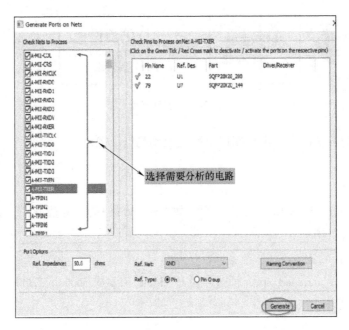

图 2-63　选择信号

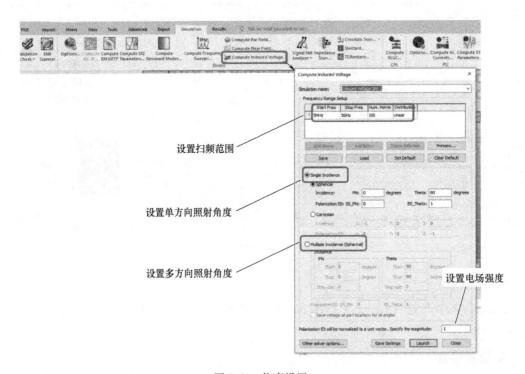

图 2-64　仿真设置

4. 结果分析

待 SIwave 完成了 Compute Induced Voltage 的计算之后，单击保存，在 Results 窗口会看

到结果，用鼠标右键单击结果，选择 Plot Induced Voltage at Ports，获取在各个端口处所感应到的电压频谱图，如图 2-65 所示。

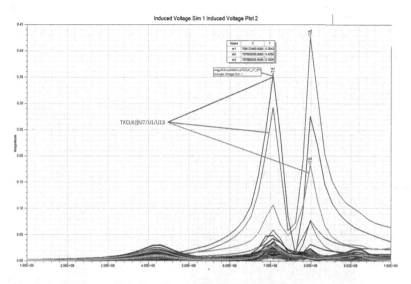

图 2-65 端口上感应的电压频谱曲线

结果分析：根据感应电压仿真结果曲线观察到不同端口所感应到的电压幅度频域曲线，从所有结果中可以看到，感应幅度最大的端口分别是 A-MII-TXCLK 这个信号连接的三个器件端口处，说明这条 CLK 信号的 layout 设计方式很可能存在不合理的地方，需要进行检测分析，如图 2-66 所示。

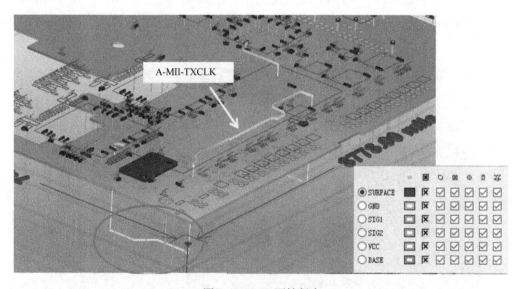

图 2-66 PCB 原始版本

如图 2-66 所示，这条 CLK 信号的 layout 存在参考层不连续的情况，即圈内那部分的走线线段没有临近 GND 布线，而参考了 VCC 层的电源，这样的设计容易形成 EMI 的问题，同时也容易耦合外界的电磁噪声能量，出现 EMS 问题。

5. 设计优化

为了概述该信号电路的 EMS 性能，该案例可以直接在 SIwave 中进行设计更改（切换信号的走线层，将信号 A-MII-TXCLK 布线在 BASE 层的那段参考电源层的走线切换到 SIG1 层，使之参考 GND），如图 2-67 所示。

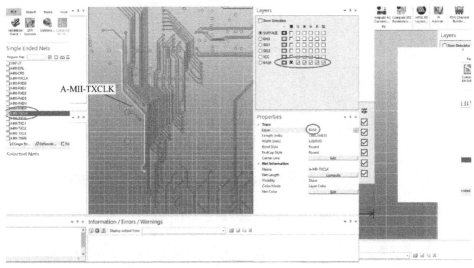

图 2-67　信号参考层

首先在图 2-67 中 Single Ended Nets 窗口选中 A-MII-TXCLK 信号，它会显示黄色高亮状态，然后 layers 栏只选择显示 BASE 层的信息，接着在 layout 版图中单击 A-MII-TXCLK 那段走线，在 Properties 属性窗口将 Layer 的值切换成 SIG1，更改之后的 PCB 信号走线如图 2-68 所示。

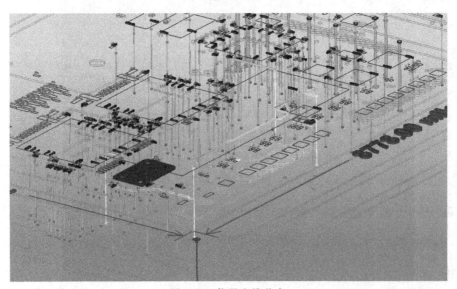

图 2-68　信号走线分布

然后重复上述的仿真流程，查看结果对比优化效果，如图 2-69 所示。

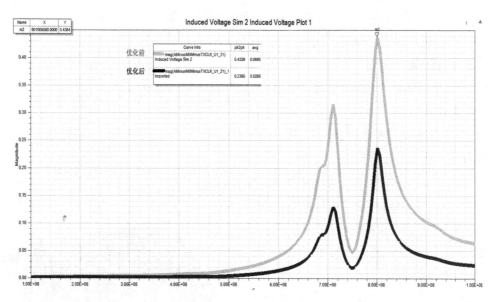

图 2-69　辐射耦合对比优化

通过更改信号走线层设计，消除其参考层不连续的情况之后，A-MII-TXCLK 信号在各个频率点感应到的电压幅值大小都有明显的降低，可以说明该电路的 RS 性能得到更好的提升。

2.2.2.4　总结

该案例进行了 PCB 上关键信号的 EMS 仿真分析，通过对整板的感应电压分析，可以从结果中找到存在 EMS 设计风险的电路，包括信号或者电源，然后检查 layout 的设计状态，进行有效的设计更改与优化之后，再次仿真对比分析，改善了 PCB 抗辐射能力。需要注意的是，这里的辐射强度是人为设定的，未考虑外壳的屏蔽效能，未考虑线缆耦合等因素带来的整机系统的 EMS 性能，不过，单从 PCB 设计角度分析 EMS，可以更加有效地、更有针对性地进行 PCB 的优化设计。

2.2.3　PCB 电源噪声优化仿真

2.2.3.1　概述

VRM 噪声的开关频率及其谐波频率导致的 EMC 问题的定位过程非常烦琐，整个过程与整板的 SI/EMI 问题存在明显的相关性。然而电源噪声耦合机理又非常复杂，通常难以定位到其根本原因，同时电源噪声一旦产生就很难完全消除。本案例通过使用 HFSS 3D Layout 仿真工具探索具有成本效益的 PDN 网络设计方法，降低电源噪声与信号回路的耦合，从而优化电源噪声。

2.2.3.2　仿真思路

考虑各种板级电源噪声耦合场景，如过孔与过孔、过孔与平面、过孔与走线。当电源层和信号走线之间有地层时噪声耦合，优化过孔布局。

通过 HFSS 3D Layout 仿真噪声耦合场景，分析其 S 参数中的耦合系数，通过分析近电场、近磁场、感应电流特征，确定噪声耦合原理和解决方案。

2.2.3.3 详细仿真流程与结果

1. 软件与环境

本案例采用 HFSS 3D Layout 2021 R2 软件完成整个仿真过程。

2. 仿真建模

使用波端口构建完整无限宽的"地"，以此消除除了电磁耦合以外的其他电磁效应，如图 2-70 所示。其主要思路如下：

1）信号和电源都使用波端口创建激励，波端口与外部 PEC 直接连接，使得没有其他激励形式的寄生效应和二次场。同时要注意，波端口宽度不要超过四分之一最大频率波长，以消除波端口谐振的风险。

2）地平面的每个"边"都与边界处的 PEC 相连，地平面则通过 PEC 延伸到无穷远处，因此可消除平面谐振、二次场、地平面上表面电流通过平面边沿流到下表面。

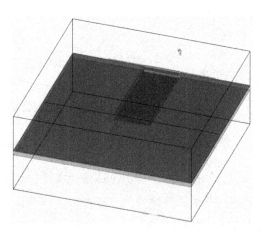

图 2-70 设置波端口

3. 设置激励

噪声源端口激励电压设置为 12V，敏感源端口设置为 0V，这样可不影响观察场仿真结果（只改端口电压幅度），只是用于在观察特定场景的场特征时起作用，如图 2-71 所示。

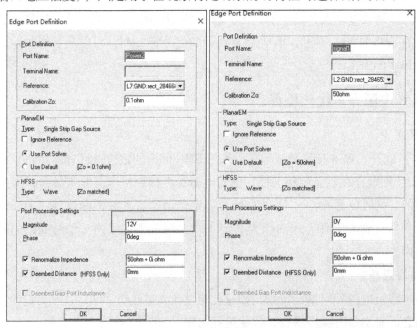

图 2-71 设置端口激励

4. 结果后处理

分析信号与电源间的耦合度，结合电场和磁场特征分析噪声耦合机理。具体流程总结如下：

对于四端口模型，S13/S31 或 S24/S42 可用来表征耦合度/隔离度，因此分析 S 参数数值及其变化趋势即可分析出信号与电源间的相对耦合度。

所有电气数据结果（S 参数）都是电磁场现象导致的，因此通过观察电/磁场现象或电磁场的电气结果电流/电压特征便可以分析出具体的耦合机理。

5. 仿真结果分析

（1）电源层和信号走线之间有地层时的噪声耦合

电源与信号同时参考同一地层，顶层是电源层，第 2 层是地层，第 3 层是信号层，第 4 层是地层，电源层以第 2 层为参考，信号层以第 2 层和第 4 层作为参考，如图 2-72 所示，其结果分别如图 2-73 ~ 图 2-75 所示。

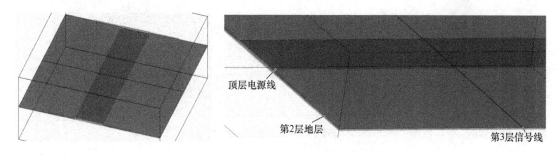

图 2-72　建模

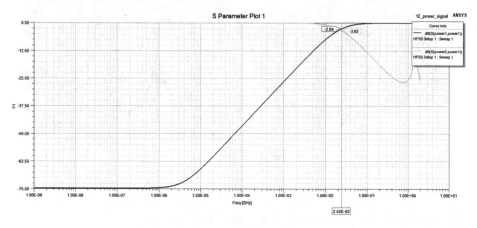

图 2-73　电源端 S11/S12

注：当耦合度为 0 时，仿真结果会出现没有任何数据。原因是耦合度太低，无法显示。

（2）存在过孔，无回流

电源与信号不在同一层，但是电源与信号同时参考同一地层。具体层叠结构如图 2-76 所示。

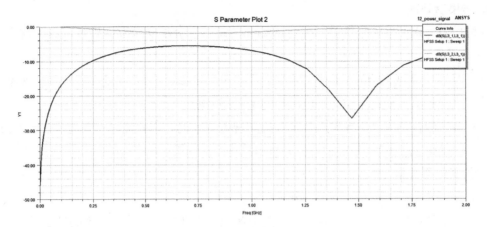

图 2-74　信号端 S11/S12

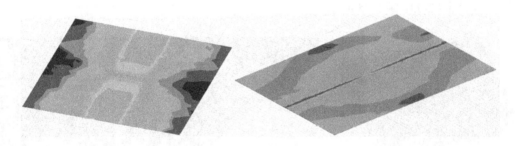

图 2-75　表面电流分布

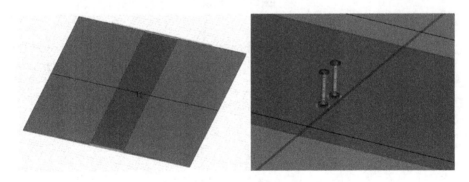

图 2-76　建模

顶层是电源层，第 2 层是地层，第 3 层是信号层，第 4 层是地层。

电源层以第 2 层为参考，信号层以第 2 层和第 4 层作为参考。

放置没有回流的接地孔。在信号线附近放置接地过孔，由于信号和电源并不通过过孔进行传输，所以接地孔不作为信号和电源的回流孔，其分析结果分别如图 2-77～图 2-79 所示。

（3）放置异侧回流过孔

电源线和信号线不在同一层，部分电源线与信号线同时参考同一地层。具体层叠结构描述如下。

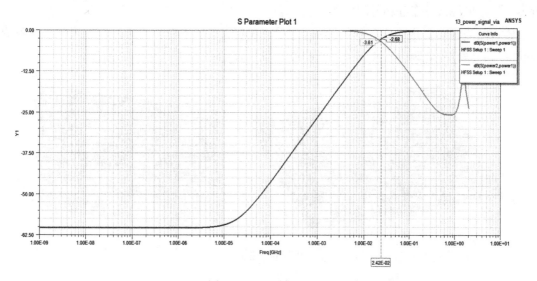

图 2-77 电源端 S11/S12

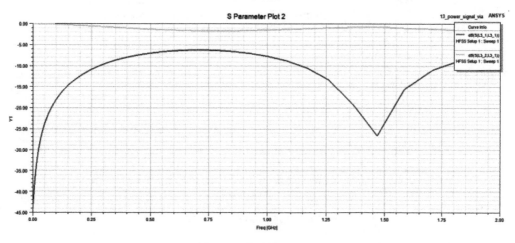

图 2-78 信号端 S11/S12

图 2-79 表面电流分布

　　顶层/底层是电源层，通过过孔连接，第 2 层是地层，第 3 层是信号层，第 4 层是地层，第 11 层是地层。电源层以顶层/底层为参考，信号层以第 2 层和第 4 层作为参考。如图 2-80

所示，注意电源线分布在信号线两侧。

放置回流的电源孔。由于两层电源通过过孔连接，所以电源会流过过孔，因此，电源的返回电流一定在过孔附近形成回流。其分析结果分别如图 2-81 和图 2-82 所示。

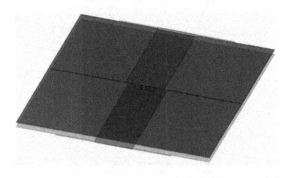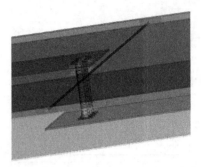

图 2-80　建模

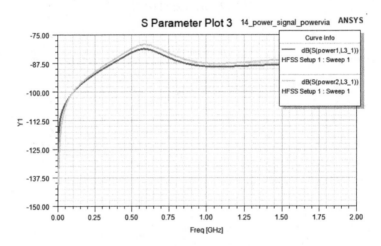

图 2-81　信号与电源的耦合度

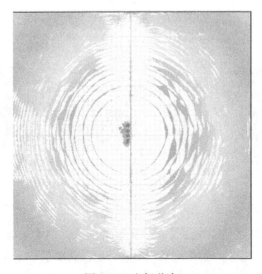

图 2-82　电场分布

（4）放置同侧回流过孔

电源线与信号线不在同一层，部分电源线与信号线同时参考同一地层。具体层叠结构如下。

顶层/底层是电源层，通过过孔连接，第 2 层是地层，第 3 层是信号层，第 4 层是地层，第 11 层是地层。电源层以顶层/底层为参考，信号层以第 2 层和第 4 层作为参考。如图 2-83 所示，注意电源线在信号线的同侧。

图 2-83　建模

放置回流的电源孔。由于两层电源通过过孔连接，所以电源会流过过孔，因此，电源的返回电流一定在过孔附近形成回流。其分析结果分别如图 2-84 和图 2-85 所示。

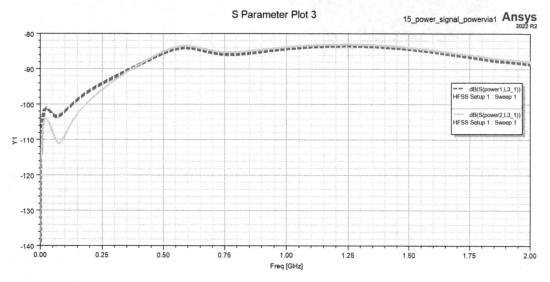

图 2-84　信号与电源的耦合度

（5）信号通过过孔穿过电源平面

信号线在顶层/底层，通过过孔连接并穿过电源铜皮，电源层在第 6 层，第 2、4、7、9、11 层为地层，电源层以第 7 层为参考，信号层以第 2 层和第 11 层作为参考，具体层叠结构如图 2-86 所示。其分析结果分别如图 2-87 和图 2-88 所示。

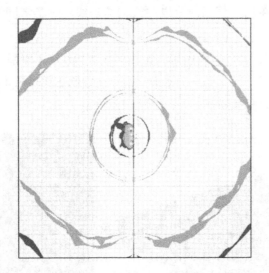

图 2-85　电场分布

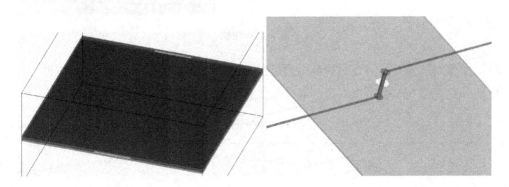

图 2-86　建模

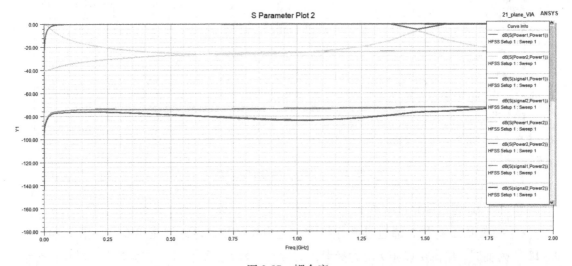

图 2-87　耦合度

图 2-88　电场分布

（6）信号和电源都在顶层和底层，参考层相同

信号和电源在顶层/底层的同侧布线，然后通过过孔分别将电源走线和信号走线连接到一起，信号过孔和电源过孔阵列距离非常近，同时第 2、4、7、9、11 层都为地层。具体层叠结构如图 2-89 所示。其分析结果分别如图 2-90 和图 2-91 所示。

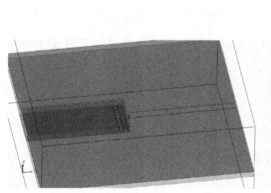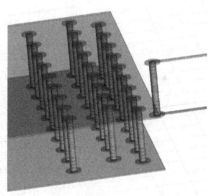

图 2-89　建模

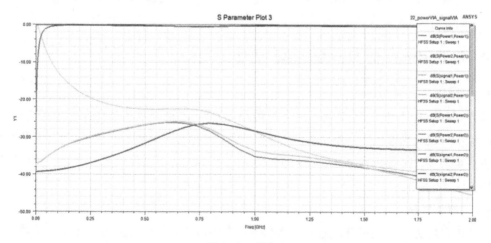

图 2-90　耦合度

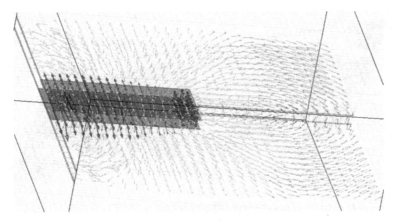

图 2-91　磁力线分布

6. 资源效果分析

由于只针对"问题"区域进行仿真，可使用 HFSS 3D Layout 的 cutoff 工具，大大简化了仿真计算量，一般配置的计算机即可完成相关仿真。

2.2.3.4　结论

"完整"的地平面对电场和磁场有明显的"隔离"效果，降低了信号的路径及其返回路径"产生"噪声干扰的风险。

过孔与平面间的电源噪声耦合主要耦合形式是互容，过孔附近的电场特征明显，场特征类似"电容器"；过孔的反焊盘设计对过孔耦合平面噪声有较大帮助，平行板电容器的容量与平板间距成反比，与交叠平板面积成正比。

过孔间的噪声耦合中，回路的磁场特征明显，场特征类似"变压器"，信号的返回路径分析对过孔间的噪声耦合非常有益，信号返回电流"抵消"信号路径电流上产生的磁场。因此仿真主要针对不"完整"的地平面和返回路径不连续的结构进行分析，这大大简化了单板噪声干扰仿真的工作量。提取返回路径不连续物理结构进行电磁分析，并将电磁特征转换为电气特征，即 S 参数。只要分析 S 参数中表征耦合的数据就可以分析出噪声耦合的强弱。

2.2.4　基于 SIwave 的 ESD 场路协同仿真

2.2.4.1　概述

基于 SIwave 的 ESD 仿真的核心要素是搭建与 ESD 测试环境高度近似的仿真模型，而 ESD 测试本身也是模拟实际场景下的放电回路，因此根据实际场景合理简化仿真模型可大大降低仿真复杂度，提升仿真可靠性。合理的建模、准确的边界条件设置、合理的仿真结果分析是仿真成功的关键。

2.2.4.2　仿真思路

ESD 仿真作为系统级仿真，追求仿真的绝对准确价值并不大，因为实际测试误差也会由于测试环境、操作差异而较大，能够准确仿真实际测试结果的"趋势"，并能指导设计才是仿真的第一要义。

如图 2-92 所示，需要 SIwave 模拟实际的 ESD 测试电磁环境，ESD 测试本质上通过电容作为 ESD 电流的放电路径。实际业务板系统在具体工作场景下的 ESD 电流泄放路径非常复杂，且该寄生电容不易察觉。为了标准化 ESD 性能测试，被测设备的某个物理结构作为另一侧极板，与 HCP 和 VCP 分别构成垂直和水平方向上的电容，以此分析单板在测试系统中的 ESD 性能。因此，ESD 测试与仿真都只是关注 ESD 电流泄放回路中单板这个局部 ESD 电流路径的 ESD 性能。

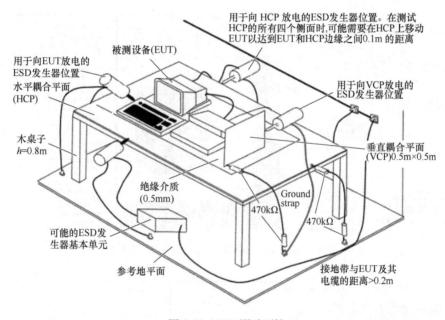

图 2-92　ESD 测试环境

2.2.4.3　详细仿真流程与结果

1. 软件与环境

使用 SIwave 2021 R2 仿真多层电路板。

2. ESD 电磁仿真平台的搭建

在 SIwave 中建立金属平面模拟实际测试场景，HCP 与水平 PCB 产生的互容构成了 ESD 的放电路径，具体操作如下：

1) 生成 VGND 平面：选择 METAL-1 层作为活动层，画一个矩形，命名为 VGND，如图 2-93 所示。

2) 通过 Auto Identify 设置 Power/GND 平面，然后右键单击设计环境并取消全选，如图 2-94 所示。

3) 创建一个端口用于 ESD 进入 GND 平面：转到 Home→Add Port，双击位置（200，140)，如图 2-95 所示。

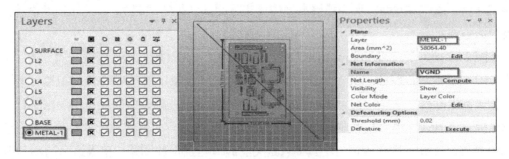

图 2-93　生成 VGND 平面

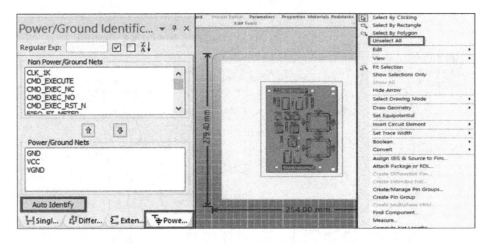

图 2-94　通过 Auto Identify 设置 Power/GND 平面

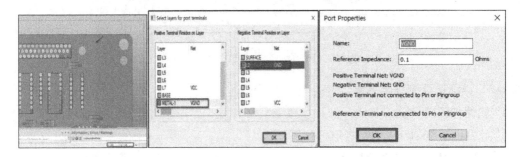

图 2-95　创建一个端口用于 VGND 平面

4）为电源创建电压调节器模块（VRM）端口：转到 Home→Add Port，如图 2-96 所示。

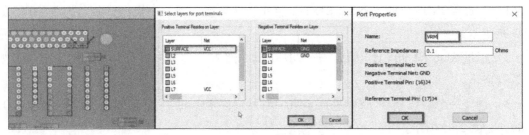

图 2-96　电源创建端口

5）选择组件并生成引脚组：转到 Tools→Create/Manage Pin Groups。选择两个芯片（U22 和 U41）的 VCC/GND 网络生成的 VCC/GND 分组，如图 2-97 所示。

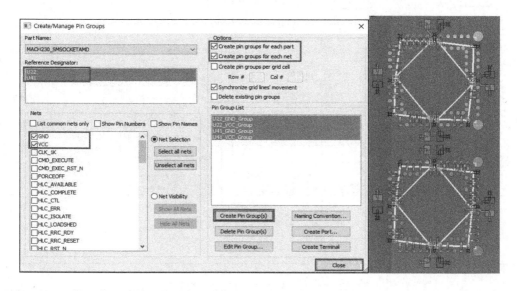

图 2-97　芯片 VCC/GND 生成引脚组

6）为 U22 创建端口：转到 Tools→Generate Circuit Elements on Components（U22）。选中 Circuit Element Type 为 Port，如图 2-98 所示。

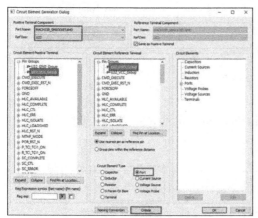
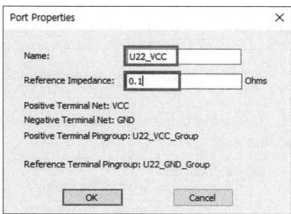

图 2-98　创建芯片电源网络端口

7）为 U41 创建端口：转到 Tools→Generate Circuit Elements on Components（U41）。选中 Circuit Element Type 为 Port，如图 2-99 所示。

8）为 HLC_ERR 创建一个 I/O 端口：在 Single Ended Nets 中选择 HLC_ERR，然后进入 Tools→Generate Ports on Nets，在 HLC_ERR 信号线的两端（U22，U41）创建一个端口，如图 2-100 所示。

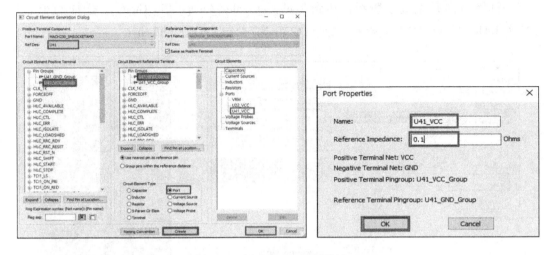

图 2-99　创建芯片电源网络端口

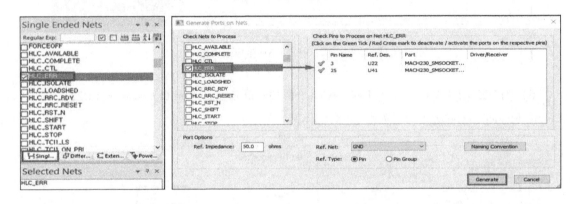

图 2-100　创建芯片 I/O 网络端口

9）确保创建了 6 个端口：通过 Home→Circuit Element Parameters→Ports 检查它们，如图 2-101 所示。

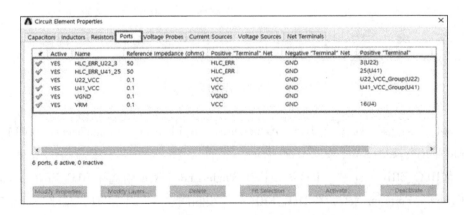

图 2-101　确认端口配置信息

10）模拟 PCB 接地，添加电阻：转到 Home→Circuit Elements→Resistor（0.5Ω），如图 2-102 所示。

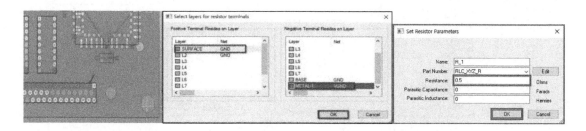

图 2-102　模拟 PCB 接地

3. 仿真设置

1）开始仿真之前，检查 HPC Options 和多处理核数（4 核）。

2）运行仿真：转到 Simulation→Compute SYZ Parameters，设置频率扫描，如图 2-103 所示。

3）检查结果：转到 Results→SYZ Results。

4）将文件另存为 SIwave_board_ESD_VGND.siw。

4. 场路协同仿真模型搭建

1）在 AEDT 中打开一个电路设计项目并将文件保存为 SIwave_Board_ESD_Circuit.aedt。

2）创建 SIwave 文件（SIwave_board_ESD_VGND.siw）的动态链接：转到 Component Libraries→Models→SIwave，如图 2-104 所示。

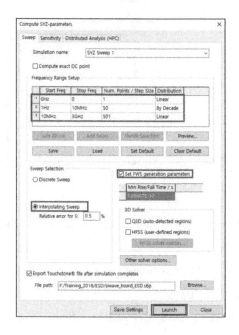

图 2-103　仿真设置

图 2-104　导入 SIwave 模型

3）修改符号：创建后可以通过拖动引脚来修改符号，如图 2-105 所示。

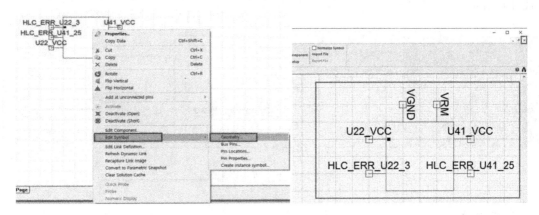

图 2-105　修改 SIwave 模型符号

4）在此设计中添加 ESD_HMM_Delay 组件：选择 Components→Nexxim Circuit Elements→EMC Tools→ESD_HMM_Delay，设置 Va 为−4kV，Td 为 30ns，如图 2-106 所示。

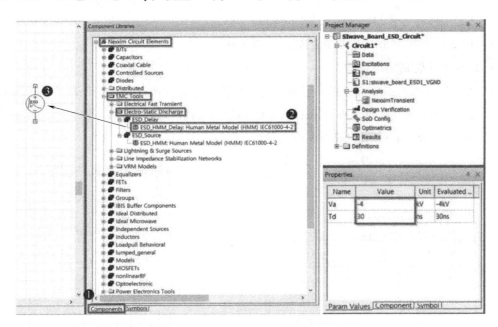

图 2-106　放置 ESD 激励模型

5）在这个设计中添加一个电压源：选择 Components→Independent Sources→V_DC：DC Voltage Source，并设置 DC 为 1.8V，如图 2-107 所示。

6）创建页面连接器：右键单击 SIwave Block→Add at unconnected pins→Page Connectors。可以使用翻转修改方向不正确的页面连接器，如图 2-108 所示。

7）使用此目录导入 IBIS 模型（u26a_800.ibs），转到 Component Libraries→Models→IBIS。然后，在导入 IBIS 模型时选择 DQ，如图 2-109 所示。

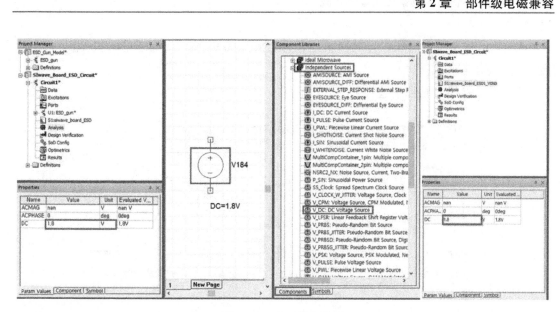

图 2-107　芯片供电模型

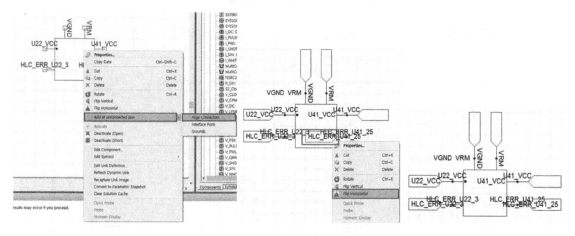

图 2-108　组装电路

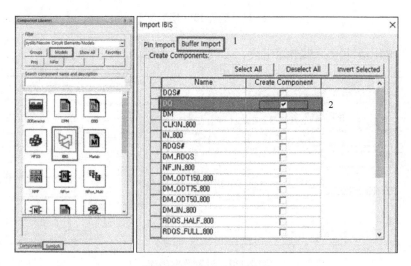

图 2-109　导入 IBIS 模型

注：IBIS 模型放置在软件安装目录（AnsysEM\AnsysEMX. X\Win64\buflib\IBIS）下才能被软件识别并导入。

8）如图 2-110 完成所有连接。

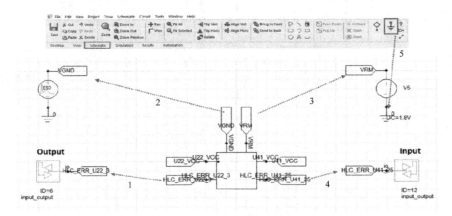

图 2-110　搭建 DDR 数据通信链路

9）设置输出缓冲功率：双击输出块，设置 Buffer_Pin，如图 2-111 所示。

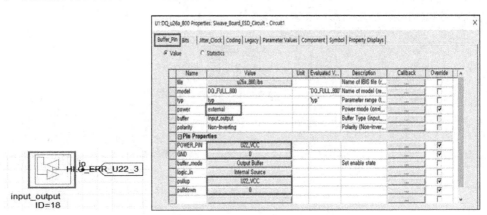

图 2-111　配置 IBIS 模型类型

10）设置输出缓冲位：双击输出块，设置 Bits，如图 2-112 所示。

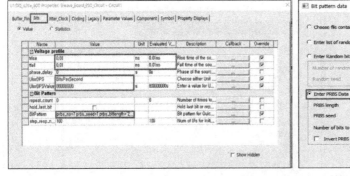

图 2-112　设置数据码流

11）设置输入缓冲区：双击输入块并设置 Buffer_Pin，如图 2-113 所示。确保将 buffer-mode 更改为输入缓冲区。

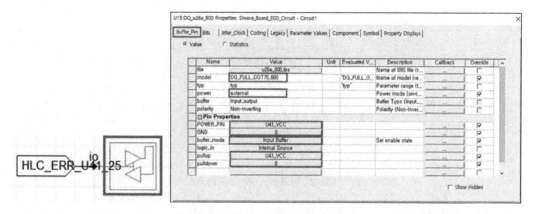

图 2-113 配置 IBIS 模型类型

5. 仿真求解

转到 Analysis→Add Nexxim Solution Setup→Transient Analysis，设置 Step 为 1ps，Stop 为 100ns，并单击 Analyze，进行求解。

6. 仿真结果分析

1）转到 Results→Create Standard Report→Rectangular Plot，在 Category 对话框中选择 Voltage，并选择 V（VGND）and V（HLC_ERR_U41_25）。得到的信号和噪声波形如图 2-114 所示。

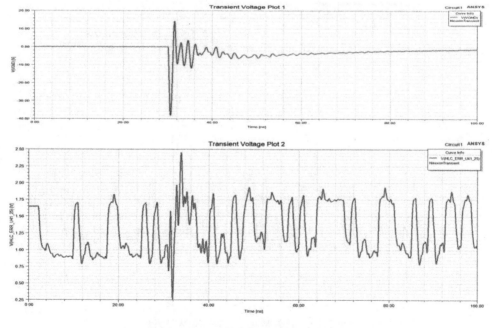

图 2-114 创建信号和噪声波形

2）与没有 ESD 输入的情况比较。要绘制带和不带 ESD 输入的结果，请在绘图背景单击右键并单击 Accumulate，如图 2-115 所示。

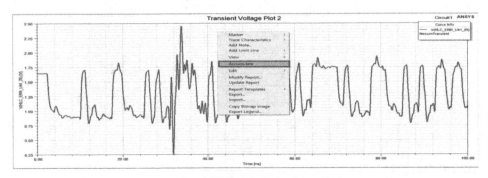

图 2-115　绘制带和不带 ESD 输入结果

3）停用 ESD 输入并重新运行仿真。结果显示了 ESD 输入对信号的影响（浅色，红线），而蓝线（深色）是未激活 ESD 输入的正常信号，如图 2-116 所示。

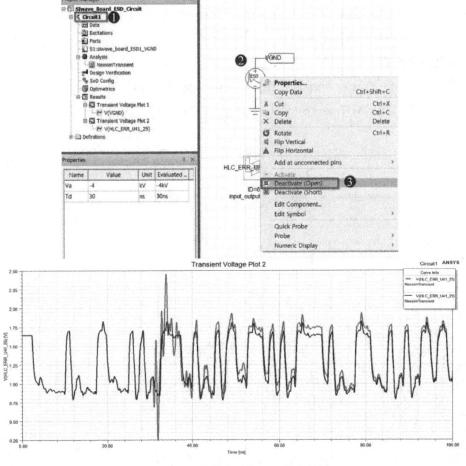

图 2-116　比较带和不带 ESD 输入结果

7. 仿真总结

由于 ESD 放电路径的存在，通过电源/地平面的复杂耦合，最终导致信号在传输时耦合到了 ESD 噪声。分析信号与电源间的耦合度，结合电场和磁场特征分析噪声耦合机理。

SIwave 结合 Circuit 基本上能够替代 ESD 测试设备，模拟 ESD 电流经过 PCB 时的电流分布状态和芯片受到的 ESD 噪声。

2.2.4.4 结论

合理地搭建 ESD 仿真平台，关键在于建模，本书根据当前 DUT 的结构特征判断可能的 ESD 电流路径只在垂直方向上存在寄生电容的充放电，因此只需要建模 HCP，而忽略 VCP，这大大简化了仿真模型，从而降低了仿真复杂度。

由于 ESD 仿真本质上是仿真放电回路，而放电回路可能通过 ESD 放电回路对信号路径复杂耦合，最终导致信号在传输时耦合到了 ESD 噪声。通过基于 SIwave 的仿真可快速定位放电回路和耦合路径，因此通过仿真管控 ESD 放电回路远离信号路径，就可以实现信号耦合到的 ESD 噪声明显降低，进而得到满足 ESD 性能要求的电路板布局布线，最终实现降低 ESD 风险的目标。

2.2.5 射频电路系统 RFI 仿真

2.2.5.1 概述

RFI（Radio Frequency Interference）是指多射频系统中的射频干扰问题，其代表场景包括 De-sense 问题，即射频系统遇到干扰时其接收灵敏度（即 TIS）下降的情况。当设备中集成多个频带的无线系统（如 Cellular、Wi-Fi、GPS 等），在有限空间内并存有多个射频器件同时工作时，接收器输入端出现带外信号或杂波，干扰时会出现接收灵敏度下降的问题，即 De-sense。

本案例采用 Design-By-Desense 仿真工作流程，综合使用 ANSYS HFSS、ANSYS Circuit 及其 EMIT 功能模块，在统一的仿真下开展 3D 电磁、射频电路/系统分析 De-sense 问题。

2.2.5.2 仿真思路

通常 RFI 问题是有源问题，即系统内的噪声能量通过空间辐射或导体传导的路径干扰受扰对象，如图 2-117 所示，所以需要多个功能模块协同仿真，按照实际情况搭建仿真模型。在本仿真案例中，采用 ANSYS Circuit 模拟有源信号输入，ANSYS HFSS 3D Layout 进行 PCB 三维模型路径抽取，EMIT 进行 RFI 信号分析处理，从而实现 Design-By-Desense 仿真工作流程。

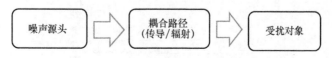

图 2-117 RFI 仿真工作流程

2.2.5.3 详细仿真流程与结果

1. 软件与环境

本案例过程采用 ANSYS AEDT 2021 R1 软件。

2. PCB 模型处理

打开案例附带例子中的 Galileo Setup. aedtz，查看 PCB Demo，如图 2-118 所示。

图 2-118　PCB Demo

提取 RF 线路附近的关键走线，保留相关 PCB 覆铜层以及过孔走线信息，提取的每条走线的 Port 口都可以作为干扰输入源，本次分析将假定走线为单端驱动，如图 2-119 所示。

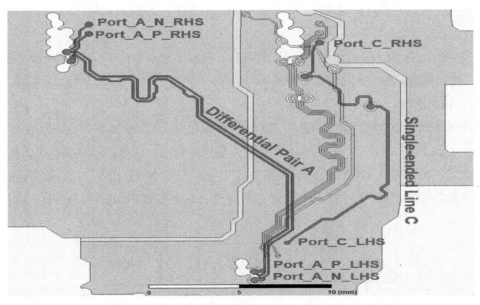

图 2-119　提取 RF 线路附近的关键走线

然后在 PCB 中建立相对坐标系 CS1，将蓝牙天线模块（BT Antenna_Parametic）从 Component Libraries 库中导入 PCB，如图 2-120 所示。

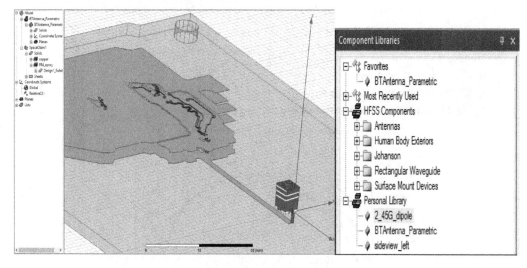

图 2-120　导入天线模块

3. 求解设置

Setup 设置：ΔS 为 0.02，求解频率为 2.5GHz，为了覆盖天线与走线之间的干扰频带，扫频设置为插值扫频，带宽为 0~3GHz，如图 2-121 所示。

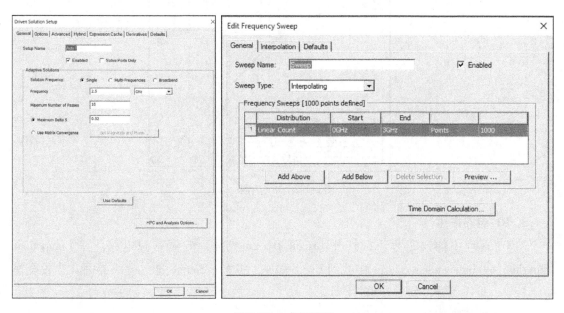

图 2-121　求解设置

4. 求解结果

查看天线回损、传输线回损、传输线插损结果，如图 2-122 所示。

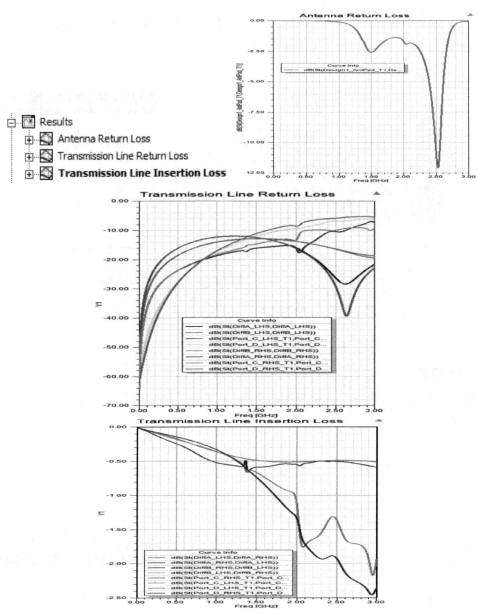

图 2-122　求解结果

5. RF 电路搭建

AEDT 环境中的同工程下，打开 Circuit Design 界面，搭建有源电路。在 Component Libraries 中的 Independent Source 中找到 Eye Source，将 Eye Source 拖入电路界面，然后设置电流探针、电压探针，如图 2-123 所示。

最终电路原理图如图 2-124 所示。

6. 源与探针设置

在原理图中单击 Eye Source，在 Properties 中设置源阻抗、电压、上升/下降时间、比特周期和模式等参数，如图 2-125 所示。

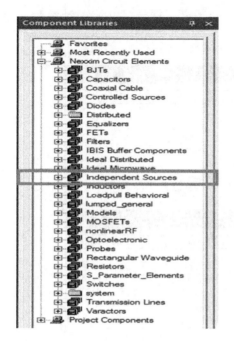

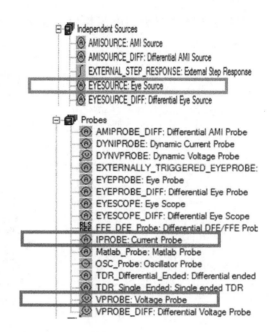

图 2-123　源与探针选择

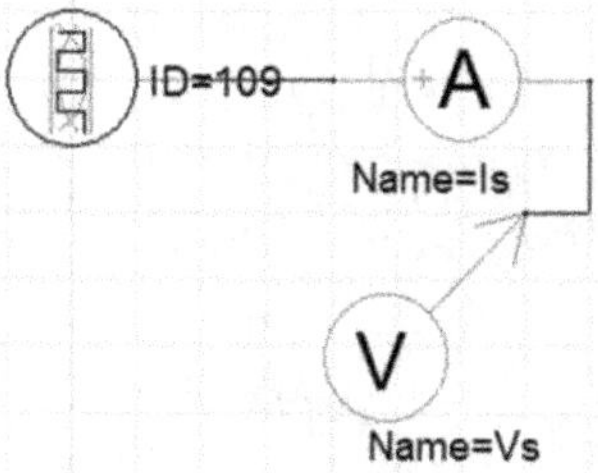

<table>
</table>

Name	Value	Unit	Evaluated Value
resistance	50	ohm	50ohm
vlow	0	V	0V
vhigh	1	V	1V
trise	100	ps	100ps
tfall	100	ps	100ps
phase_delay	0	s	0s
modulation	NRZ		
coding_PAM4_only	Gray		
UIorBPS	Unit Interval		
UIorBPSValue	1/DataRate		1e-009
DCDFractionorTime	Fraction		
dcd	0		0
txrj			
txpj			
txuj			
txcj			
repeat_count	0		0
step_resp_num_ui	100		100
do_encoding	0		0
hold_last_bit			
FFE_data			
BitPattern	random_bit_coun...		
COMPONENT	EYE_SOURCE		
CosimDefinition	Edit		
CoSimulator	DefaultNetlist		
InstanceName	A109		
Status	Active		
Info	EYESOURCE		

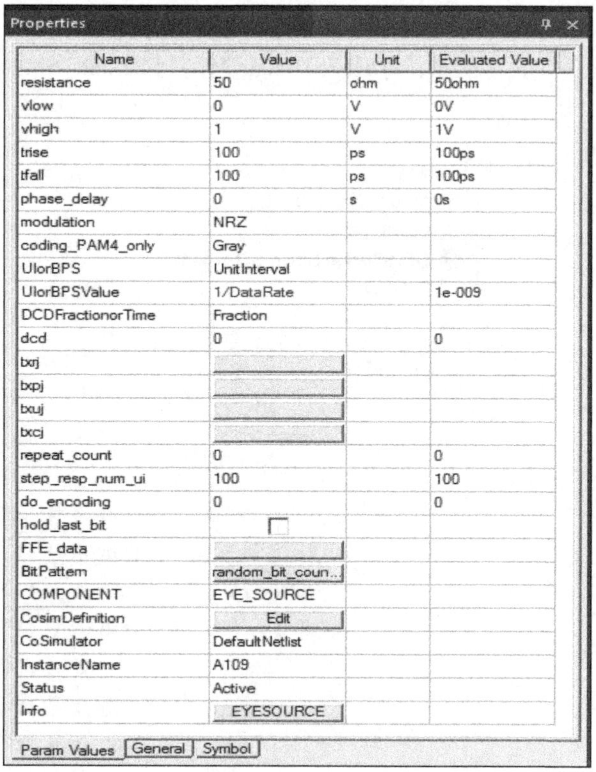

Param Values | General | Symbol

图 2-124　信号源电路原理图

图 2-125　源参数设置

89

同样选择电压探针、电流探针，在 Properties 中设置电压探针、电流探针参数，如图 2-126 所示。

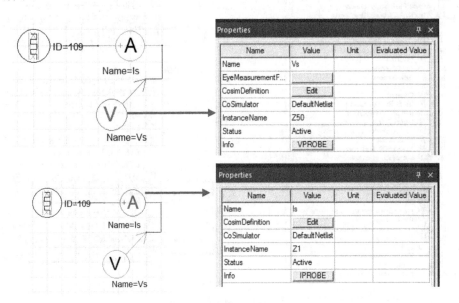

图 2-126　探针参数设置

7. 场路协同设置

在工程树下将 HFSSDesign 拖动到 Circuit_Single 电路原理图中，如图 2-127 所示。

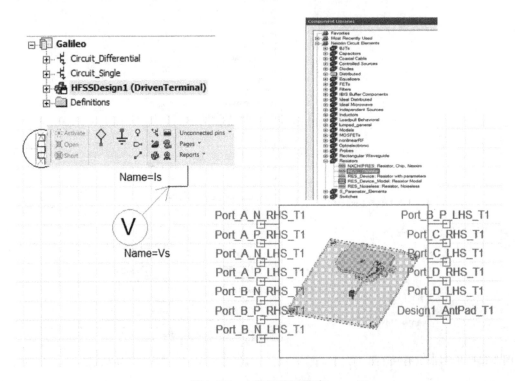

图 2-127　电路原理图搭建

本例中采用单端口干扰分析，所以选择 Port_C_RHS_T1 作为激励端口，将其他端口串接 50Ω 电阻并接地。

如图 2-128 所示将 Source 与 Port_C_RHS_T1 连接，其余端口接 50Ω 并接地。

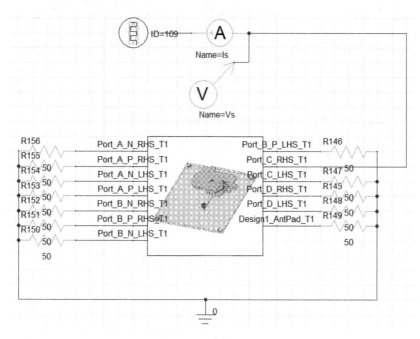

图 2-128　电路最终原理图

在工程树 Analysis 中添加瞬态求解器，求解间隔 0.1ns，求解时长 1000ns，如图 2-129 所示。

设置完成后单击 Analyze 求解，如图 2-130 所示。

在 Result 中选择 Create Standard Result→Rectangler Plot，在 Category 中选择 Output Variable→Ps，单位选择 None；在结果中观察到眼图结果（见图 2-131）以及频谱结果（见图 2-132）。

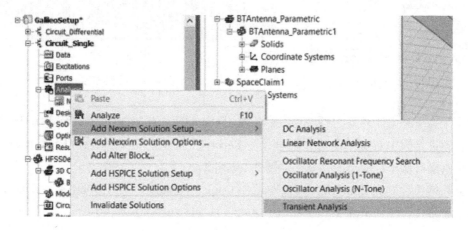

图 2-129　瞬态求解器设置

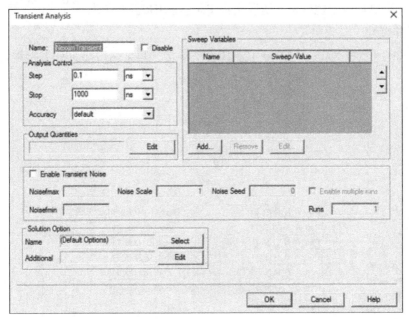

图 2-129 瞬态求解器设置（续）

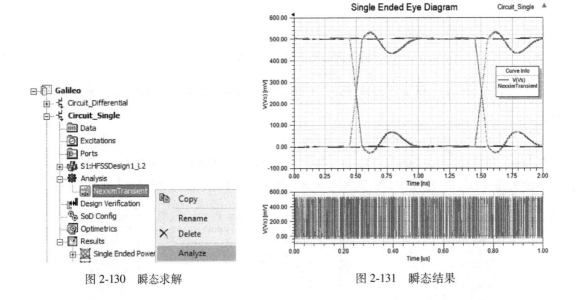

图 2-130 瞬态求解

图 2-131 瞬态结果

接下来将瞬态电压转换为频域功率，并使用 Output Variables 将其缩放至 dBm/Hz 并生成报告。在频谱结果中右键单击修改报告，在 Report 界面设置 FFT 参数，FFT 截止时间与谐波定义电路最高频率和分辨率带宽，如图 2-133 所示。

如果频谱单位不为 dBm/Hz，则需要单击 Output Variables，打开 Output Variables 界面。在 Expresssion 中输入公式：

$$Power\left(\frac{dBm}{Hz}\right) = 10 \times \log[\,mag(\,V \times I\,)\,] + 30 - 10 \times \log(1e6)$$

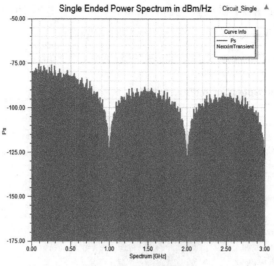

图 2-132　频谱结果

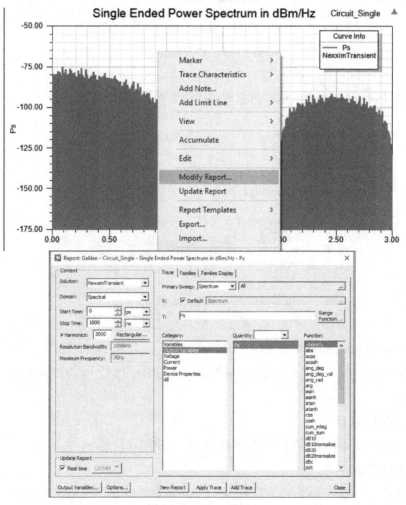

图 2-133　Report 界面

Name 输入 Ps，单击 ADD 添加公式到 Output Variables。这样使用原理图中的 I 和 V 探头名称，就设置了 Output Variables 来进行功率缩放到 dBm/Hz。

接下来导出频谱结果为 . csv 文件，如图 2-134 所示。

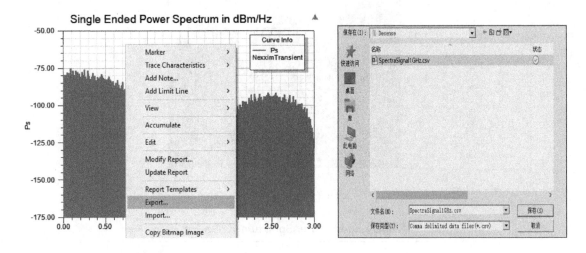

图 2-134　频谱结果导出

然后提取 Trace 线端口与天线端口之间的耦合系数，如图 2-135 所示。

图 2-135　Network Data Explorer 界面

通过 Network Data Explorer 导出端口的耦合矩阵。

选择 File→Save As... 导出天线和单端线 Port_C_RHS_T1 之间的耦合 Coupling. s2p，如图 2-136 所示。

8. 创建 EMIT 项目

在 Electronics Desktop 界面中创建 EMIT 项目，如图 2-137 所示。

9. RF 系统搭建

在工程树中，右键单击耦合，然后选择添加 S 参数矩阵文件（见图 2-138）。

然后在 Scene 节点下生成两个天线，生成的天线与 coupling. s2p 文件中的端口对应。在

Coupling Data 节点下查看耦合矩阵，如图 2-139 所示。

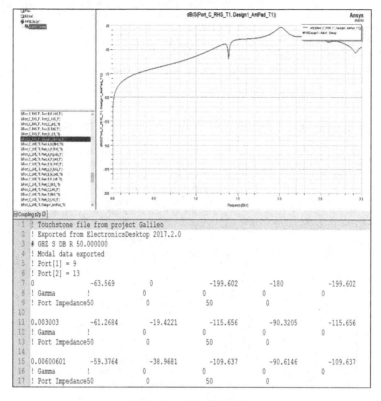

图 2-136　端口耦合矩阵

图 2-137　在 Electronics Desktop 界面创建 EMIT

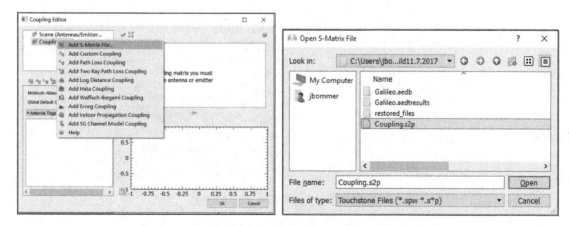

图 2-138　添加 S 参数矩阵文件

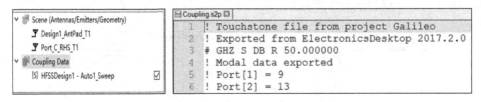

图 2-139　在 Coupling Data 节点下查看耦合矩阵

在 Coupling Data 面板中可以查看导入的耦合曲线，如图 2-140 所示。

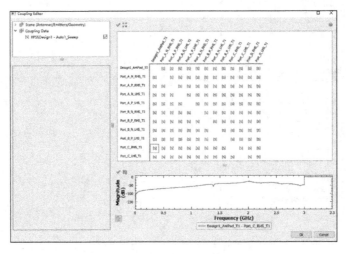

图 2-140　耦合矩阵曲线

接下来，对 TraceC 建立 RF 系统，添加 Aggressor 的 RF 系统，在 Coupling Data 面板中单击 OK 后，自动生成对应端口的天线模型，删除不需要的天线模型，只保留 ANT 以及 TraceC 的天线模型，接着对于蓝牙天线在 Component Libraries 添加 Bluetooth Radio；对 TraceC 添加 Radio，双击 Radio 可打开频谱配置选项，将 Radio 名称改为 Aggressor C RHS，在 Tx Spectral Profile 中添加 Tx Broadband Noise Profile，如图 2-141 所示。

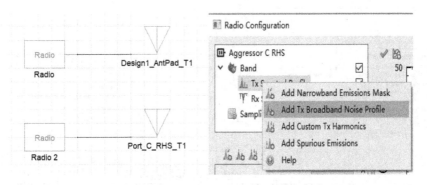

图 2-141　建立 Aggressor C RHS RF 系统

在 Tx Broadband Noise Profile 上右键单击 Import a CSV File，将之前导出的频谱结果分配

给 PRBS RHS Source，在 PRBS RHS Source 下创建 SpectraSignal1GHz. csv 名称的 Tx Band 配置文件，Windows 中显示 SpectraSignal1GHz. csv 的频谱图像，如图 2-142 所示。

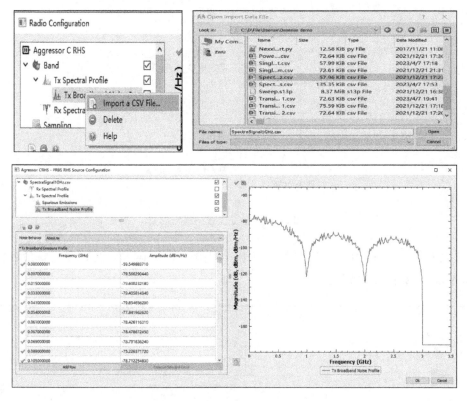

图 2-142　在 Tx Band 中导入频谱

接下来创建 Bluetooth 接收系统，双击 Bluetooth Radio 模块，勾选 Rx -Base Data Rate，如图 2-143 所示。

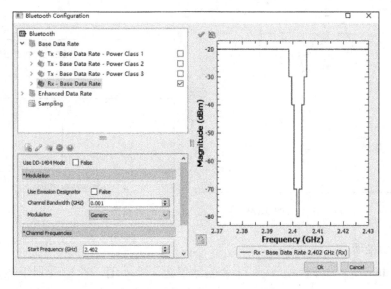

图 2-143　建立 Bluetooth RF 系统

10. RF 系统配置

在原理图中将两个系统与相应天线进行连接，如图 2-144 所示。

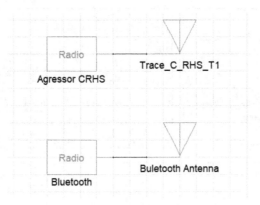

图 2-144   建立无线电系统

设置完成后，选中 EMIT 下拉菜单，单击 Analyze，进行运算，运算完成后会自动弹出 Scenario Matrix，如图 2-145 所示。

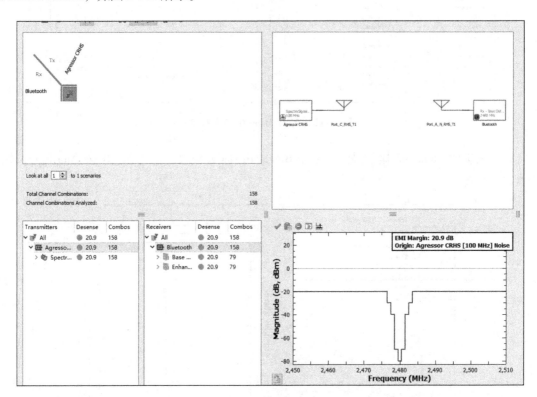

图 2-145   Scenario Matrix 结果查看

11. 结果后处理

Scenario Matrix 中的红色线表示 79 个蓝牙信道中至少有一个已受到干扰。在 Scenario

Detail 中，可以看到每个蓝牙通道的 Desense 结果，如图 2-146 所示。

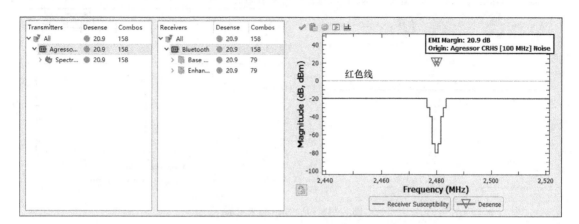

图 2-146　Scenario Detail 结果查看

12. 结果分析与优化

从 Scenario Detail 中可以看到在蓝牙通道附近，干扰功率变化小于 5dB，在蓝牙系统中所有信道都有干扰问题，可以通过虚拟调试来对系统进行优化设计。

13. 优化与调试

对于 RF_desense 问题，可以采用移动天线位置、重新规划 RF 走线等措施来减少耦合，增强屏蔽效能降低易感性，以及降低通道灵敏度或带宽，减少蓝牙频段附近的干扰功率谱等策略来缓解 Desense 问题。

本例中尝试将数据速率更改为更高速率，可以将频谱中的零点移动到蓝牙通道上。在 Circuit_Single Design 中将 Data Rate 改为 1200，重新运行求解，得到的频谱结果如图 2-147 所示。

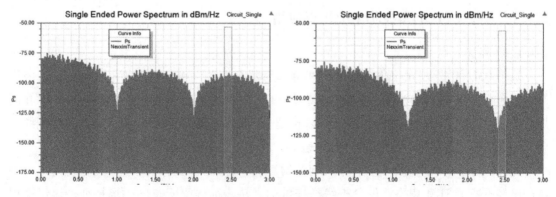

图 2-147　频谱零点移动

可以看到蓝牙频段附近的频谱中，不需要的能量显著减少。将此频谱导入 EMIT 中进行 Desense 分析，可以看到增加数据速率到 1200 后，Desense 指标相较之前改善了 11dB，如图 2-148所示。

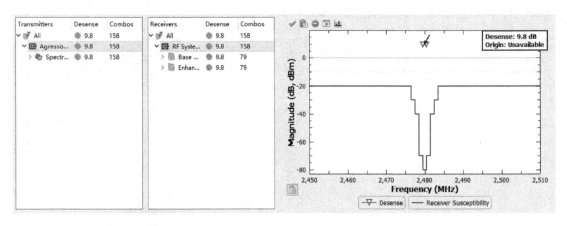

图 2-148 Desense 结果查看

2.2.5.4 结论

本例中综合使用了 ANSYS HFSS、ANSYS Circuit 及其 EMIT 功能模块，在统一的仿真环境下开展三维电磁、射频电路与系统分析 Desense 问题。在 HFSS 中使用高保真三维耦合仿真，表征干扰对天线接收器的接收功率，包括平面电路板结构（介质、PCB 接地、走线网络）与非平面三维贴装器件（天线）的相互耦合影响；在 Circuit Design 中生成真实的干扰源频谱特性，与 HFSS 采用场路协同计算负载效应；将频谱特性和 3D 电磁耦合结果导入系统级分析模块 EMIT 中对 Desense 问题进行分析，并对 Desense 问题进行提高传输码率优化，从而改善 RFI 相关指标。

2.3 线缆

2.3.1 基于 Q3D 的多线芯电缆仿真应用

2.3.1.1 概述

基于 Q3D 的多线芯电缆仿真的核心要素是建模多线芯电缆横截面的电磁场特征，因为对于线缆的其他部分横截面而言电磁场特征只是相位的差异，即使存在"铜损"和"介质损耗"也是与线长线性相关的，完全可以预期，因此线缆横截面电磁场特征能表征线缆主要电磁场特征，并能生成线缆的主要电气属性。

此外，对于复杂线缆结构，由于几何结构复杂、编织层等因素的影响，可能电缆电磁场特征已经不处于 TEM 模态，仅分析线缆横截面无法表征线缆所有电磁场特征，建议采用 EMA3D Cable 进行分析。

2.3.1.2 仿真思路

使用 Q3D 的 Q2D 功能来建模多线芯电缆横截面的电磁场特征，通过提取线缆电感/电阻频率验证仿真准确性。

2.3.1.3　详细仿真流程与结果

1. 软件与环境

本案例采用 ANSYS Q3D 2021 R2 完成仿真过程。

2. 多线芯电缆建模

如图 2-149 所示，通过 Q2D 建模多线芯电缆的横截面，金属线分布在屏蔽外壳和绝缘介质内，中心为绝缘材料线芯。

3. 设置单位和材料属性

1）选择 Draw 选项卡，单击 Units 图标，打开 Set Model Units 窗口，确认单位为mm，并关闭窗口，如图 2-150 所示。

2）在 History 树中，单击选中所有 Signal 和 Shield，在 Properties 窗口中，设置材质为铜（copper），如图 2-151 所示。

3）在 History 树中，单击选中 Insulator 设置绝缘材料，在 Properties 窗口中，设置材质为 polyethylene，如图 2-152 所示。

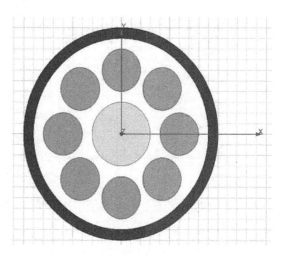

图 2-149　多线芯电缆横截面模型

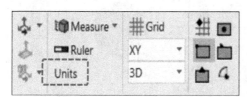
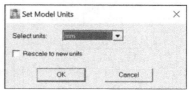

图 2-150　设置单位

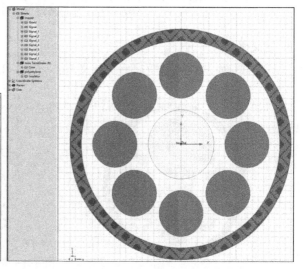

图 2-151　设置导体材料属性

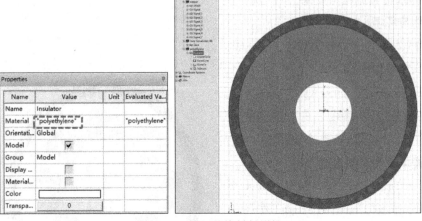

图 2-152　设置绝缘材料属性

4）在 History 树中，单击选中 Core，设置绝缘芯线材料，在 Properties 窗口中，设置材质为 Isola TerraGreen（R），如图 2-153 所示。

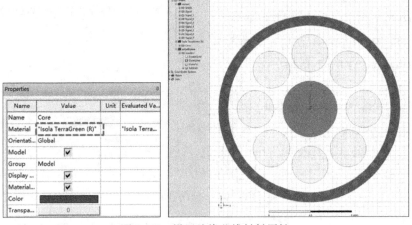

图 2-153　设置绝缘芯线材料属性

4. 定义网络

设计的几何和材料设置正确后，定义 Nets（网络），如图 2-154 所示。

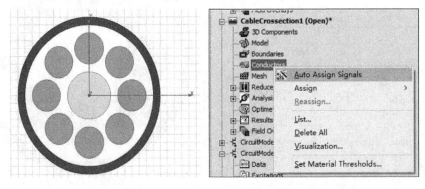

图 2-154　自动识别并创建网络

1）在属性管理器中，右键单击 Nets 并选择 Auto Assign Signals，项目已经有 8 个导电结构，当自动识别网络时，会出现 8 个 Nets，如图 2-154 所示。

2）选中屏蔽外壳，设置为参考地，如图 2-155 所示。

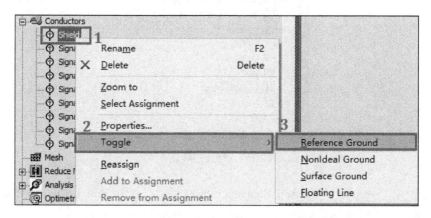

图 2-155　电源创建端口

5. 求解设置

开始仿真之前，检查 HPC Options 和多处理核数（4 核）。

在 Project Manager 中，展开 Analysis 并双击 Q2D 以调出 Solve Setup 窗口，两个求解方案都被选中，并打钩；Solution Frequency = 1GHz，如图 2-156 所示。

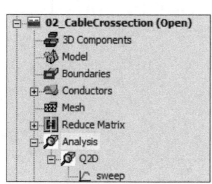
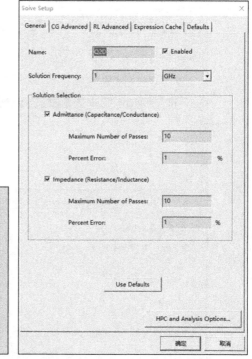

图 2-156　求解设置

6. 扫频设置

1）在 Project Manager 中，展开 Analysis，如图 2-157 所示。

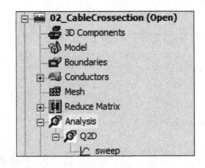

图 2-157　打开扫频设置

2）右键单击 Setup1，选择 Add Frequency Sweep…，打开 Edit Frequency Sweep 窗口，如图 2-158 所示。设置 Sweep Name 为 Sweep，Sweep Type 为 Interpolating。

3）默认扫描频率组（直流特征）。设置 Distribution 为 Linear Step，Start 为 0Hz，End 为 1Hz，Points 为 1。

4）单击 Add Below 获得第 2 组扫描频率组。设置 Distribution 为 Log Scale，Start 为 1Hz，End 为 1GHz，Points 为 200。

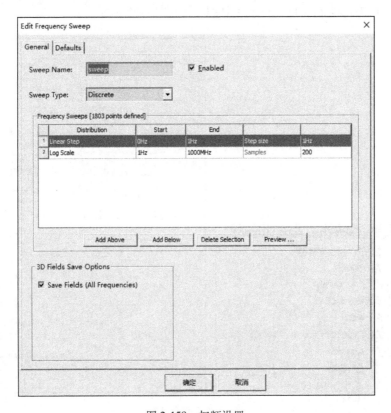

图 2-158　扫频设置

7. 多线芯电缆验证并分析

1）在 Simulation 选项卡中，单击 Validate 图标，确保显示 Progress 和 Message Manager 窗口，如果没有，请单击界面底部的图标打开这些窗口，如图 2-159 所示。

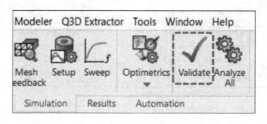

图 2-159　启动验证

2）观察 Progress 窗口和 Message Manager 窗口，当模拟结束时，保存所有 Q3D 模拟文件，如图 2-160 所示。

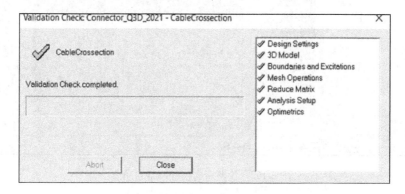

图 2-160　查看验证结果

3）查看验证结果图标在 Validate 图标的右边，单击 Analyze All 以启动 Q3D 模拟，如图 2-161所示。

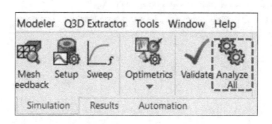

图 2-161　启动仿真

验证检查和分析所有操作可从 Q3D Extractor 下拉菜单中获得。

8. 仿真结果分析

（1）多线芯电缆——电感图

1）在 Project Manager 中，单击 Results → Create Matrix Report → Rectangle Plot，在

Category 下，选择 L Matrix，选择 Quantity 中 Only Self Terms，选中选项框中所有数据，如图 2-162 所示。

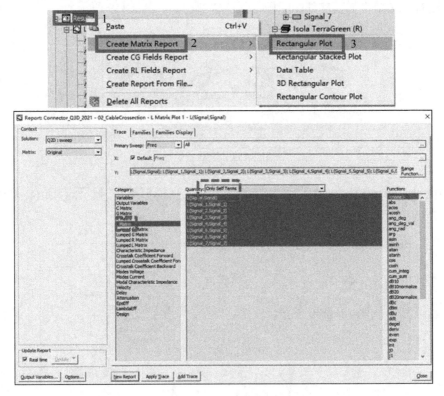

图 2-162 绘制所有信号网络自感

2）为了更好地显示电感量随频率的变化趋势，在绘图视图中双击绘图坐标轴，在弹出对话框中选择 X Scaling 中 Axis Scaling 选项，在下拉菜单中选择 Log，如图 2-163 所示。

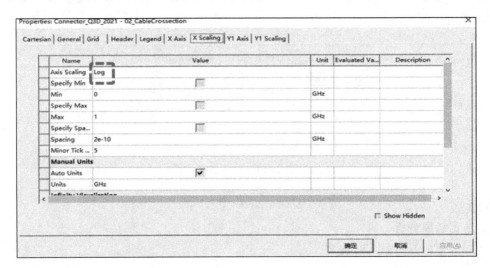

图 2-163 调整 X 坐标轴为 Log 显示

3）如图 2-164 所示，电感量随频率升高而减小。

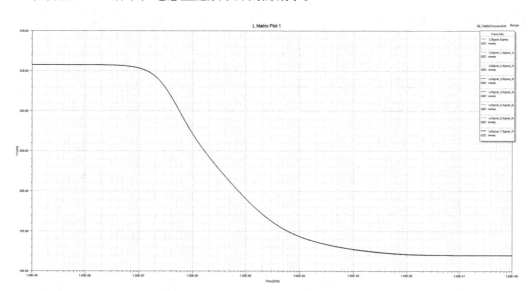

图 2-164　电感量随频率的变化图

（2）多线芯电缆——电阻图

1）在 Project Manager 中，单击 Results → Create Matrix Report → Rectangular Plot，在 Category 下，选择 R Matrix，选择 Quantity 中 Only Self Terms，选中选项框中所有数据，如图 2-165 所示。

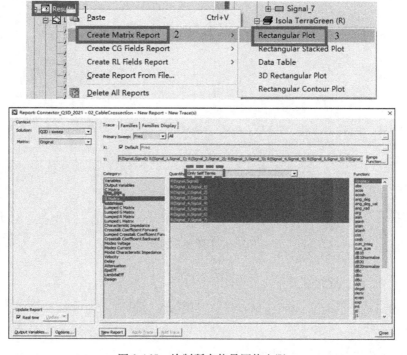

图 2-165　绘制所有信号网络电阻

2）为了更好地显示电阻随频率的变化趋势，在绘图视图中双击绘图坐标轴，在弹出的对话框中选择 X Scaling 中 Axis Scaling 选项，在下拉菜单中选择 Log，如图 2-166 所示。

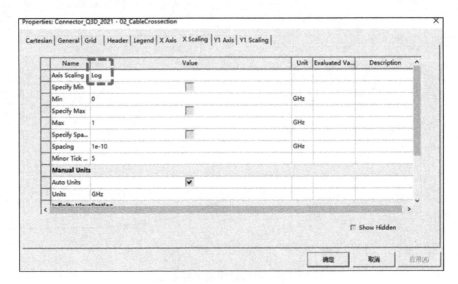

图 2-166　调整 X 坐标轴为 Log 显示

3）电阻随频率升高而减小，如图 2-167 所示。

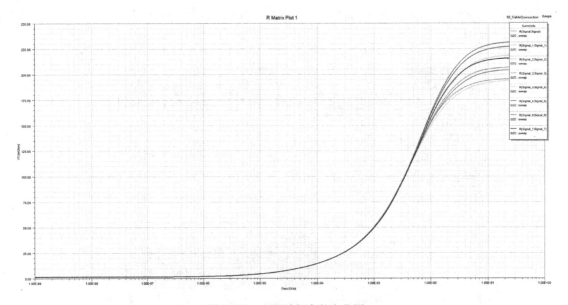

图 2-167　电阻随频率的变化图

（3）最终 DCR 和 ACL 图

电感随频率升高而减小，电阻随频率升高而增大，如图 2-168 所示。

9. 仿真总结

电感随频率升高而减小，电阻随频率升高而增大。

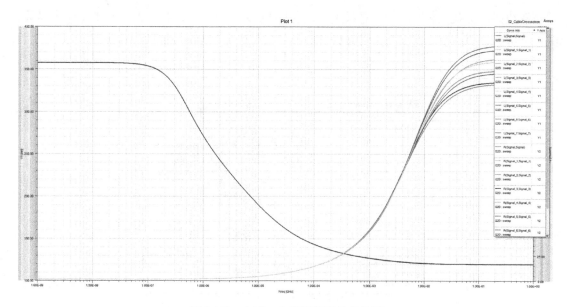

图 2-168　电感、电阻随频率的变化图

2.3.1.4　结论

基于 Q2D 的多线芯电缆仿真的核心要素是建模多线芯电缆横截面的电磁场特征，因为对于结构简单线缆的其他部分横截面而言电磁场特征只是相位的差异，即使存在"铜损"和"介质损耗"也是与线长线性相关的，完全可以预期，因此线缆横截面电磁场特征能表征线缆主要电磁特征，并能生成线缆的主要电气属性。

多线芯电缆横截面的电磁场特征决定了信号线芯的电阻和自感，电感随频率升高而减小，电阻随频率升高而增大。这与趋肤效应对电缆导体的影响导致电流分布在导体表面，使得电阻随频率增加而增加、电感随频率的增加而减小的电磁现象是一致的。

2.3.2　线缆屏蔽性能仿真

2.3.2.1　概述

系统的电磁兼容性能除了设备本身的影响外，连接设备的线缆及其组件的电磁屏蔽性能也是重要的影响因素，因此为了提高系统电磁兼容性能，屏蔽线缆应用越来越广泛。一方面屏蔽线缆可以抑制减小外界的电磁信号耦合到线缆中而影响关联设备，另一方面当流过线缆的信号噪声强度较大，特别是噪声频率较高时，屏蔽线缆可以减轻噪声对外部环境的干扰程度。本案例采用 ANSYS EMA3D Cable 软件分析线缆的屏蔽性能，演示仿真流程以及计算结果。

2.3.2.2　仿真思路

工程中通常利用线缆的转移阻抗来表征外界电磁场对屏蔽线缆的电磁耦合能力，转移阻抗定义为单位长度上有单位电流流过屏蔽层时，在线缆芯线和屏蔽层之间形成的开路电压。线缆屏蔽层的转移阻抗可以通过测试获得。ANSYS EMA3D Cable 软件集成了常见的同轴线、屏蔽双绞线、屏蔽三芯四芯绞线等线缆的转移阻抗参数，同时软件提供实体圆柱导体屏蔽、编织型屏蔽等屏蔽层物理参数定义及转移阻抗计算，其定义界面如图 2-169 所示。

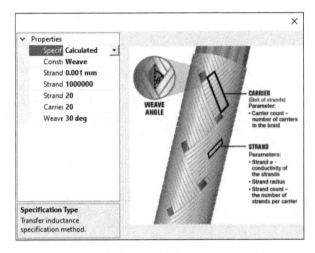

图 2-169　编织型屏蔽层的物理参数定义及转移阻抗计算

实际工程中通常选择标准型号的屏蔽线缆或者定义外屏蔽层，通过邻近线缆串扰、线缆辐射及抗扰能力来评估线缆的屏蔽性能。本案例通过 ANSYS EMA3D Cable 软件计算添加屏蔽层前后邻近导线的串扰以及 2m 处区域内的电场强度来验证屏蔽层性能。

2.3.2.3　详细仿真流程与结果

1. 软件与环境

本案例采用软件 ANSYS EMA3D Cable 2021R2 完成全部过程。

EMA3D Cable 集成了时域有限差分算法 FDTD 和多导体传输线（MTL）求解技术，是各类复杂线束 EMC 问题的仿真解决方案。

2. 仿真模型概览

在图 2-170 所示的模型中包含地平面、3 个设备 Box 以及线段模型。其中在路径 SEG-SEG1-SEG2 上定义两根单线 24 Gauge Wire，在路径 SEG-SEG3-SEG4 上定义单线 26 Gauge Wire。仿真中在 24 Gauge Wire 上添加差分电压，由于两根线束具有公共的路径 SEG，容易形成串扰，因此在受扰单线 26 Gauge Wire 上定义电压探针检测串扰值。仿真中利用 EMA3D Cable 软件仿真是否加屏蔽层比较串扰电压以及空间场强的变化，评估屏蔽层的屏蔽性能。

3. 建模与求解区域定义

图 2-171 为待仿真的线缆 CAD 模型，包含地平面和 5 段线模型，3 个线缆端接 box 与地平面相连接。首先在 Domain 中定义仿真频率、求解区域、网格尺寸、边界条件以及并行分区数目。在 EMA3D 软件中 FDTD 的时间步长、空间步长、Start 时间、End 时间均基于指定的最低频率和最高频率计算得到，其中 Lowest Frequency = $1/t_{\text{end}}$，$\Delta t \leqslant \dfrac{1}{c\sqrt{\Delta x^2 + \Delta y^2 + \Delta z^2}}$。求解区域 Domain 具体设置如下。

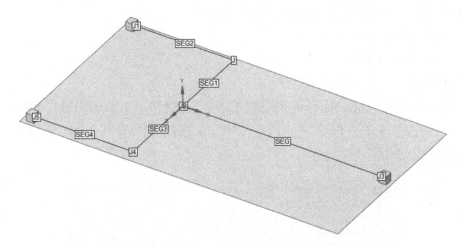

图 2-170　线缆屏蔽性能仿真模型概览

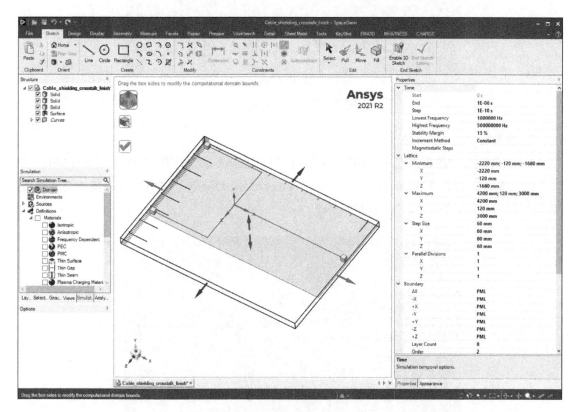

图 2-171　求解区域 Domain 定义

仿真频率和时间：Lowest Frequency 定义为 1MHz，Highest Frequency 定义为 500MHz，End 时间定义为 1E-6s，Step 时间定义为 1E-10s。

求解区域：MinimumX 为 − 2220mm，MinimumY 为 − 120mm，MinimumZ 为 − 1680mm；MaximumX 为 4200mm，MaximumY 为 120mm，MaximumZ 为 3000mm。其中+Z 方向设置的求

解区域大是为了在 2m 位置定义场探针（Field Probe）。

网格尺寸（Step Size）为 60mm。

边界条件设置为 PML。

4. 材料定义

在 EMA3D 菜单下选择 Materials 的下拉菜单，选择 PEC。在界面中选择 Select Surface Tool，单击地平面以及 3 个 Box 结构。PEC 材料赋值完成后模型将显示为黄色（PEC 材料预先定义的颜色），如图 2-172 所示。

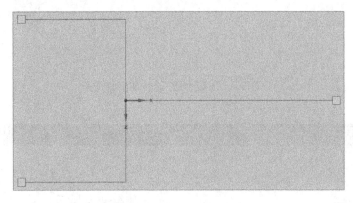

图 2-172　显示 PEC 材料的定义

5. 线缆定义

1）首先定义屏蔽层。在 MHARNESS 菜单下单击 Cabling 的下拉菜单，选择 Shield，在主界面中选择如图 2-173 所示的路径。同时在 Properties→Library 中选择软件已集成的屏蔽层类型 TSP 26 Gauge TSP，如图 2-174 所示。

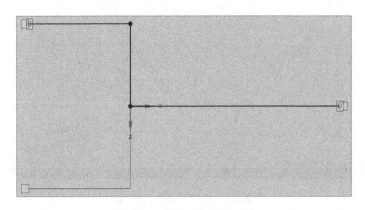

图 2-173　选择屏蔽层的路径

在图 2-175 中可查看屏蔽层的转移电感（Transfer Inductance），选择 Fixed Value 即采用软件内置的测试数据，如选择 Calculated 则需要选择屏蔽层的形式（如编织层或者实体圆柱），并定义物理参数，软件将根据输入的物理参数计算转移阻抗。

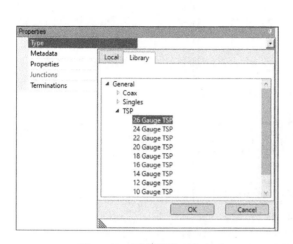

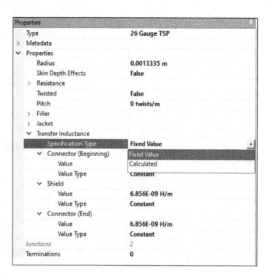

图 2-174 屏蔽层类型定义　　　　　　图 2-175 Gauge TSP 屏蔽层的转移阻抗

2）定义单线 24 Gauge Wire。在 Simulation 树中展开 Harness 节点，右键单击 Shield，单击 Add→Conductor。在主界面中选择与屏蔽层相同的路径。同时在 Properties→Library 中选择 24 Gauge Wire。从 Select Line 切换到 Select Point，分别选择路径的起点和终点定义 Terminations，单击 OK，完成单线定义，如图 2-176 所示。

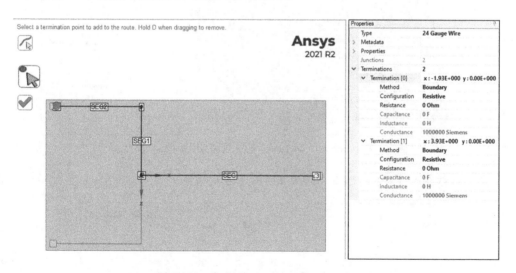

图 2-176 定义 Conductor 24 Gauge Wire

在 Simulation 树中展开 Harness 节点，右键单击 Conductor→Copy，如图 2-177 所示。即可复制第二根 24 Gauge Wire，软件自动命名为 Conductor（1）。我们将原先的 Conductor 重新命名为 Conductor（2）。至此在 Shield 下面包含 Conductor（1）和 Conductor（2）两根 24 Gauge Wire。

3）定义单线 26 Gauge Wire。在 MHARNESS 菜单下单击 Cabling 的下拉菜单，选择

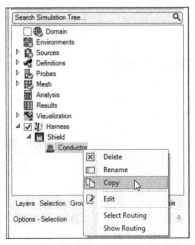

图 2-177　复制第二根 24 Gauge Wire

Conductor，在主界面中选择图 2-178 中路径（蓝色线段，深色）。同时单击 Properties→Type→
Library，选择单线 26 Gauge Wire。通过 Select Point 定义两个 Terminations，其中一端设置
50Ω 阻抗，另一端设置为短路阻抗。

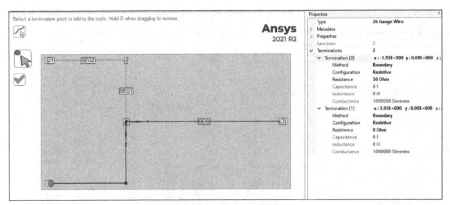

图 2-178　Conductor 26 Gauge Wire 定义及 Terminations 定义

查看各段线缆的横截面定义，如图 2-179~图 2-181 所示。

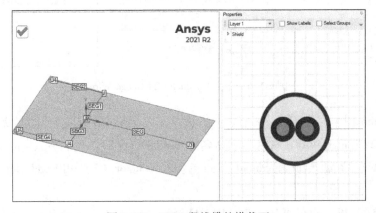

图 2-179　SEG2 段线缆的横截面

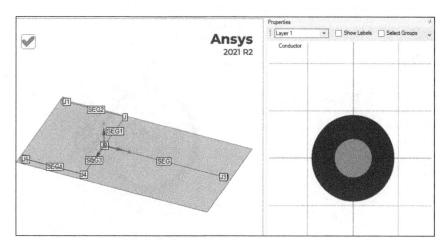

图 2-180　SEG4 段线缆的横截面

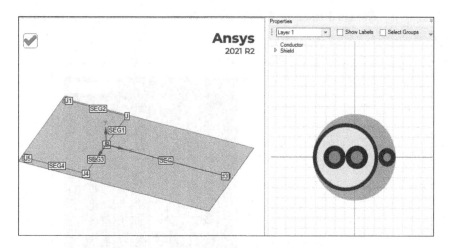

图 2-181　共路径 SEG 段线缆的横截面

6. 定义差分电压激励源

下一步在两根 24 Gauge 线缆上定义差分电压源。在 MHARNESS 菜单下单击 Pin Excitation 的下拉菜单并选择 Pin Voltage。选择线段 SEG，选择节点 J3，软件弹出 Segment Selector 窗口。在下拉菜单中选择 Layer2，勾选 Show Labels，鼠标选择 Conductor（1），单击 OK 完成第一个 Pin Excitation 的定义，如图 2-182 所示。

重复以上操作并选择 Conductor（2），完成第二个 Pin Excitation 的定义。在 Simulation 树的 Sources 节点下面将列出定义的这两个 Pin Voltage 激励源。

在 Simulation 树中展开 Sources 节点，右键单击 Signals，选择方波 Rectangular。软件将弹出 Signal 定义窗口，修改名称为 Send，将参数 Duty Cycle 设置为 0.25，保存并关闭定义窗口。重复以上操作创建 Signal，修改名为 Receive，将参数 Amplitude 设置为-1，Duty Cycle 设置为 0.25。在 Simulation 树中 Signals 节点下面将列出定义的两个 Signals。将 Signal Send 拖

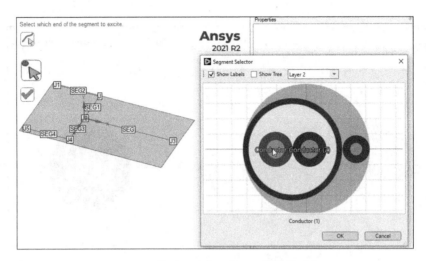

图 2-182　Conductor（1）上电压源激励的定义

动到 Pin Voltage 上，将 Signal Receive 拖动到 Pin Voltage（1）上，完成 Pin Voltage 激励的信号波形定义，如图 2-183 和图 2-184 所示。

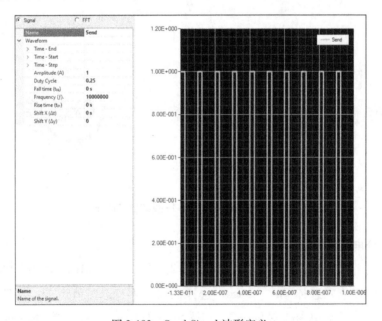

图 2-183　Send Signal 波形定义

7. 设置探针

本例中我们关注 24 Gauge Wire［即 Conductor（1）和 Conductor（2）］与 Conductor 线缆之间的串扰，下一步在 Conductor 上定义电压探针。

1）设置 Voltage Probe。在 MHARNESS 菜单中选择 Cable Probes 定义 Voltage Probe，选择 SEG4 这段 Cable 以及 Probe 的放置位置（J6），并在 Segment Selector 中选择 Conductor，如图 2-185 所示。

图 2-184　为 Source 中的 Pin Voltage 激励定义 Signals

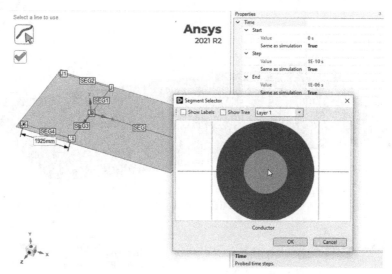

图 2-185　定义 Cable Voltage Probe 并选择 Conductor

2）设置 Field Probe。在 EMA3D 菜单下单击 Field 的下拉菜单，选择 Boxed Region。在其 Properties 中选择 Field Type 为 Electric，并定义空间场的观测点 Minimum 和 Maximum 位置，如图 2-186 所示。

8. 网格剖分

在 EMA3D 菜单下单击 Mesh 网格剖分，图 2-187 是剖分的网格。

9. 结果后处理

为了对比屏蔽层性能，单击 File→Save As...将工程另存为......without_shield. scdoc。在 Simulation 树中展开 Harness 节点，将 Shield 节点下面的 Conductor（1）和 Conductor（2）拖动到上一级 Harness 上面，删掉 Shield。展开 Sources 节点重新定义 Pin Voltage，如图 2-188 所示。

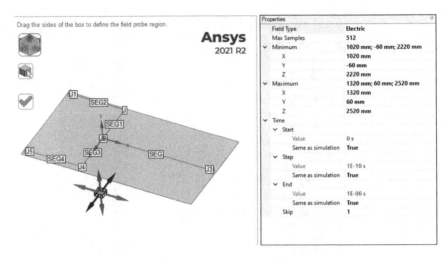

图 2-186　Field Probe 定义

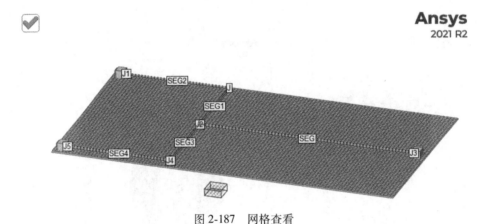

图 2-187　网格查看

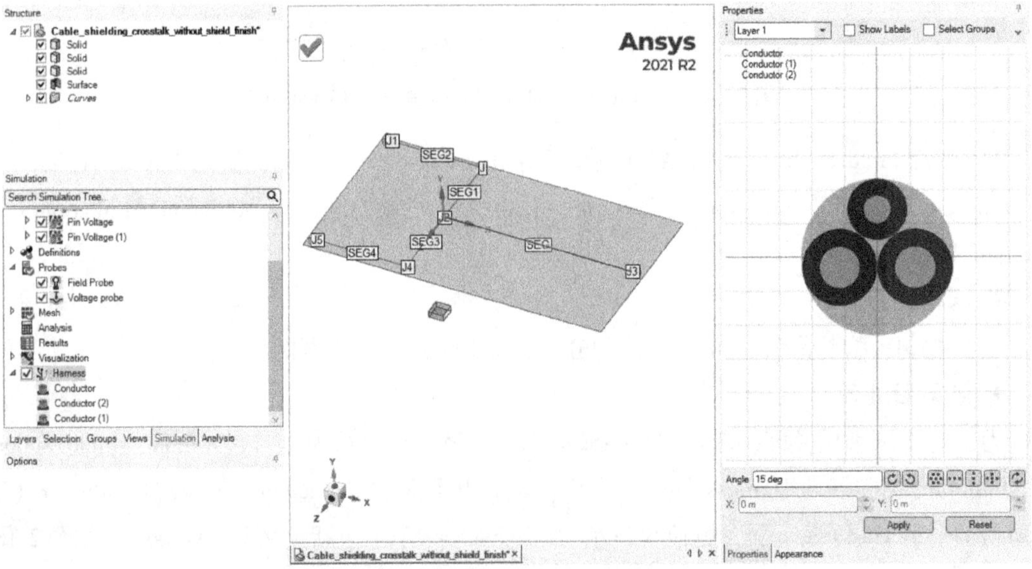

图 2-188　去掉屏蔽层 Shield 的 Cable 模型

分别对两个工程网格剖分和计算。

1）对比 Conductor 上的串扰电压。在 Simulation 树中展开 Results，右键单击 Voltage Probe 选择 Plot。对比图 2-189［注意纵坐标标尺：左图最大为 5E-6（即 $5×10^{-6}$），右图最大为 5E-2（即 $5×10^{-2}$）］串扰电压通过屏蔽层降低了 4 个数量级。

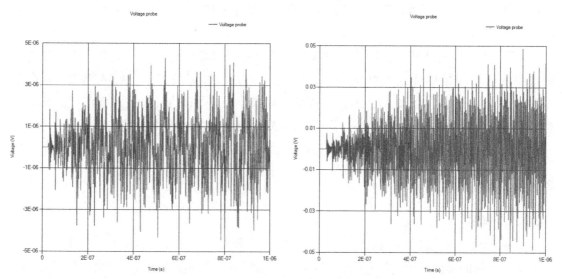

图 2-189　带屏蔽层时的串扰电压（左图）和不带屏蔽层时的串扰电压（右图）（两图标尺不同）

2）对比 2m 位置的电场强度。在 Simulation 树中展开 Results，右键单击 Field Probe 选择 Compute Field Averages。在 Visualization 节点下面单击 Field Probe-Field Statistics→Plot。对比图 2-190［注意纵坐标标尺：左图最大为 3E-8（即 $3×10^{-8}$），右图最大为 3E-4（即 $3×10^{-4}$）］辐射场强通过屏蔽层降低了 4 个数量级。Lower Bound、Upper Bound、Mean 分布分别为采样区域内场强的最小值、最大值和平均值。

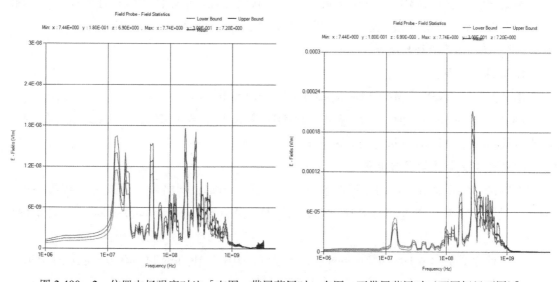

图 2-190　2m 位置电场强度对比［左图：带屏蔽层时；右图：不带屏蔽层时（两图标尺不同）］

10. 仿真结果分析

本例通过 EMA3D Cable 软件分别仿真了差分电压线缆添加屏蔽层及不加屏蔽层时对邻近线缆的串扰以及空间辐射的情况。线缆屏蔽层选用 26 Gauge TSP，其转移阻抗采用软件线缆库内置值，仿真对比发现，线缆添加屏蔽层后其串扰电压与空间辐射场强相比未添加屏蔽层时均降低了 4 个数量级，进一步验证该屏蔽层的屏蔽有效。

2.3.2.4　结论

实际工程中对于 EMS 或者受扰敏感的线缆需要选择屏蔽层进行 EMC 防护，在线缆选型前需要评估不同型号线缆的屏蔽性能，确定最优的线缆屏蔽方案。EMA3D Cable 作为 ANSYS 平台级仿真工具，内置了丰富的线缆工程库，用户可以直接调用获取线缆的相关参数，快速实现线缆屏蔽的方案验证，同时，EMA3D Cable 支持线缆参数的编辑，用户可以快速进行线缆屏蔽方案的迭代验证，为线缆选型和系统 EMC 评估提供有力支撑。

2.3.3　线缆串扰仿真

2.3.3.1　概述

随着新能源汽车的发展以及电子、电气设备的不断增加，在改善汽车的乘驾性能之外也带来了一项新的挑战——汽车电磁兼容问题。高压线束产生的电磁干扰不仅会对外部空间的电子、电气设备和系统产生一定的影响，还将在汽车的内部空间对彼此产生干扰，尤其是对于自动驾驶及汽车安全装置等，其影响往往可能是致命的，因此必须对其加以控制。其中，汽车线束导线串扰是存在的最为普遍的一种汽车电磁兼容问题，也是汽车前期设计时在电磁兼容方面的主要研究对象。本案例采用 ANSYS EMA3D Cable 软件分析整车线束高低压串扰问题，演示仿真流程以及计算结果。

2.3.3.2　仿真思路及流程

本案例展示在 EMA3D Cable 中仿真线缆间串扰的流程。这个流程包括建立模型、分配属性、定义探针、剖分网格、运行仿真和基本后处理，具体流程如图 2-191 所示。

2.3.3.3　详细仿真流程与结果

1. 软件与环境

本案例采用 ANSYS EMA3D Cable 2021 R1 完成全部过程。

EMA3D Cable 集成了时域有限差分（FDTD）算法和多导体传输线（MTL）求解技术，为平台级线缆束的 EMC 分析提供解决方案。

2. 模型导入与求解区域定义

本案例中的模型导入后需要设置求解区域、仿真频率、网格尺寸以及完成线缆设置、信号源设置和探针设置等。打开文件 A7_LV_HV_starting-configuration. scdoc，如图 2-192 所示。

仿真频率和时间：Lowest Frequency 定义为 0.5MHz，Highest Frequency 定义为 1GHz，End 时间定义为 2E-6s，Step 时间定义为 5.02E-11s。

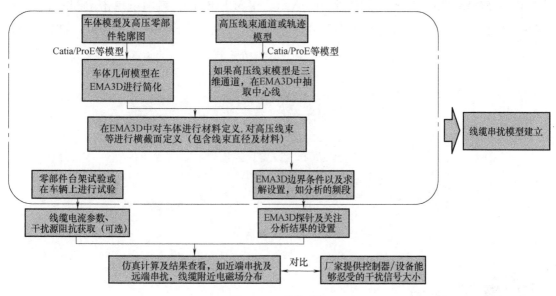

图 2-191 仿真流程

求解区域：MinimumX 为 -1500mm，MinimumY 为 -600mm，MinimumZ 为 -5040mm；MaximumX 为 1800mm，MaximumY 为 1800mm，MaximumZ 为 480mm。

网格尺寸（Step Size）：30mm。

边界条件设置为 PML。

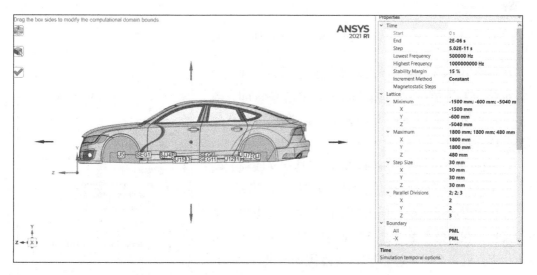

图 2-192 车辆 CAD 模型导入及求解区域 Domain 定义

3. 线缆及材料定义

在本案例中，高压线设置为一根 20 AWG 同轴线，低压线设置为一根双绞线（24 AWG）和三根裸线（24 AWG），EMA3D 通过给线缆路径分配一个横截面来给线缆建模，这些线缆模型都在 EMA3D 电缆库里，如图 2-193 所示。在 MHARNESS 界面里单击 Cabling，选择 Cable，在模型窗口里，单击电缆所有部分，此时，线缆两端会出现一个大写 U，如图 2-194 所示。

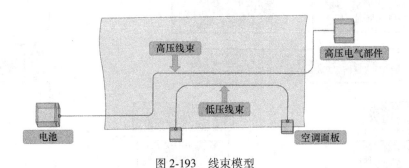

图 2-193　线束模型

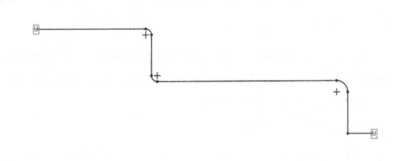

图 2-194　添加 Cable 及定义端点

在属性里选择 Type，单击向下箭头之后会出现一个下拉菜单。在下拉菜单中选择 Library，单击 General，再单击 Coax，双击 20 Gauge Coax，端点阻抗保持默认值（1E-6Ω），如图 2-195 所示。

针对低压线束，单击 Select Body 工具定义线缆的端点。单击端点之后，端点变成黄色，如图 2-196 所示。

在属性里选择 Type，单击向下箭头之后会出现一个下拉菜单，在下拉菜单中选择 Library，单击 General，再单击 TSP，双击 24 Gauge TSP，端点阻抗设置为 50Ω，如图 2-197 所示。

单击完成，还需要再创建 3 根裸线，在 Simulation 树中展开 Harness，右键单击 Add，选择 Conductor，再用 Line Selection 工具选择线缆。用 Select Body 工具定义线缆端点，将端点阻抗设置为 50Ω。在属性里选择 Type，

属性		
Type	**20 Gauge Coax**	
Junctions	7	
> Metadata		
∨ Terminations		
∨ Termination [0]		
Position	x = 0.416 y = 0.324 z = -3	
∨ Value		
Configura	**Resistive**	
Method	**Boundary**	
Capacitan	0	
Conducta	100 Siemens	
Inductanc	0 H	
Resistanc	1E-06 Ohm	
∨ Termination [1]		
Position	x = -0.408 y = 0.354 z = -	
∨ Value		
Configura	**Resistive**	
Method	**Boundary**	
Capacitan	0	
Conducta	100 Siemens	
Inductanc	0 H	
Resistanc	**1E-06 Ohm**	

图 2-195　线缆端点

端点变为黄色

图 2-196　定义线缆端点

单击向下箭头之后会出现一个下拉菜单，在下拉菜单中选择 Library，单击 General，再单击 Bare Wire，双击 24 Gauge Wire，如图 2-198 所示。

属性	
Type	**24 Gauge TSP**
Junctions	4
> Metadata	
∨ Terminations	
∨ Termination [0]	
Position	x =-0.494 y =0.276 z =-
∨ Value	
Configura	**Resistive**
Method	**Boundary**
Capacitan	0
Conductar	100 Siemens
Inductanc	0 H
Resistance	50 Ohm
∨ Termination [1]	
Position	x =-0.568 y =0.264 z =-
∨ Value	
Configura	**Resistive**
Method	**Boundary**
Capacitan	0
Conductar	100 Siemens
Inductanc	0 H
Resistance	50 Ohm

图 2-197　线缆端点

属性	
Type	**24 Gauge Wire**
Junctions	4
> Metadata	
> Properties	
∨ Terminations	
∨ Termination [0]	
Position	x =-0.494 y =0.276 z =-
∨ Value	
Configura	**Resistive**
Method	**Boundary**
Capacitan	0
Conductar	100 Siemens
Inductanc	0 H
Resistance	50 Ohm
∨ Termination [1]	
Position	x =-0.568 y =0.264 z =-
∨ Value	
Configura	**Resistive**
Method	**Boundary**
Capacitan	0
Conductar	100 Siemens
Inductanc	0 H
Resistance	50 Ohm

图 2-198　裸线端点

单击完成，在 Simulation 树中展开 Harness，选择 Conductor（1），右键单击复制两次，这样就得到另外两条电线。在下拉菜单中选择 Visualize，可在三维视图中将线缆显示为 3Dtubes，单击键盘 Esc 按键可退出 3Dtubes 显示。在三维视图中选择线缆的任意部分然后右键选择 Inspect Cross Section，即可查看线缆的横截面，如图 2-199 所示。

4. 设置激励源

在高压线缆上设置一个 Pin Voltage 激励，并且用一个方波作为源信号。在 Structure 树中隐藏除 HV Cable 之外的其他部分。在 MHARNESS 界面里单击 Pin Voltage。选择线缆靠近 Z 轴正向的第一根部分，然后选择靠近方块的点，选择 Layer 2，单击内部电线，如图 2-200 所示。

单击完成，在 Simulation 树中展开 Sources，右键单击 Signals，单击 Create，选择 Rectan-

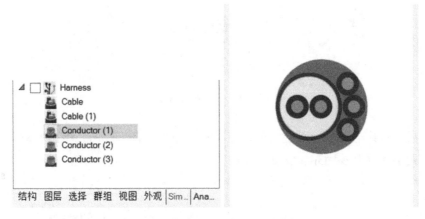

图 2-199　线缆组成及低压线缆横截面

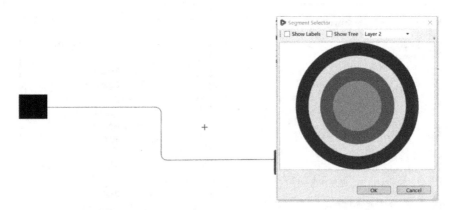

图 2-200　高压线缆局部及设置 Pin Voltage

gular。频率设置为 500kHz，设置方波其余参数如图 2-201 所示。新建的信号在 Simulation 树里的 Signals Node 下。拖动并将其放在 Pin Voltage 下，如图 2-201 所示。

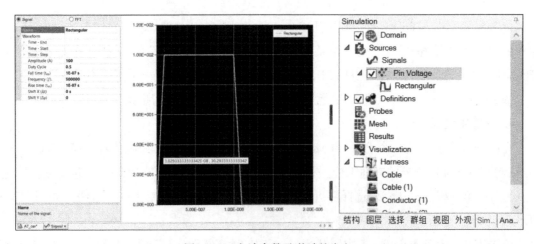

图 2-201　方波参数及激励的定义

5. 设置探针

本案例中我们关注内芯上的感应电压噪声以及屏蔽线缆屏蔽层上的感应电流，下一步在对应的 Cable 上定义电压探针和电流探针。

1) 在 MHARNESS 界面里，单击 Cable，选择 Voltage，如图 2-202 所示。

2) 单击 Line Selection 工具，选择低压线缆靠近汽车前端与 dev3 相连的部分，如图 2-203 所示。

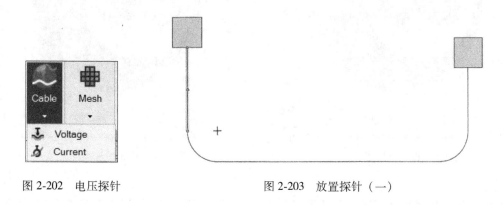

图 2-202　电压探针　　　　　　　　　图 2-203　放置探针（一）

3) 选择靠近 dev3 的点放置探针，如图 2-204 所示。

图 2-204　放置探针（二）

4) 单击线缆之后，会出现一个窗口展示低压电缆横截面。在窗口右上侧选择 Layer 1，单击 Conductor（1），如图 2-205 所示。

5) 重复步骤 1~4，在 Conductor（2）和 Conductor（3）上放置探针。重复步骤 1~4，然后选择 Layer 2，单击 Cable（1）-C0，然后单击 OK，完成设置，如图 2-206 所示。

6) 重复以上步骤，在 Cable（1）-C1 上设置探针。可以通过右键选择 Rename 来给设置的探针重新命名，如图 2-207 所示。

7) 重复图 2-202~图 2-207 的步骤，在汽车后端靠近 dev4 的点放置探针，将图 2-207 中的 Front 改为 Back，如图 2-208 所示。

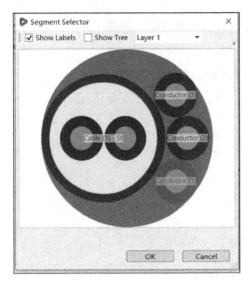

图 2-205　设置电压探针（一）

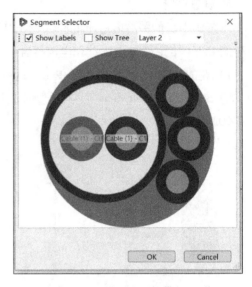

图 2-206　设置电压探针（二）

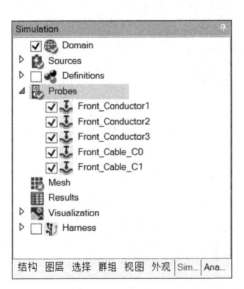

图 2-207　重命名探针

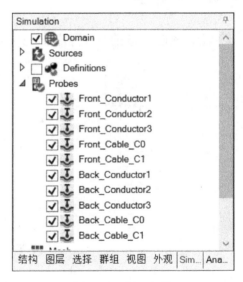

图 2-208　设置探针

6. 剖分网格

结构模型必须转换成网格模型。在 Structure 树里确保所有结构可见。在 EMA3D 界面里单击 Mesh。剖分网格所需的时间和所使用的计算机以及模型复杂程度有关。在 SpaceClaim 底部有剖分网格的进度条，如图 2-209 所示。

为了更容易地查看网格，在模型窗口的任何地方单击鼠标右键，并选择倒转可见性 Inverse Visibility。或者在 Structure 树中，根据需要取消选择模型组件，以提高网格的可见性，单击完成。

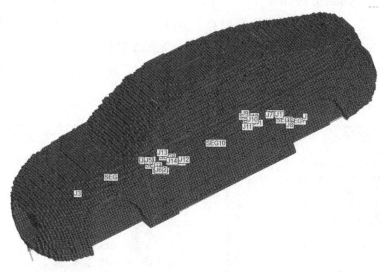

图 2-209　剖分网格

7. 运行仿真

模型的前处理部分已经完成，现在开始仿真，在 EMA3D 界面中单击 Start，EMA3D 将立即开始对模拟进行预处理，如图 2-210 所示。任何错误和警告都将记录在弹出窗口中。对于本案例，警告不会影响结果的准确性。

EMA3D. emin 文件和其他相关文件将在此时输出到当前工作目录中，单击 Run，在 Analysis Panel（图标）（Structure 和 Simulation Panels 旁边）中可以看到仿真的进展和状态，如图 2-211 所示。此外，任何错误提示都会出现在 Output 里。

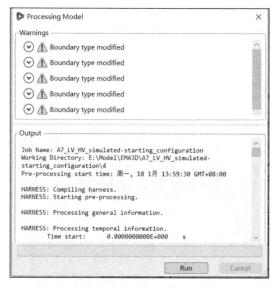

图 2-210　运行仿真

图 2-211　Analysis Panel

127

8. 检查结果：Voltage Probes

在 A7_LV_HV_simulated. scdoc 里已经有了仿真完成的结果，打开这个文件。在 Results 里展开 EMA3D Simulation，所有的探针都在这里，如图 2-212 所示。

在 Simulation 树下右键 Visualization，选择 XY Plot，此时会生成一个直角坐标，如图 2-213 所示。

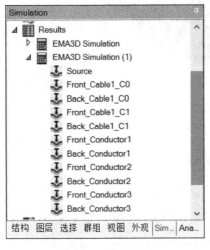

图 2-212　探针结果

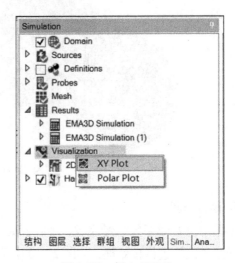

图 2-213　插入 XY Plot

在 Simulation 树下的 Visualization 里，展开 2D Plots，你可以拖动任意一个在 Results 里的探针结果到 XY Plot 里，然后右键 XY Plot，选择 Show，这样就能看到结果了，如图 2-214 所示。重复这个步骤，就能得到其他探针的结果。

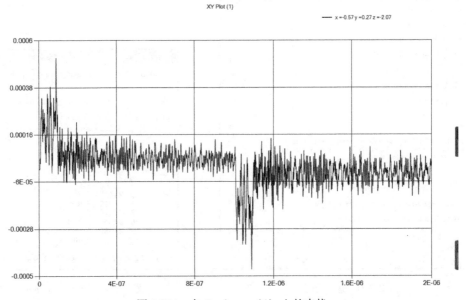

图 2-214　在 Conductor（1）上的串扰

9. 仿真结果分析

案例中 EMA3D Cable 计算了在汽车内高压线束对低压线束的影响。通过对时域结果的 FFT 可以得到线束上的噪声频谱，并分析得到不同线缆产生的不同串扰电压。

10. 资源效果分析

计算资源统计：CPU 主频为 2.6GHz，四核计算，计算时间为 30min。如需并行计算，可以在 Domain 中通过 Parallel Divisions 设置并行计算来加快仿真速度。

2.3.3.4　结论

本案例中计算了汽车平台上高低压线束的串扰。EMA3D Cable 的时域仿真技术可以获得线缆束上的时域噪声，利用内置的 FFT 一次计算即可得到关心频带内多个频点的频域响应，计算结果为研究线缆选型、线缆接地等 EMC 分析及改进提供了有力支撑。本节内容展示在 EMA3D Cable 中仿真线缆间串扰的流程，这个流程包括建立模型、分配属性、定义探针、剖分网格、运行仿真和基本后处理。最终通过线缆上产生的串扰电压的值，来判断是否会对器件造成误触发等 EMC 问题。

2.3.4　线缆系统抗辐射噪声干扰仿真

2.3.4.1　概述

系统级辐射抗扰度（Radiated Immunity）测试是 EMC 的一个重要测试项目，如汽车 EMC 的 ISO 11451-2 测试。平台上线缆子系统的抗辐射噪声将直接影响整个系统的辐射抗扰能力，因此有必要基于整机系统分析线束系统的抗辐射能力。本案例采用 ANSYS EMA3D Cable 软件分析了车载复杂线缆束的抗辐射性能，仿真流程对线束系统 EMC 分析具有较大的参考价值。

2.3.4.2　仿真思路

本案例通过导入汽车 CAD 模型以及线缆束设计文件 Cable Harness（KBL 格式）构建车载线束系统，分析在平面波激励下线束上的耦合电压、电流噪声以及车辆上的感应电流。

2.3.4.3　详细仿真流程与结果

1. 软件与环境

本案例采用 ANSYS EMA3D Cable 2021 R2 完成全部过程。

EMA3D Cable 集成了时域有限差分（FDTD）算法和多导体传输线（MTL）求解技术，为平台级线缆束的 EMC 问题提供了仿真解决方案。

2. 模型导入与求解区域定义

图 2-215 为导入的汽车 CAD 模型，其中包含车身、车内框架、轮毂、轮胎以及尾部电子设备。首先在 Domain 中定义仿真频率、求解区域、网格尺寸、边界条件以及并行分区数目。其中 FDTD 的时间步长、空间步长、Start 时间、End 时间均基于指定的最低频率和最高

频率计算得到，其中 Lowest Frequency $= 1/t_{\text{end}}$，$\Delta t \leqslant \dfrac{1}{c\sqrt{\Delta x^2 + \Delta y^2 + \Delta z^2}}$。求解区域 Domain 具体设置如下：

仿真频率和时间：Lowest Frequency 设为 1MHz，Highest Frequency 设为 1.25GHz，End 时间设为 1E-6s，Step 时间设为 4E-11s。

求解区域：MinimumX 为 -6240mm，MinimumY 为 -2340mm，MinimumZ 为 -1200mm；MaximumX 为 4200mm，MaximumY 为 3390mm，MaximumZ 为 2400mm。

网格尺寸（Step Size）：30mm。

边界条件设置为 PML。

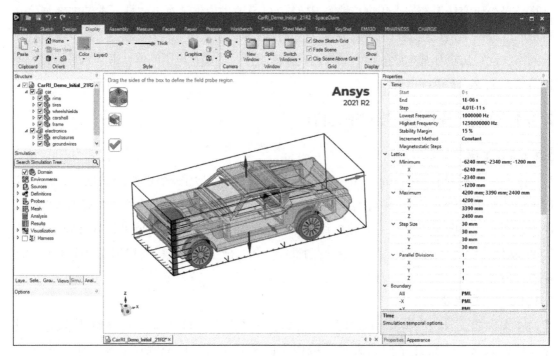

图 2-215　车辆 CAD 模型的导入及求解区域 Domain 的定义

3. 材料定义

仿真前需要对所有几何模型赋材料，EMA3D 的 Mesh 仅对赋予了材料的几何进行网格剖分。根据表 2-1 属性创建各向同性材料 Steel、Aluminum 和 Rubber。

表 2-1　材料参数列表

材料名称	电导率 σ_e/（S/m）	介电常数 ε/（F/m）	颜色
Steel	1.45E+06	8.854E-12	▓▓（蓝）
Aluminum	3.5E+07	8.854E-12	▓▓（粉）
Rubber	0.2	2.66E-11	▓▓（灰）

将材料 Steel 赋给几何 Carshell、Frame、Wheelshields 以及 Enclosures，将材料 Aluminum 赋给几何 Rims，将 Rubber 赋给几何 Tires，如图 2-216 所示。

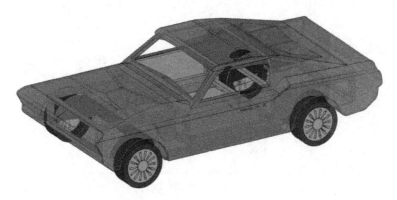

图 2-216　车辆 Steel、Aluminum 及 Rubber 材料的定义

选择 PEC 材料赋给设备与车身的接地线 Ground Wires，如图 2-217 所示。

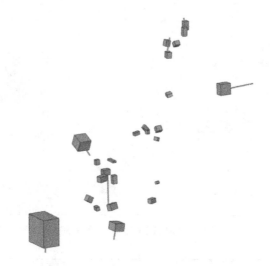

图 2-217　接地线的 PEC 材料定义

4. KBL 格式的线缆数据导入

线缆的 CAD 数据 KBL 文件包含了线缆路径以及物理特征等信息。EMA3D Cable 可以直接读入 KBL 格式数据，如图 2-218 所示，自动创建线缆路径以及横截面信息，如图 2-219。此案例中选择 KBL 线缆数据文件完成线缆信息导入。

修改两个屏蔽线缆束 CL_014 以及 CL_016_2 的转移电感 Transfer Inductance 的计算方式为 Fixed Value，如图 2-220 所示。

5. 设置平面波激励源

本案例中我们定义激励源为平面波，如图 2-221 所示，在 Sources 中选择 Plane Wave，定义入射方向为 Theta = 90deg，Phi = 90deg，极化角度为 Theta = 0deg，Phi = 0deg。

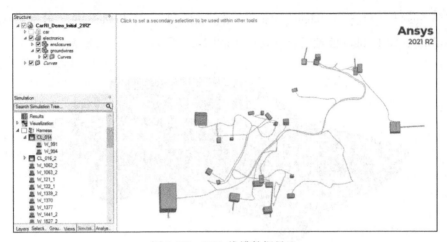

图 2-218　KBL 线缆数据导入

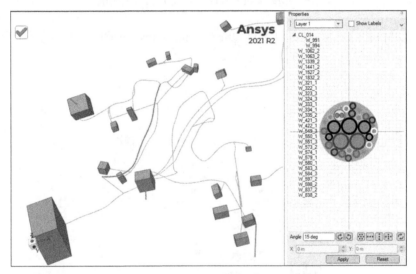

图 2-219　线缆路径上横截面信息的查看

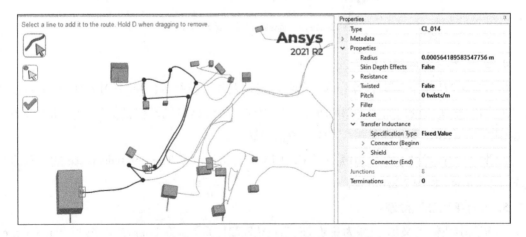

图 2-220　设置屏蔽线束 CL_014 的转移电感计算方式

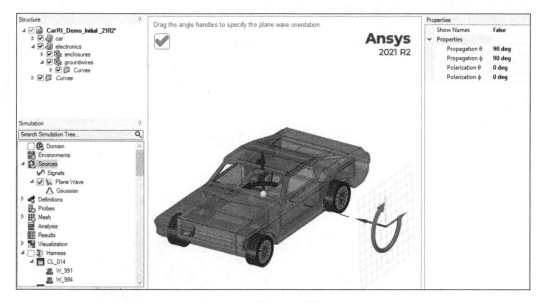

图 2-221　定义平面波激励源

6. 设置探针

本案例中我们关注 Cable Harness W_200_1 内芯上的感应电压噪声以及屏蔽线缆 CL_016_2 的屏蔽层上的感应电流，下一步在对应的 Cable 上定义电压探针和电流探针。

1）设置 Voltage Probe。选择 Cable Harness W_200_1，定义两个 Terminations，分别端接50Ω 的电阻，求解方式设置为 Boundary，如图 2-222 所示。

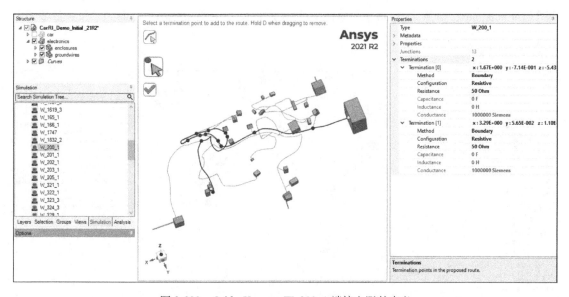

图 2-222　Cable Harness W_200_1 端接电阻的定义

在菜单 MHARNESS 中选择 Cable Probes 定义 Voltage Probe，选择 W_200_1 这段 Cable 以

及 Probe 的放置位置，并在 Segment Selector 窗口中选择 Pin W_200_1，如图 2-223 所示。

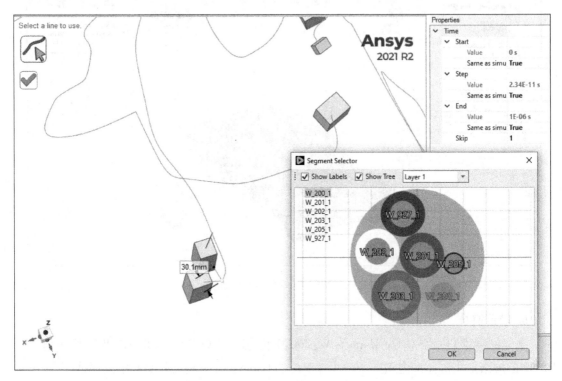

图 2-223 定义 Cable Voltage Probe 并选择 Pin W_200_1

2）设置 Current Probe。分别选择 Cable Harness CL_016_2 及 W_996_2 和 W_999_2，定义两个 Terminations，分别端接 50Ω 的电阻，求解方式设置为 Boundary，如图 2-224～图 2-226 所示。

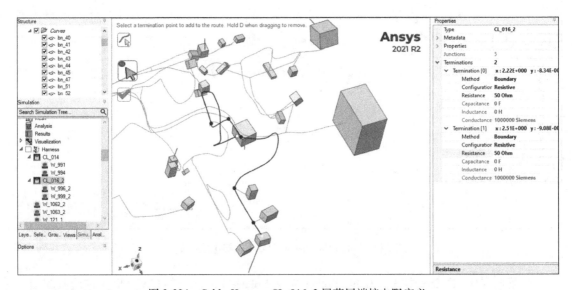

图 2-224 Cable Harness CL_016_2 屏蔽层端接电阻定义

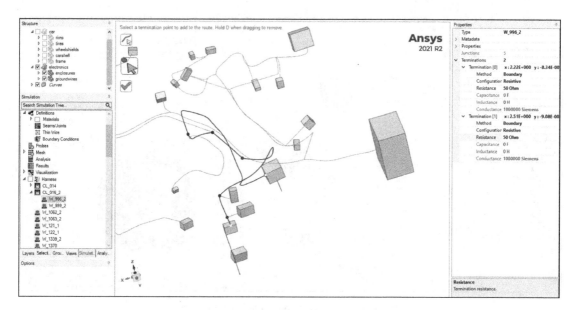

图 2-225　Cable Harness W_996_2 端接电阻定义

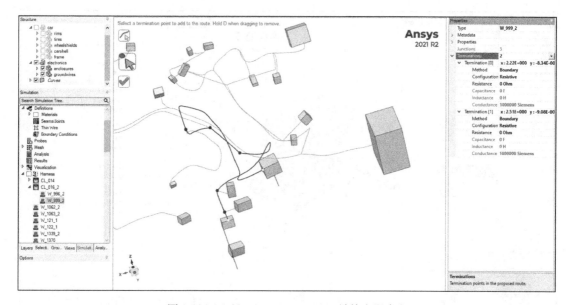

图 2-226　Cable Harness W_999_2 端接电阻定义

在菜单 MHARNESS 中选择 Cable Probes 定义 Current Probe，选择 CL_016_2 这段 Cable 以及 Probe 的放置，并在 Segment Selector 窗口中选择 Pin CL_016_2，如图 2-227 所示。

3）设置 Bulk Current。在 Cable Harness bn_964 创建 Bulk Current Probe，监测此段线束在 X 方向上的注入电流，如图 2-228 所示。

4）设置表面感应电流监测 Animation。在 EMA3D Probes 中选择 Animation 并在结构树中选择 car 和 electronics，定义 Probe Type 为 Electric Current，如图 2-229 所示。

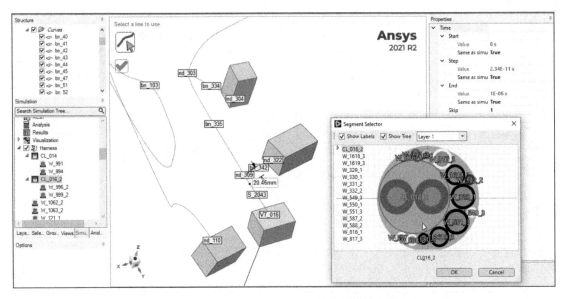

图 2-227　Cable Harness W_996_2 屏蔽层端接电阻定义

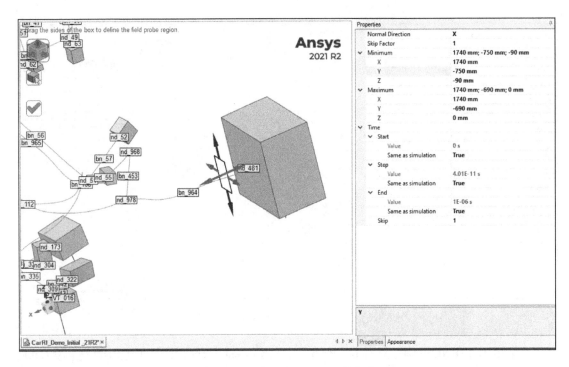

图 2-228　Bulk Current Probe 的定义

7. 网格剖分与计算

在 File→SpaceClaim Options→ EMA3D→FDTD Meshing 中设置 Deconfliction Type 为 Full，返回主界面完成网格剖分，如图 2-230 所示，并单击 Analysis→Start 进行求解。

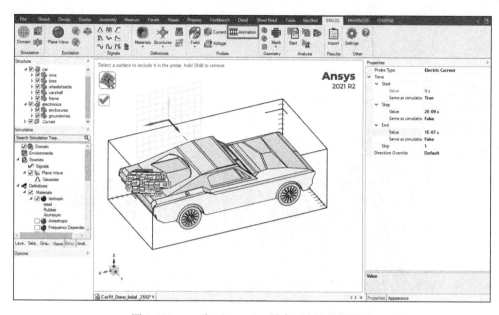

图 2-229　car 和 electronics 的表面电流监测设置

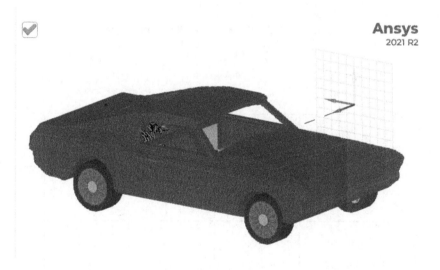

图 2-230　网格查看

8. 结果后处理

在 Results 下面打开完成的计算数据节点，分别右键选择 Voltage、Current、Bulk Current 并单击 Plot，即可在 Visualization 下面看到绘制的 2D Plots。分别单击这些结果节点选择 Show 可以查看图 2-231~图 2-234 所示的计算结果。

右键单击 Results 下面的 Animation Probe 选择 Generate Animation 可生成表面电流的时域动画图。将 Axis 的 Maximum 设置为 1，得到如图 2-235 所示的结果。

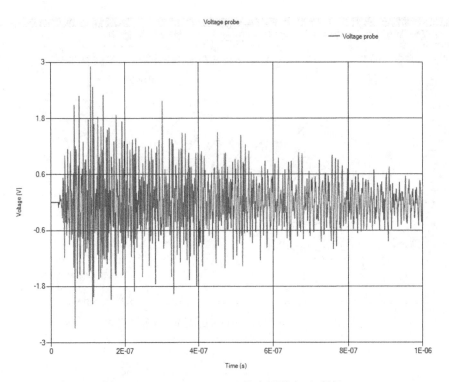

图 2-231　Cable W_200_1 上的电压噪声（时域）

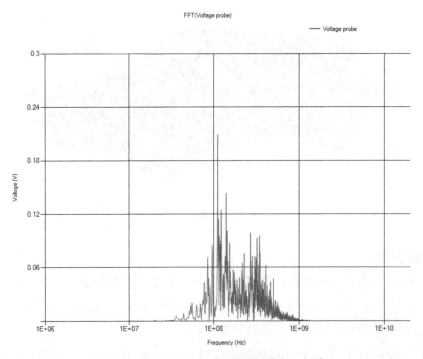

图 2-232　Cable W_200_1 上的电压噪声（频域）

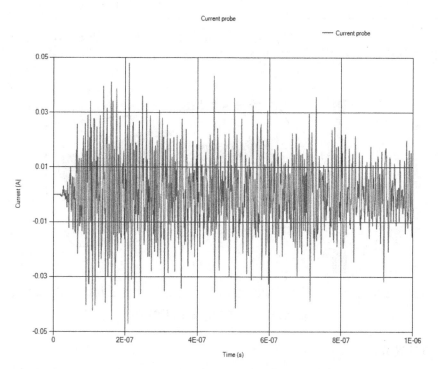

图 2-233　Cable CL_016_2 屏蔽层上的感应电流噪声

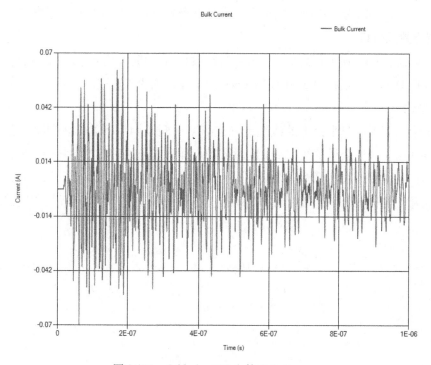

图 2-234　Cable bn_964 上的 Bulk Current

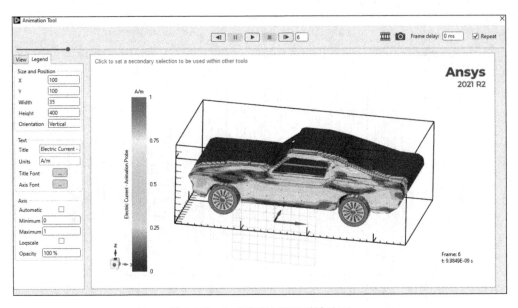

图 2-235　生成表面电流的时域动画

9. 仿真结果分析

案例中 EMA3D Cable 计算了在高斯脉冲平面波照射下车内线缆上的电压和电流噪声。通过对时域结果的 FFT 可以得到线束上的噪声频谱，并分析得到线缆对不同频率电磁波的抗辐射噪声能力。同时分析车身上的表面电流可以查看车辆不同位置的屏蔽效能。

10. 资源效果分析

计算资源统计：CPU 主频为 2.6GHz，单核计算，计算时间为 1 小时 12 分钟。如需并行计算，可以在 Domain 中通过 Parallel Divisions 设置并行加快仿真速度。

2.3.4.4　结论

本案例中计算了汽车平台上的线缆系统在高斯平面波照射下的抗辐射噪声能力。通过 EMA3D Cable 仿真快速获得了线缆束上的时域噪声和车内外的时域电磁场分布特征，同时对结果后处理，实现了一次计算即可得到关心频带内多个频点的频域响应。该仿真方案具有极大的借鉴意义，为研究车辆屏蔽效能、线缆选型、线缆接地等 EMC 分析及改进提供了有力支撑。

第3章 系统级电磁兼容

3.1 整机

3.1.1 从 PCB 到机箱系统级 EMI 仿真

3.1.1.1 概述

PCB 作为电子系统的载体，承载着系统中的工作芯片、传输线路、供电网络等关键部件，其质量关系着系统的可靠性与稳定性。随着信号频率的升高，PCB 的电磁兼容问题也越来越突出。PCB 高速信号不连续参考面、电源抖动噪声等非理想因素，都会导致电磁能量通过传导、辐射的方式散发出去，影响其他部件和系统的正常工作。

ANSYS 电磁仿真平台，具有场路协同的系统混合仿真能力，通过电磁场数据链接，实现从板级 EMI 到整机级 EMI 的协同仿真，极大提升了系统级 EMI 仿真分析的效率及应用广度。本案例讲解了如何利用 ANSYS SIwave+HFSS+Circuit 工具包进行 PCB 信号对外辐射的近远场仿真，以及该信号辐射在机箱系统级的 EMI 仿真分析思路和流程。

3.1.1.2 仿真思路

PCB 机箱系统级 EMI 仿真分析的第一步是对 PCB 进行精细化建模，ANSYS 电磁仿真平台一键导入业界主流 EDA 设计文件，网表信息、层叠信息、布局布线都与 EDA 原始设计保持一致，无须重复设置，方便快捷，PCB 到机箱系统级 EMI 仿真分析流程如图 3-1 所示。

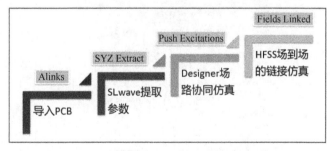

图 3-1 PCB 到机箱系统级 EMI 仿真分析流程

除了信号传输通道的电磁场模型，还需要真实信号激励源。ANSYS 电路仿真器可导入有源器件 IBIS（或其他）模型，利用其激发出的真实信号频谱，通过 ANSYS 电磁仿真平台特有的电磁场与电路工具双向无缝协同，仿真出真实的 PCB 信号辐射近远场。

之后，可将该 PCB 信号辐射数据结果作为辐射源，链接到 HFSS 中进行三维空间机箱系统级辐射场分析，结果会以频谱图、三维场图等多种直观形式展现。可通过优化 PCB 布局布线来改善信号辐射大小，也可优化 PCB 在机箱的空间布局及优化机箱开口形状尺寸来改善机箱系统的屏蔽效能，通过直观的仿真结果对比，评估方案是否有效。

3.1.1.3 详细仿真流程与结果

1. 软件与环境

采用的仿真软件版本为 ANSYS Electronics Desktop 2021 R2，内含三维高频电磁场仿真工具 HFSS、PCB 电磁场 SI/PI/EMI 仿真工具 SIwave 和电路系统仿真工具 Circuit。

2. 导入 PCB 设计文件

ANSYS 电磁仿真平台可一键导入 ODB++、IPC-2581、Cadence、Zuken 等业界主流格式的 PCB 设计文件，网表信息与原始设计保持一致，无须重复设置，方便快捷。本案例仿真分析某控制单板上的高速总线产生的辐射 EMI，如图 3-2 和图 3-3 所示。

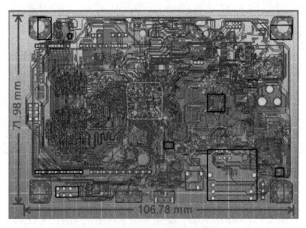

图 3-2　SIwave 中的 PCB 模型

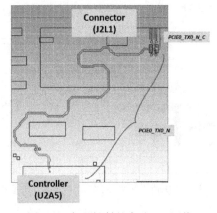

图 3-3　产生辐射的高速 TX 网络

3. S 参数仿真

1）由于该 TX 网络为有隔直电容分开的两段网络，导入 PCB 设计文件后，需将该两段网络设置成 Extended Nets，如图 3-4 所示。

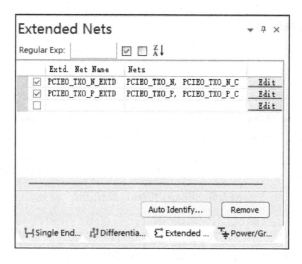

图 3-4 Extended Nets 设置

2）勾选 TX 网络，此时 PCB 工作区中该网络会高亮，对该网络进行端口设置，如图 3-5 所示。

3）进行 S 参数设置，并单击 Launch 进行仿真，如图 3-6 所示。

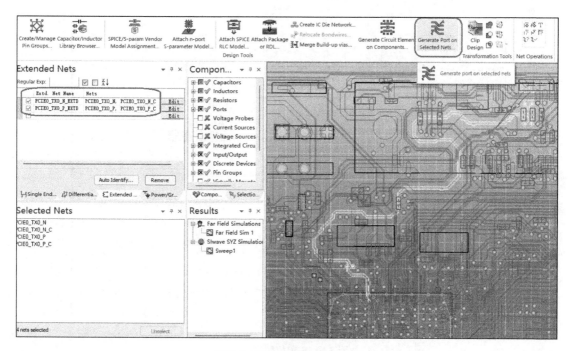

图 3-5 SIwave 中的端口设置

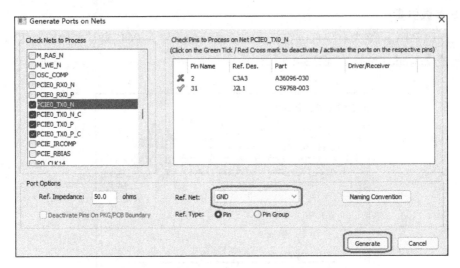

图 3-5　SIwave 中的端口设置（续）

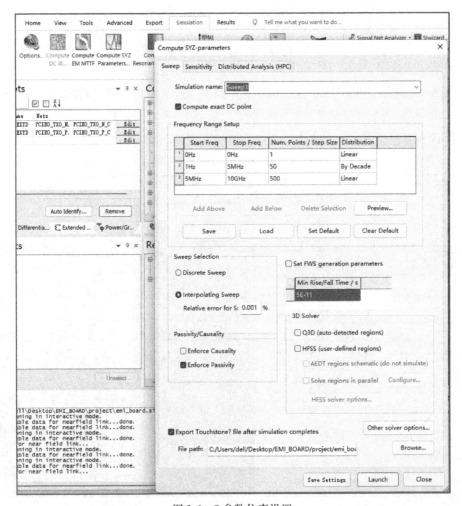

图 3-6　S 参数仿真设置

4. 场路协同仿真——Circuit+SIwave 的动态链接

1）在 Circuit 工程中添加上述仿真完成的 SIwave 工程文件，即添加 SIwave 模型，如图 3-7 所示。

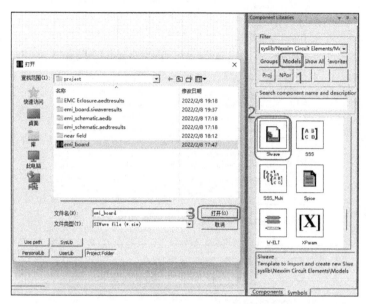

图 3-7　在 Circuit 工程中添加 SIwave 模型

2）在 Circuit 工程中添加芯片 IBIS 模型，如图 3-8 所示。

3）完成整体仿真原理图设计，在 Circuit 工程中搭建仿真原理图，如图 3-9 所示。

4）在 Circuit 工程中完成芯片 IBIS 模型参数设置，如图 3-10 所示。

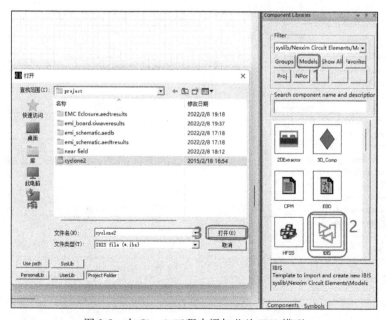

图 3-8　在 Circuit 工程中添加芯片 IBIS 模型

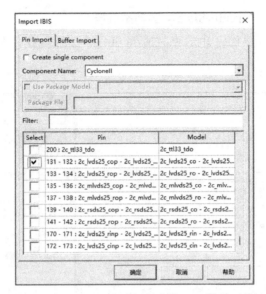

图 3-8　在 Circuit 工程中添加芯片 IBIS 模型（续）

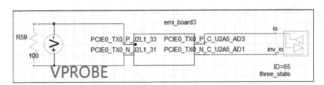

图 3-9　在 Circuit 工程中搭建仿真原理图

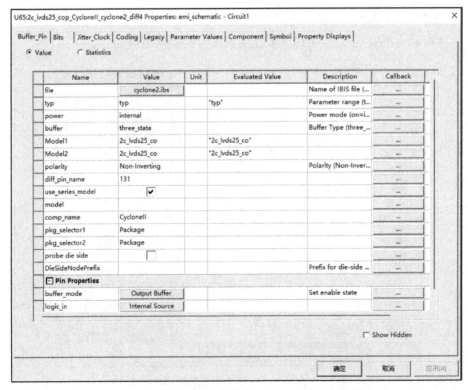

图 3-10　在 Circuit 工程中完成芯片 IBIS 模型参数设置

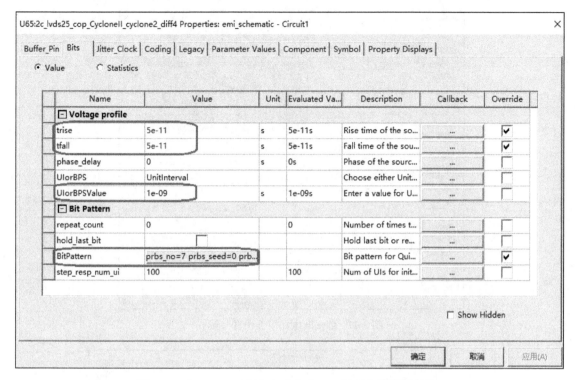

图 3-10 在 Circuit 工程中完成芯片 IBIS 模型参数设置（续）

5）进行瞬态仿真（见图 3-11）。

6）输出瞬态仿真结果（见图 3-12）。

5. PCB EMI 辐射仿真

1）将电路波形频谱，即场路协同仿真结果推送给 SIwave，如图 3-13 所示。

2）进行 PCB 辐射近远场分析，如图 3-14 所示。

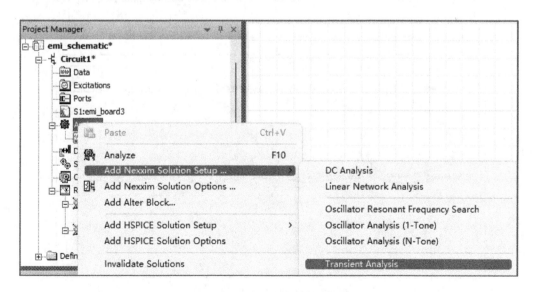

图 3-11 Circuit 电路模型仿真

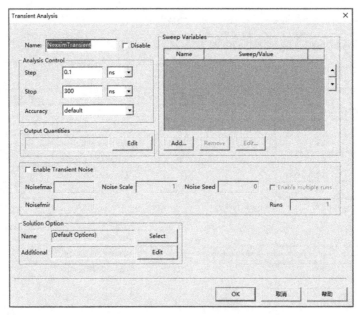

图 3-11 Circuit 电路模型仿真（续）

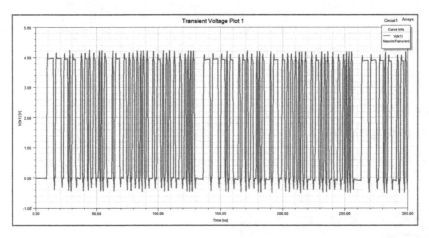

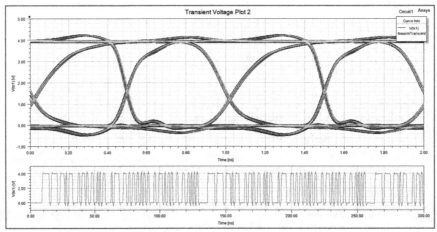

图 3-12 电路仿真结果

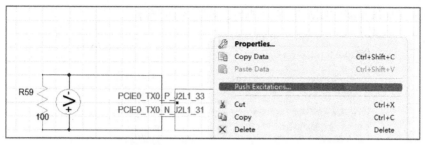

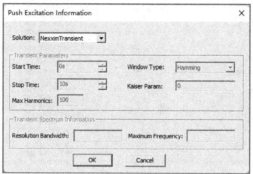

图 3-13　将场路协同仿真结果推送给 SIwave

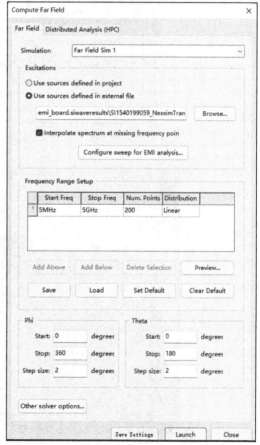

图 3-14　PCB 辐射近远场分析

3）PCB 近场辐射彩虹图及远场频谱图，如图 3-15 所示。

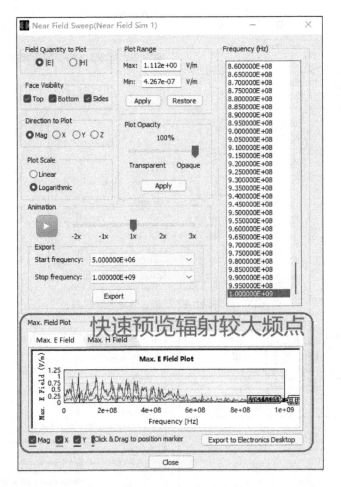

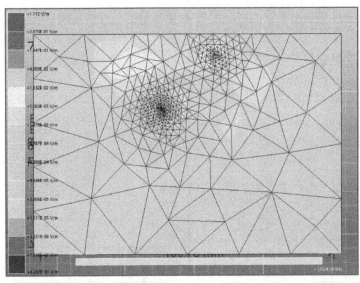

图 3-15　PCB 近场辐射彩虹图及远场频谱图

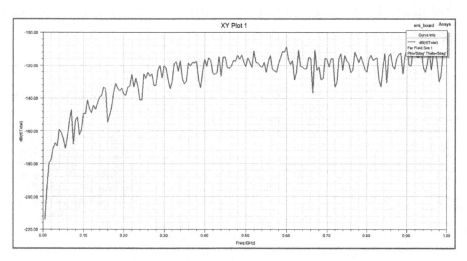

图 3-15　PCB 近场辐射彩虹图及远场频谱图（续）

6. 机箱系统级 EMI 分析

1）输出 SIwave PCB 近场辐射仿真分析结果，如图 3-16 所示。

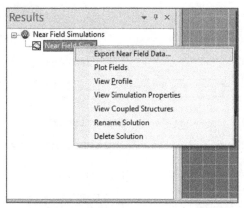

图 3-16　输出 SIwave PCB 近场辐射仿真分析结果

2）根据 SIwave 输出的近场辐射包络坐标，在 HFSS 中建立 PCB Box，并进行 HFSS 辐射源场场链接，如图 3-17 所示。

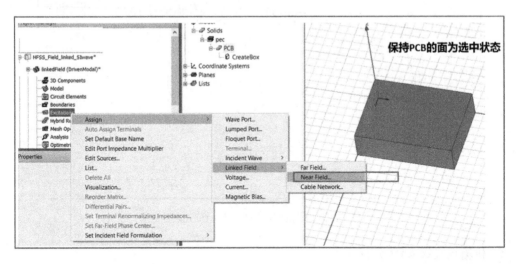

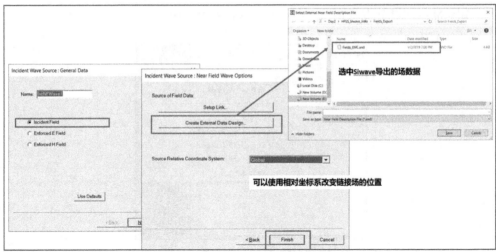

图 3-17　HFSS 辐射源场场链接

3）HFSS 导入机箱三维电磁场模型，并将坐标移动到与 PCB 空间坐标对应的位置上，如图 3-18 所示。

4）HFSS 全三维空间电磁场求解，得到机箱级 EMI 仿真结果，如图 3-19 所示。

3.1.1.4　结论

利用 ANSYS 电磁仿真平台的场路协同仿真能力，可将真实信号波形与真实信号通道电磁场效应相结合，实现真实信号在 PCB 信号传输通道上的电磁场辐射 EMI 模拟分析；同时，利用场场链接能力，通过 ANSYS 电磁平台多软件结合使用，实现系统级全三维空间电磁场精确分析，指导预测整个机箱系统的对外辐射与屏蔽性能，并对机箱系统进行屏蔽效能的优化。

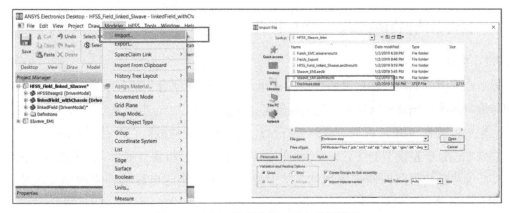

图 3-18　HFSS 导入机箱三维电磁场模型

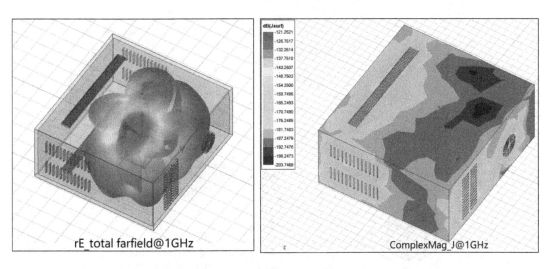

图 3-19　HFSS 机箱级 EMI 仿真结果

3.1.2 整机系统辐射敏感度（RS）仿真

3.1.2.1 概述

设备在受强电磁能量辐射时，内部关键电路极有可能耦合到比较强的噪声电流/电压，从而导致电路系统出现异常现象。绝大部分电子系统设备在进行电磁兼容实验测试时，都必须满足辐射敏感度（RS）标准，这给传统设计带来不小的挑战。在产品研发前期，可以利用仿真技术进行虚拟模型的建立，定义电磁辐射发射源，分析辐射耦合噪声的强度及优化手段，切断噪声耦合路径或保护受扰体，从而提升电子系统的电磁场辐射敏感度性能（见图 3-20）。

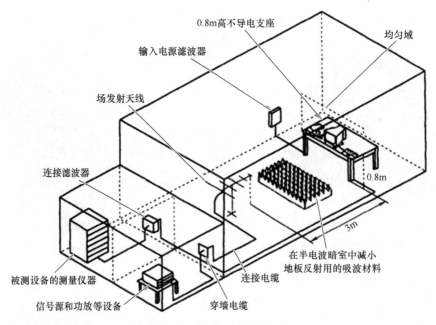

图 3-20 电磁辐射测试暗室

3.1.2.2 仿真思路

电子设备系统的 RS 性能涉及因素繁多、比较复杂，包括机壳屏蔽性能、场线耦合、系统接地、电路板设计合理性等。本小节结合具体案例介绍辐射敏感度分析思路与方法，基于简化后的 PCB 模型，建立机箱与 PCB 的三维设备模型，利用 HFSS 时域电磁场求解功能，在外界定义宽带的时域脉冲干扰源，对设备进行空间电磁辐射干扰，在仿真结果中查看 PCB 电路端口处所感应到的电压/电流幅值大小及空间电磁场强度分布，基于此结果评估设备的辐射敏感度。

3.1.2.3 详细仿真流程与结果

整机系统的辐射敏感度仿真流程如图 3-21 所示。

1. PCB 建模与简化

启动 AEDT 电子设计桌面，导入 PCB 设计文件。此案例导入已有的 HFSS 3D Layout 工

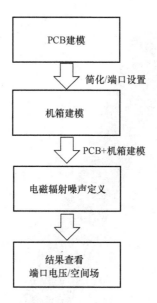

图 3-21　仿真流程

程文件并且以 3D Components 的形式保存。此文件保留关键信号及关键信号参考的电源/地网络，并且给关键信号设置了端口（与 ESD 仿真案例同样的 3D Components）。

在 AEDT 环境中新建一个 HFSS Design，Solution Type 设置成 Terminal，在 Project Manager 窗口右键单击 3D Components 浏览导入 PCB. a3dcomp。因为后续要利用 HFSS Transient 求解器，这里需要把 PCB. a3dcomp 切换成 Transient 的求解模式，并且将原来的端口更改成 RLC 边界。通过右键单击导入的 PCB Components，选择 Edit Definition，如图 3-22 所示。

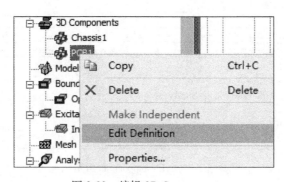

图 3-22　编辑 3D Components

然后，在开启的 3D Components Design 界面，通过菜单 HFSS→Solution Type 选择 Transient，删除 Excitation 下的端口，并将其端口面定义成 RLC 边界，如图 3-23 所示，阻值设置成 50Ω。

最后，单击保存，在弹出的对话框中单击 OK，如图 3-24 所示。

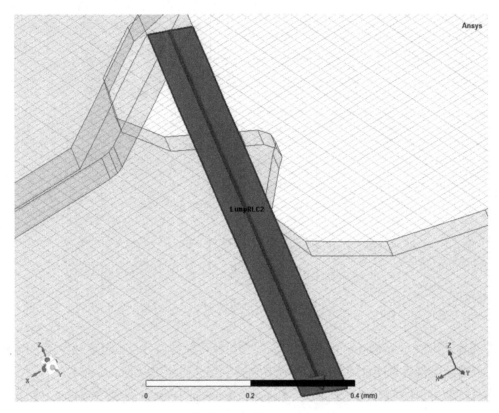

图 3-23　定义 RLC 边界

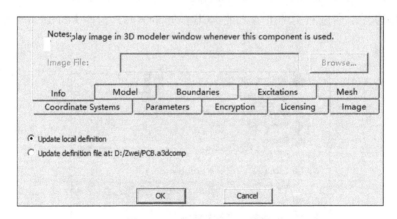

图 3-24　3D Components 编辑

2. 机箱建模

PCB 建模完成之后，同样是在 Project Manager 窗口右键单击 3D Components 浏览导入机箱的模型 chassis. a3dcomp，通过 Move 移动操作，将 PCB 放置在机箱内部的相应位置。然后，右键单击 Create Open Region，设置频率为 1G，自动创建一个空气盒子和 Radiation 边界。三维机箱模型如图 3-25 所示。

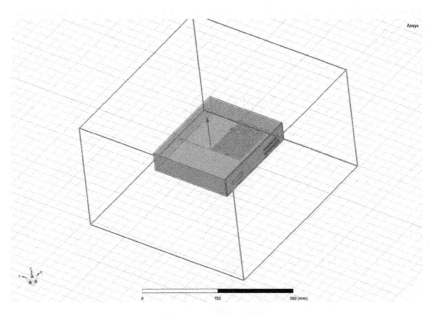

图 3-25　三维机箱模型

3. 仿真设置

通过菜单 HFSS→Solution Type，将机箱和 PCB 的三维模型求解模式更改为 Transient 和 Composite Excitation，如图 3-26 所示。

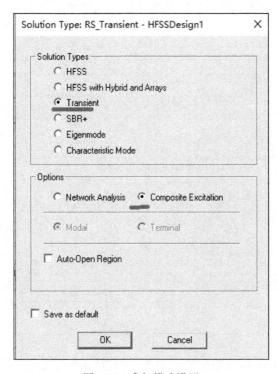

图 3-26　求解模式设置

然后右键单击 Project Manager 窗口的 Excitation， Assign→Incident Wave→Plane Wave，设置参数，如图 3-27 所示。

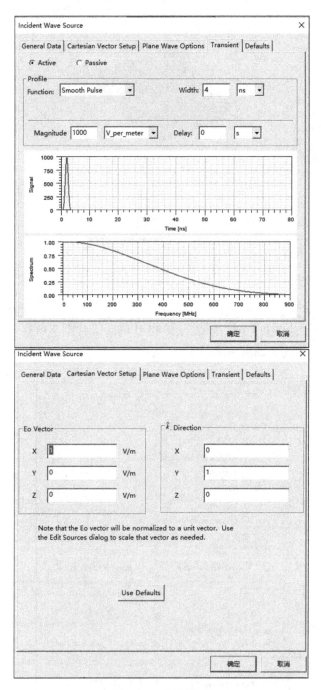

图 3-27　激励设置

设置完成之后，得到机箱设备模型，如图 3-28 所示可以看到电磁辐射干扰的方向及电场矢量 **E** 方向。

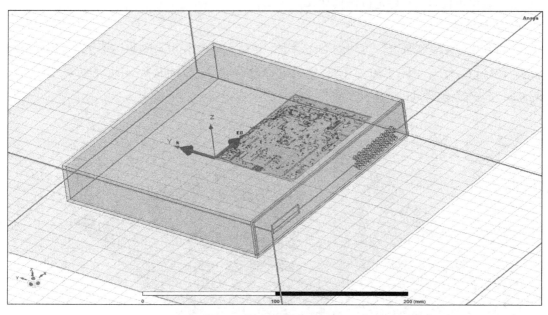

图 3-28　机箱设备模型

4. 求解设置

右键单击 Project Manager 窗口的 Analysis→Add Solution Setup，设置参数，如图 3-29 所示。

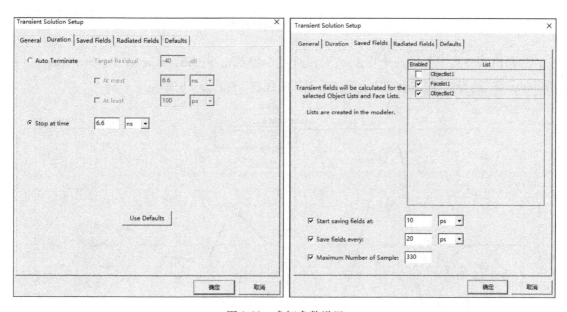

图 3-29　求解参数设置

图 3-29 中，勾选保存场的对象 Facelist、Objectlist 需要提前创建。在模型当中，选中想要观察场的 Object、Face，然后通过菜单 Modeler→List、Create 即可。

然后，单击仿真，软件进行仿真计算。

5. 查看结果

仿真结束之后，选择之前创建的 List 对象，然后右键单击 Plot Fields→E_t，得到某个时刻的电磁辐射场图（见图 3-30），同时也可以通过右键单击 Fields Overlay 下的对应场结果 Animate，来查看随时间动态变化的场图分布。

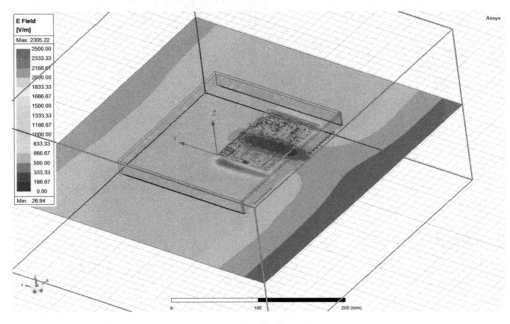

图 3-30　电磁辐射场图

查看电路节点上的感应电压和电流，通过右键单击 Results→Create Terminal Report→Rectangular，选择查看指定 RLC 上的感应 V/I 曲线值，如图 3-31 所示。

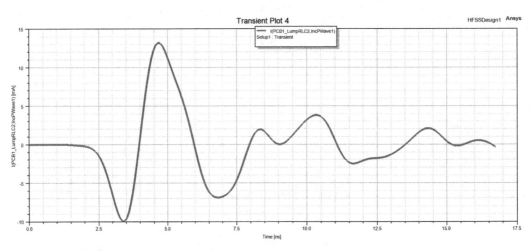

图 3-31　RLC 的感应电流曲线

参考芯片电路的工作电压及输入信号相关电气要求，来评估该电路设备在此强度电磁辐射干扰下的 RS 性能。

3.1.2.4　结论

根据 ESD 仿真结果可以查看相应信号端口的耦合电压/电流。由于 ESD 仿真不能直接给出具体现象，所以可通过人工分析相应端口的噪声电流来判断 ESD 干扰情况，同时可以利用三维电磁场工具 HFSS 查看任意空间上的场分布，以此来判断 ESD 电流的释放路径，从而指导产品的 ESD 防护改进工作。

3.1.3　PCB 设备的 EFT 干扰仿真

3.1.3.1　概述

电快速瞬变脉冲群（EFT）抗扰度试验，其目的是验证电子设备机械开关对电感性负载切换、继电器触点弹跳、高压开关切换等引起的瞬时扰动的抗干扰能力。这类干扰的特点是，成群出现的窄脉冲、脉冲的重复频率较高（kHz 至 MHz 级）、上升沿陡峭（ns 级）、单个脉冲的持续时间短暂（10~100ns 级）、幅度达到 kV 级。成群出现的窄脉冲可对半导体器件的结电容充电，当能量积累到一定程度后可引起线路或设备出错。试验时将脉冲能量叠加在电源线（通过耦合/去耦网络）和通信线路（通过电容耦合夹），对设备形成干扰。容易出现问题的场景包括电力设备、监控电网设备、工业自动化设备、医疗监护等检测微弱信号的电子设备。

3.1.3.2　仿真思路

为了评估系统对 EFT 突发的抗扰度，国际电工委员会（IEC）制定了标准 IEC 61000-4-4，定义了测试电压波形、测试电平范围、测试设备、测试设置和测试程序。图 3-32 所示为软件中 EFT 单个脉冲的波形。

本案例，集合 EFT 虚拟测试环境及 EFT 的基本干扰原理，分别建立部件的电磁模型，结合电路进行场路协同仿真。其中，使用 SIwave 建立 PCB 电路模型，搭建关键接口电路，使用 Q3D 建立 EFTC 容性耦合夹与 IO 电缆的耦合模型，在 Circuit 当中调取 EFT 干扰噪声源，搭建系统干扰电路，

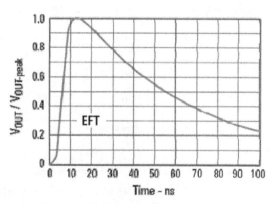

图 3-32　软件中 EFT 单个脉冲的波形

进行瞬态时域仿真分析，获取 I/O 电路上收到 EFT 脉冲群干扰的 V、I 值，从而评估 EFT 噪声对电子设备的干扰强度。图 3-33 所示为 EFT 测试系统的基本组成。

3.1.3.3　详细仿真流程与结果

1. 提取耦合夹与 I/O 电缆的等效电路

利用 Q3D 建立电容耦合夹 3D 模型，将设备 I/O 电缆建立在电容耦合夹当中，在耦合夹的 EFT 注入端建立 Source，在负载端建立 Sink，同时，在线缆各个线芯的两端分别建立

Source 和 Sink，如图 3-34 所示。

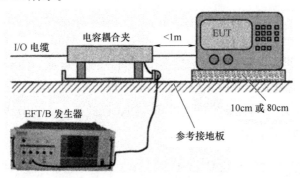

图 3-33　EFT 测试系统的基本组成

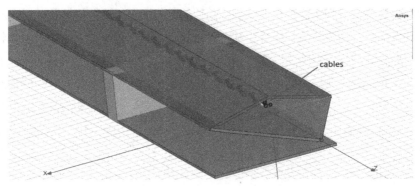

图 3-34　Q3D 软件建立的耦合夹模型

设置求解频率，进行宽带为 0～10MHz 的扫频仿真，如图 3-35 所示。

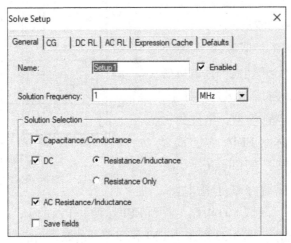

图 3-35　设置扫频仿真

单击菜单 Simulation→Analysis，进行三维结构的寄生参数分析。

2. 进行 PCB 的 I/O 电路接口建模

利用 SIwave 软件导入 PCB 设计文件，设置相关的叠层参数，包括每一层材料、厚度等参数，然后定义好 I/O 电路涉及的 RLC 参数值，如图 3-36 所示。

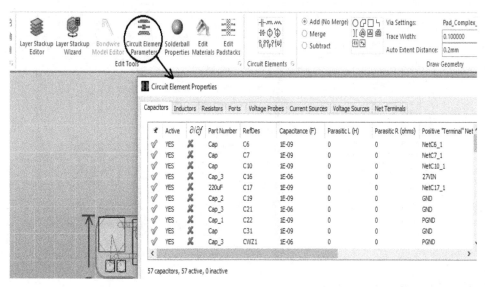

图 3-36　查看器件参数

在 I/O 电路涉及的有源器件的 Pin 处定义端口，如图 3-37 所示。

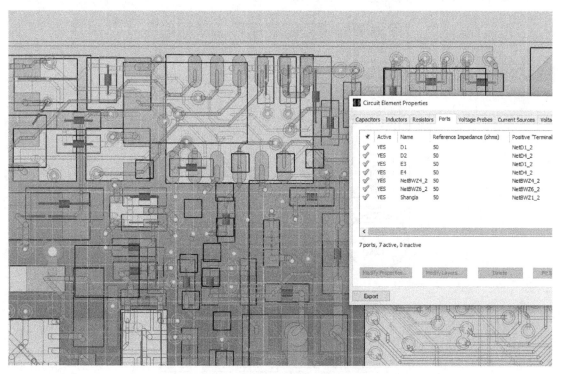

图 3-37　定义的端口列表

然后，进行 SYZ-Parameters 计算，提取宽带 S 参数，获取电路板无源部分的电磁模型。
S 参数计算设置如图 3-38 所示，单击仿真进行运算。

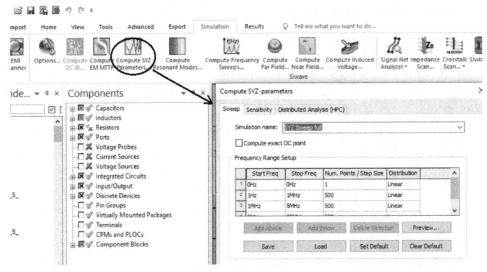

图 3-38　S 参数计算设置

3. 搭建 EFT 噪声注入电路系统

在 AEDT 电子桌面中，新建一个 Circuit Design，将之前 Q3D 建立的耦合夹与线缆模型工程及 PCB 的 SIwave 工程调入进来，如图 3-39 所示。

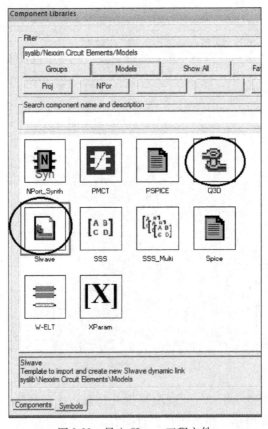

图 3-39　导入 SIwave 工程文件

调入之后，形成图 3-40 所示的电路部件模型。

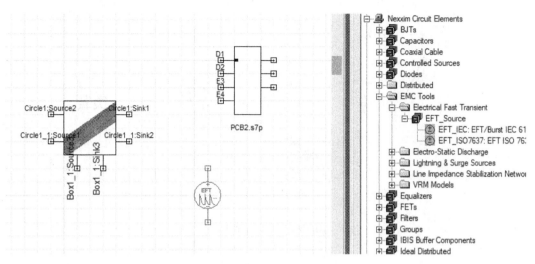

图 3-40　电路部件模型及器件库

在 Component Libraries 中调用 EFT 干扰源放置在电路中，如图 3-41 所示。

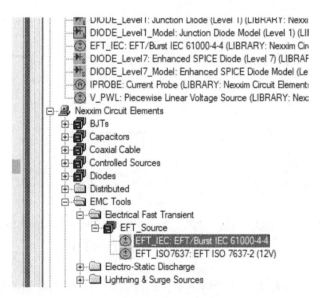

图 3-41　EFT 干扰源

之后，调取其他有源模型，包括芯片模型、二极管等有源器件，进行 EFT 干扰电路系统的连接，形成图 3-42 所示的 EFT 仿真电路。

在 Project Manager 窗口新建 Transient 仿真，进行瞬态时域求解。

4. 结果分析

仿真结束之后，查看负载端时域信号，单击 Results→Standard Report→2D，选择查看负载电阻上的信号波形，如图 3-43 所示。

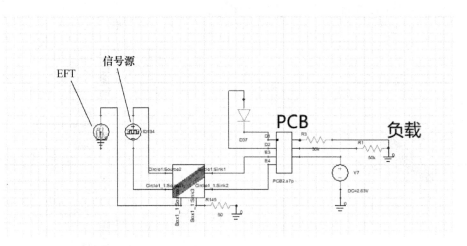

图 3-42　EFT 电路仿真

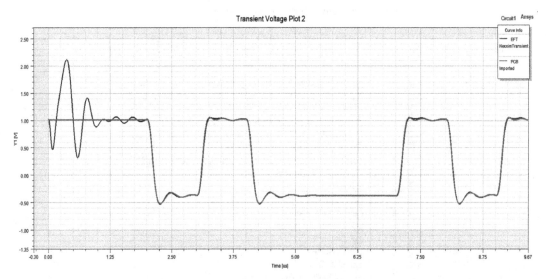

图 3-43　负载电阻上的信号波形（软件中蓝色是 EFT 开启时的时域波形，
红色是 I/O 信号正常传输时的波形）

从仿真结果可见，在 EFT 干扰的情况下，芯片负载端可以感应到的最大噪声电压在 2V 左右，根据芯片对 Input 相关电性能要求，可以评估该电子产品的 EFT 表现是否异常。

3.1.3.4　结论

此案例利用 SIwave 建立 PCB 的电路无源模型，Q3D 建立 EFT 测试电容耦合夹三维模型，并提取等效电路反应线缆与耦合夹之间的寄生参数，最后在 Circuit 用户界面中，将有源器件与无源电路链接成完整的 EFT 干扰电路，获取在 PCB 端口耦合到的噪声波形，从耦合到的噪声强度来判断该电子设备的 EFT 抗扰性能，从而指导相关电路的设计改进。

3.1.4 整机系统 ESD 干扰仿真

3.1.4.1 概述

静电放电（ESD），是多数电子设备需要进行认证测试的内容，静电在日常生活中可以说是无处不在，人体可能带有静电，周围环境设备也可能存在很高的静电电压，几千伏甚至几万伏。所以，ESD 是非常强的干扰源，很容易对电子产品造成破坏和损伤。多数损伤通常能够在生产过程中的质量检测中发现。潜在损伤指的是器件部分被损，功能尚未丧失，且在生产过程的检测中不能发现，但在使用当中会使产品变得不稳定，因而对产品质量构成更大的危害。这些危害可能体现在用户体验方面，如手机经常死机、自动关机、话音质量差、按键出错等问题大多与静电损伤相关。因此，静电放电被认为是对电子产品质量威胁最大的潜在杀手，静电防护也成为电子产品质量控制的一项重要内容，ESD 仿真分析也成为非常重要的内容。

3.1.4.2 仿真思路

本案例集合了 ESD 虚拟测试环境。如图 3-44 所示，在软件中建立 PCB 及机箱外壳模型，放电位置指定在垂直耦合板上。建立三维空间电磁模型时，为了简化问题，对 PCB 进行适当的简化处理，并保留关键的电路结构。然后，利用 HFSS 三维电磁场仿真工具，先求解出 ESD 噪声源与 PCB 上关键端口的耦合宽频 S 参数，再进行电路层面的仿真。在电路仿真工具里面，添加 ESD 激励噪声源，通过时域仿真功能，获取关键信号端口处的感应电压噪声，从而仿真获取 ESD 枪对该设备的 ESD 干扰强度。

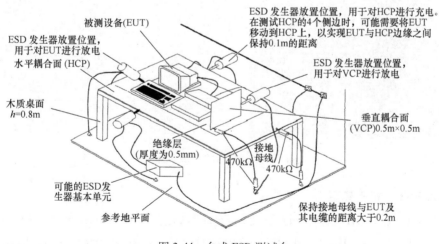

图 3-44 台式 ESD 测试台

3.1.4.3 详细仿真流程与结果

ESD 仿真流程框图，如图 3-45 所示。

1. PCB 模型简化

保留关键信号及关键信号参考的电源、地网络，并且给关键信号设置端口，本案例将

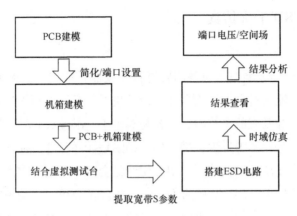

图 3-45 ESD 仿真流程框图

PCB 上主芯片的 RSET 信号作为关键信号来进行 ESD 干扰分析。

简化后的 PCB 模型如图 3-46 所示（Workshop 中已包含简化之后的 PCB 3D Components）。

图 3-46 简化后的 PCB 模型

2. 导入 PCB、机壳模型

启动 AEDT，新建 HFSS Design，通过 Projects 窗口的 3D Components 导入 PCB→Chassis 的 3D 组件模型，并通过 Move 操作移动两者的相对位置，将 PCB 模型放置在 Chassis 中。机箱与 PCB 的整合建模如图 3-47 所示。

3. 导入 ESD 测试台

通过 HFSS 的 Components 窗口将 EMI EMC 路径下的 ESD IEC61000 测试台模型拖入到模型窗口，然后将 PCB 及外壳模型移动到测试台的相关位置，如图 3-48 所示。

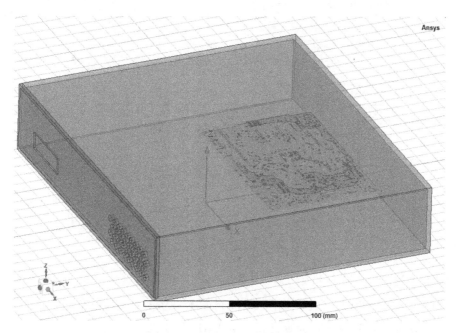

图 3-47　机箱与 PCB 的整合建模

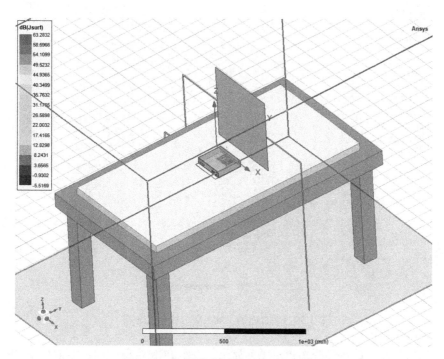

图 3-48　集合测试台的 HFSS 全 3D 模型

4. 仿真设置

在 Analysis 下新建求解设置，求解频率 500MHz，Maximum Delta S = 0.01。扫描频率设置示例如图 3-49 所示。

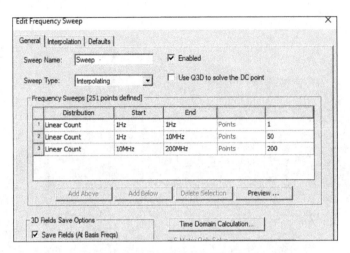

图 3-49　扫描频率设置示例

5. 空间场查看

选中模型当中的一个面，右键单击 Plot Fields→E→Mag_E，查看空间上 ESD 噪声源所引起的场强度分布。图 3-50 所示为垂直面的 100MHz 电场强度分布。

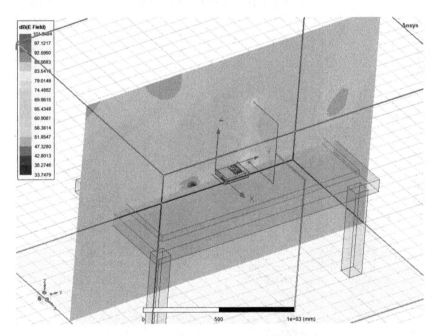

图 3-50　垂直面的 100MHz 电场强度分布

同时，PCB 上感应的场强分布也可单独显示。选中 PCB 对象，通过右键单击 Plot fields→J→mag_jsurf 可以显示 PCB 上的感应电流，如图 3-51 所示。

除以上可观测的对象以外，空间内任意位置的场强 **E**、**H**、**J** 等，都可进行查看，观察场分布图，可以定性地帮助分析 ESD 干扰的空间传播路径，有助于分析电磁泄漏的位置和结构特征。

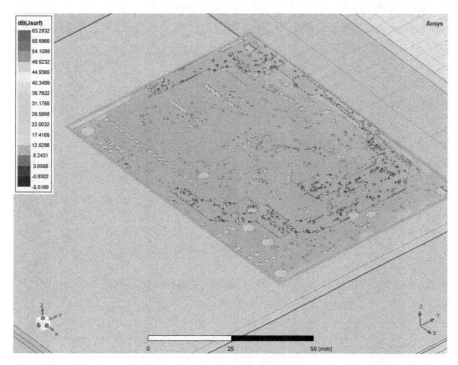

图 3-51　PCB 上的感应电流密度分布

6. 耦合干扰查看

通过 Results 查看之前建立的关键信号端口与 ESD 噪声源端口之间的宽带耦合曲线，例如图 3-52 所示的曲线。

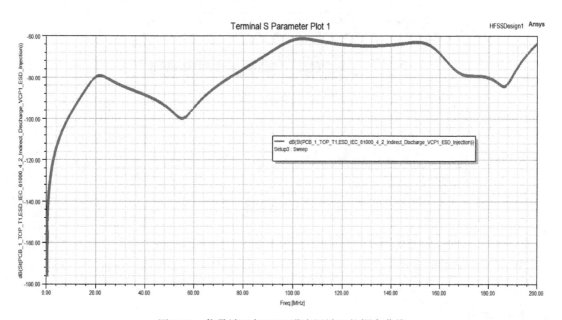

图 3-52　信号端口与 ESD 噪声源端口的耦合曲线

171

将 HFSS 仿真获取的 S2P 文件导入到新建的 Circuit Design 当中，在 Component Libraries 里面找到 ESD Source，芯片负载模型用 33 电阻近似，搭建图 3-53 所示的仿真电路。

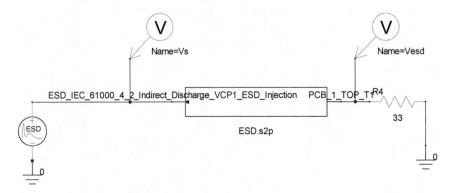

图 3-53　ESD 仿真电路

右键单击导入的 S2P 文件，选中 Edit Model 将 Method 切换成 Convolution，如图 3-54 所示。

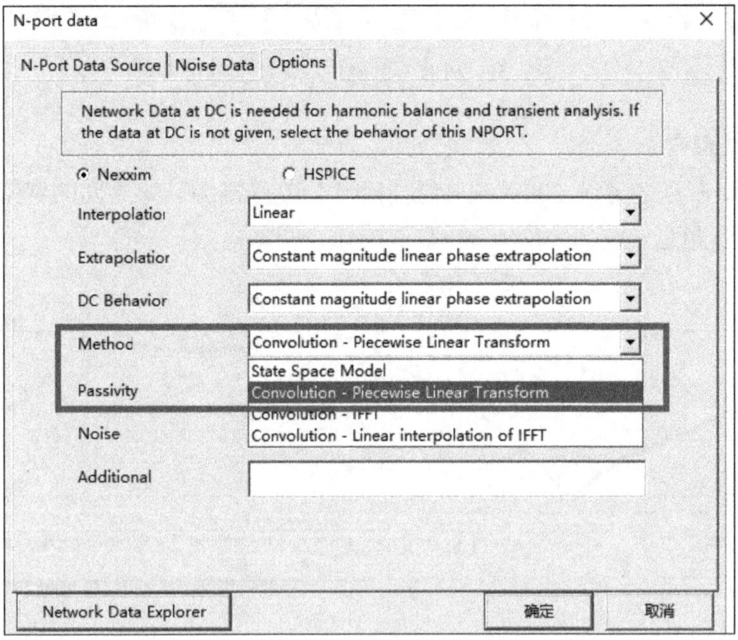

图 3-54　S 参数求解设置

然后，进行时域瞬态仿真，仿真结束之后查看在信号端口处耦合得到的电压波形（见图 3-55），观察其幅值大小，参考芯片手册 SPEC 要求或信号工作电压，评估其受 ESD 干扰的影响程度。

3.1.4.4　结论

本案例利用场路协同的仿真基本思路，首先求解 PCB 电路端口与 ESD 端口的宽带耦合

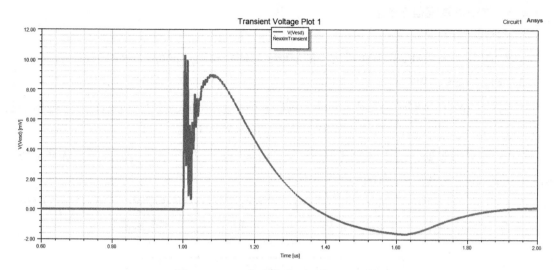

图 3-55　PCB 电路端口上耦合的电压波形

S 参数，再进行电路 ESD 分析，观察关键电路的 ESD 电流，从而评估电路系统的 ESD 抗扰性能。由于集合了虚拟测试台，求解量较大，在进行这类分析时，要注意对 PCB 进行合理简化，保留关键分析电路。

3.1.5　载体平台天线布局仿真

3.1.5.1　概述

天线布局，主要是指将天线安装于某一个载体平台上，来研究载体对天线的性能影响。一般通过优化天线在载体上位置，或者调整天线自身参数，来实现一个性能良好的天线设计，同时又满足天线与载体平台的一体化要求。常见的天线布局，主要以电小天线与阵列天线为典型代表。

电小天线，一般指天线几何尺寸小于工作波长的 1/10。由于波束宽、敏感度高，所以天线工作环境的改变，对性能影响较大。一般有电小天线"仿不准"之说。阵列天线，一般由规则排列的相同天线单元组成。电尺寸与阵列的单元数量有关，一般波束较窄、副瓣低、增益高。

本小节主要针对天线仿真中的载体平台布局问题，以电小天线与毫米波阵列天线为例，进行布局前后的天线性能分析，从而实现布局优化，以及天线与载体平台的一体化设计。

3.1.5.2　仿真思路

本案例以汽车的简易模型为载体平台，电小天线选择常见的 GPS 贴片天线，阵列天线选择汽车雷达专用的毫米波阵列天线，通过模型装配建立两个天线的汽车布局模型。通过对比天线在装配前后的性能改变，来研究电小天线与阵列天线在布局仿真中的差异性。

3.1.5.3 详细仿真流程与结果

1. 软件与环境

软件采用 ANSYS AEDT 2021 版本中的 HFSS，硬件环境选择性能良好的工作站即可。

2. 新建 HFSS 工程

1）打开 ANSYS AEDT 仿真软件，单击 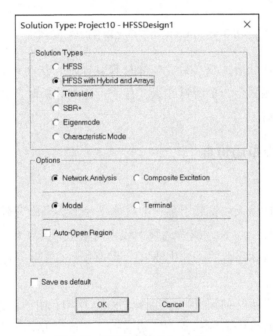 或 Project→Insert HFSS Design；并单击 📄 或 File→Save As... 保存文件。注意，文件名和保存路径不能出现中文。

2）设置求解类型，菜单栏打开 HFSS→Solution Type，打开求解类型设置，选择 HFSS with Hybrid and Arrays，单击 OK，如图 3-56 所示。

需要说明的是，HFSS with Hybrid and Arrays 是指混合算法求解模式。本案例中的天线与载体平台，会选择有限元法（FEM）与弹跳射线（SBR）法进行混合求解。

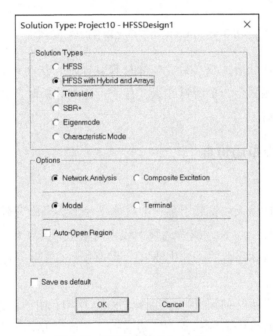

图 3-56　HFSS 中的 Solution Type

3. 天线模型预处理

（1）GPS 天线

通过双击打开案例中的 GPS 天线模型文件 GPS_2feed.aedt；也可在已打开的 HFSS 中，通过菜单 File→Open 操作，如图 3-57 所示。

由于天线模型已完成优化，可单击 Simulation 工具栏中的 Analyze All，直接运行仿真，如图 3-58 所示。之后，可在流程树 Results 中查看 GPS 天线的载体布局前的性能结果。

从仿真结果中可以看到，天线工作频点 1.575GHz 的驻波比为 1.59，以及天线的 3D 方向图结果，如图 3-59 所示。

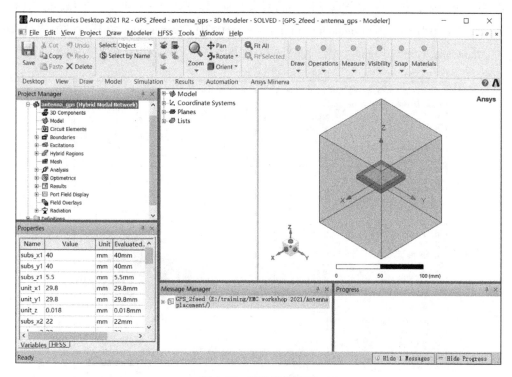

图 3-57 GPS 天线模型

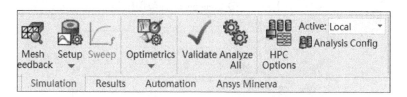

图 3-58 Simulation 工具栏

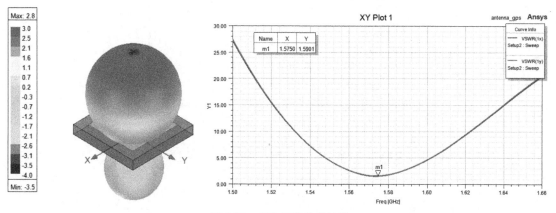

图 3-59 GPS 天线仿真结果

在模型窗口中，选择除空气盒子以外的所有几何体，然后通过单击右键 Create 3D Component；或者菜单 Draw→3D Component Library→Create 3D Component，打开三维组件对话框，并保存为 antenna_GPS. 3dcomp 文件，如图 3-60 和图 3-61 所示。GPS 天线的预处理完成。

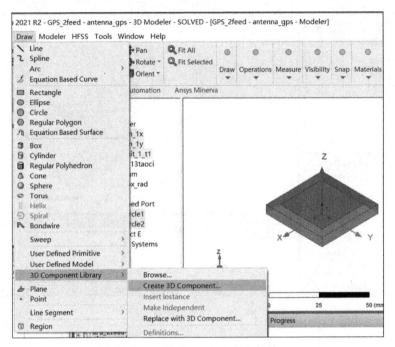

图 3-60　3D Component 打包操作

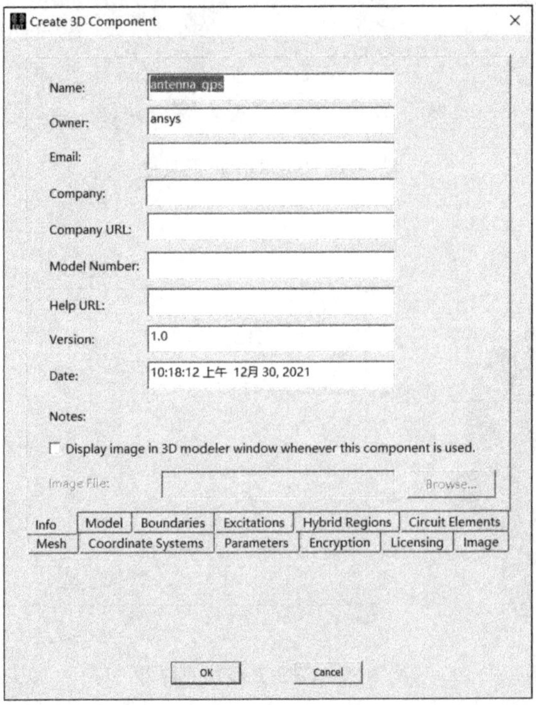

图 3-61　GPS 天线 3D Component 打包命名

（2）毫米波阵列天线

通过双击打开案例中的毫米波阵列天线 Radar_with_Radome. aedt。另外，也可在已打开的 HFSS 中，通过菜单 File→Open 操作。毫米波阵列天线案例如图 3-62 所示。

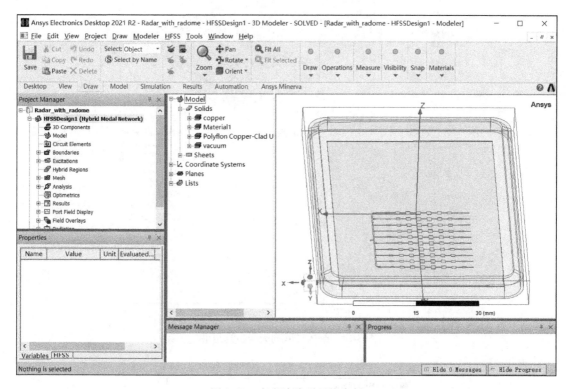

图 3-62　毫米波阵列天线案例

天线模型包含微带阵列与天线罩，且已完成优化，可单击 Simulation 工具栏中的 Analyze All，直接运行仿真，如图 3-63 所示。之后，可在流程树 Results 中查看阵列天线的载体布局前的性能结果。

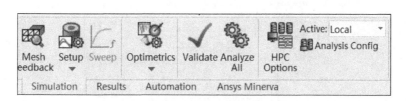

图 3-63　Simulation 工具栏

从仿真结果中可以看到，天线中心频率 74.5GHz 的驻波比为 1.05，以及天线的 3D 方向图结果，如图 3-64 所示。

在模型窗口中，选择除空气盒子以外的所有几何体，然后通过单击右键 Create 3D Component，或者菜单 Draw→3D Component Library→Create 3D Component，打开 3D 组件对话框，并保存为 Radar_radome_array. 3dcomp 文件，如图 3-65 所示。毫米波阵列天线的预处理完成。

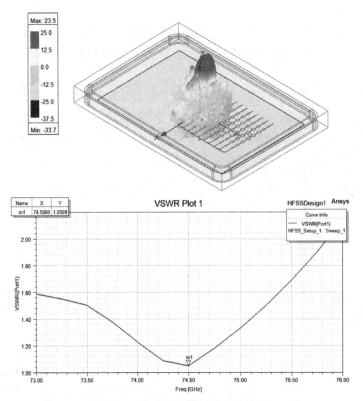

图 3-64　毫米波阵列天线仿真结果

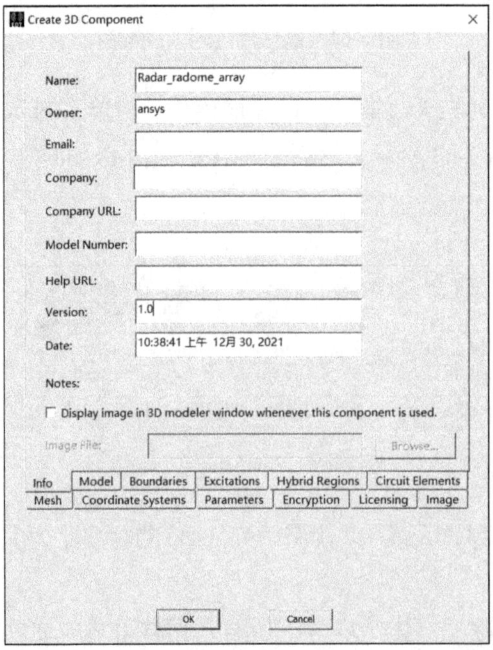

图 3-65　毫米波阵列天线 3D Component 打包命名

4. 载体平台模型导入

（1）模型导入

在新建的工程中，单击菜单栏 Modeler→Import，在弹出的界面中，选择汽车模型 car_hummer. step，单击 Open 即可，如图 3-66 所示。

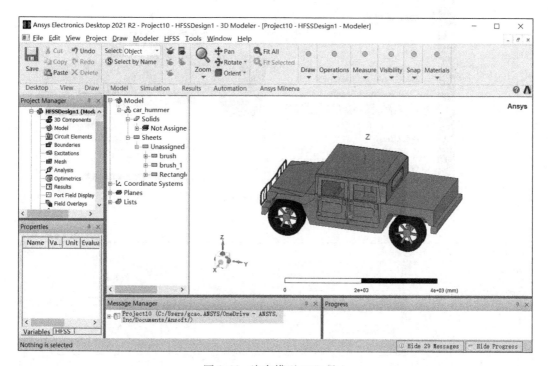

图 3-66　汽车模型 CAD 导入

本案例中使用的汽车模型，是一辆简易结构的汽车，无玻璃。

（2）材料定义

在模型树管理窗口中，全选所有几何体，并通过右键单击选择 Assign Material，打开材料库，并设置材料属性为 aluminum，如图 3-67 和图 3-68 所示。

本案例材料属性仅供参考，并非实际材料。

（3）定义边界 Perfect E

边界条件的设置，主要是简化建模，或者模拟一些特定的材料属性。本案例使用的 Perfect E 边界，主要模拟理想电边界，即理想导电的面结构。

在模型树管理窗口中，选中面结构 Sheets 中的 brush 与 brush_1，并右键单击 Assign Boundary→Perfect E，打开 Perfect E 设置对话框，直接确认即可，如图 3-69 所示。

5. 天线模型导入

（1）定义局部坐标系

天线布局的前提，先要定义好天线模型的安装位置。所以，需要定义两个局部坐标系，分别用于 GPS 天线与毫米波阵列天线的模型装配。

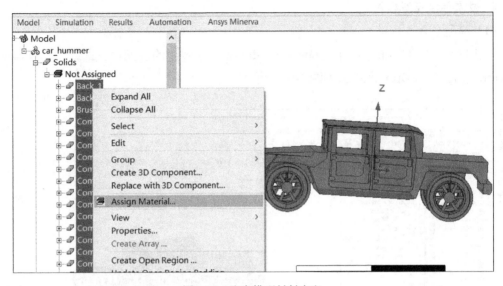

图 3-67　汽车模型材料定义

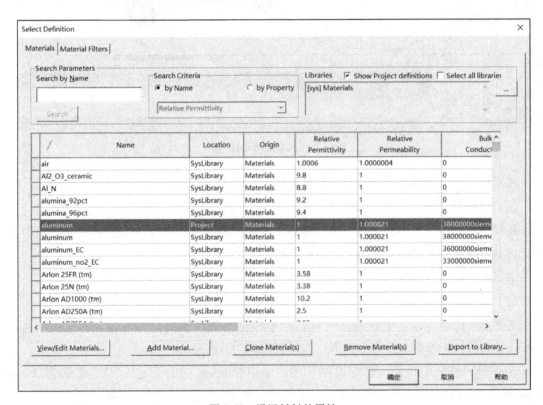

图 3-68　设置材料的属性

GPS 天线选择安装于汽车顶部，可直接置于汽车上方；同时，考虑到电小天线的敏感特性，天线的地与汽车最好不接触。本案例选择天线置于汽车顶部，且离开汽车一定距离（此处可根据需要自行调整）。

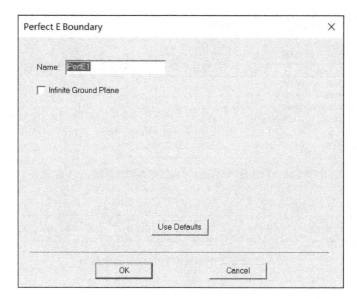

图 3-69　定义边界 Perfect E

通过菜单 Modeler→Coordinate System→Create→Relative CS→Offset，单击模型中任意点，然后修改局部坐标系的属性。定义 GPS 天线位置坐标系，如图 3-70 所示。

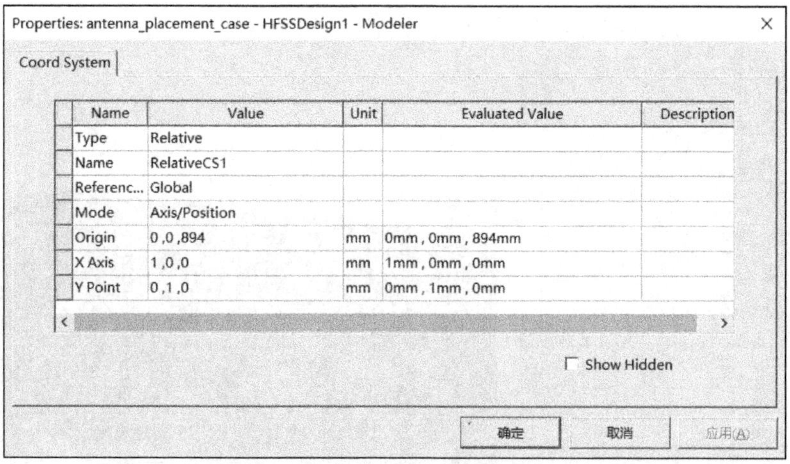

图 3-70　定义 GPS 天线位置坐标系

毫米波阵列天线，主要用于路况探测等。一般来说，汽车雷达应安装于保险杠后方。但由于本案例的汽车模型过于简单，与实际的安装位置并不一置（此处可根据需要自行调整）。

通过菜单 Modeler→Coordinate System→Create→Relative CS→OFFset，单击模型中任意点，然后修改局部坐标系的属性。定义毫米波阵列天线位置坐标系，如图 3-71 所示。此处，应注意参考坐标系为 Global。

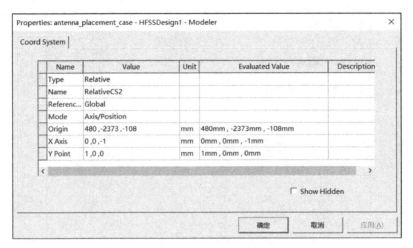

图 3-71   定义毫米波阵列天线位置坐标系

（2）导入 GPS 天线

通过菜单 Draw→3D Component Library→Browse，在打开的对话框中，选择已生成的 GPS 天线组件 antenna_gps. a3dcomp，单击打开。在下面的对话框中，选择局部坐标系 Relative CS1，确定即可。导入安装 GPS 天线如图 3-72 所示。此时，GPS 天线已安装于汽车的车顶。

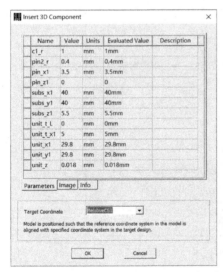
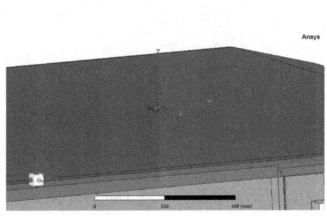

图 3-72   导入安装 GPS 天线

（3）导入毫米波阵列天线

通过菜单 Draw→3D Component Library→Browse，在打开的对话框中，选择已生成的 GPS 天线组件 Radar_radome_array. a3dcomp，单击打开。在下面的对话框中，选择局部坐标系 Relative CS2，确定即可。导入安装毫米波阵列天线如图 3-73 所示。此时，毫米波阵列天线已安装于汽车的车头位置。

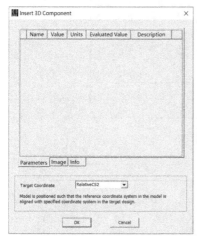

图 3-73　导入安装毫米波阵列天线

1）设置混合边界——FEBI。本案例导入的天线模型，都不包含空气盒子（box），仅有天线结构。这样就无法定义辐射边界，设置求解域。在天线布局仿真中，载体平台一般比较大，不适合直接用空气盒子的 FEM 求解。根据 HFSS 软件的混合求解思路，可设置天线为独立的求解域，载体平台放于天线求解域之外，单独用 SBR 或 IE 求解。

2）建立 GPS 天线 box。在模型树中，找到坐标系一栏，单击 Relative CS1，即 GPS 天线所在的局部坐标系，将其置为当前使用的坐标系。局部坐标系下建立 GPS 天线 box 如图 3-74 所示。

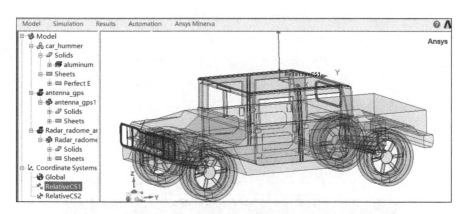

图 3-74　局部坐标系下建立 GPS 天线 box

在 Draw 工具栏内，选择 Draw box（见图 3-75），建立 GPS 天线 box，（见图 3-76）。另外，为方便查看，可调整 box 属性中的透明度为 0.8。GPS 天线安装效果图如图 3-77 所示。

3）建立阵列天线 box。同样地，在模型树中，找到坐标系一栏，单击 Relative CS2，即阵列天线所在的局部坐标系，将其置为当前使用的坐标系。激活阵列天线坐标系如图 3-78 所示。

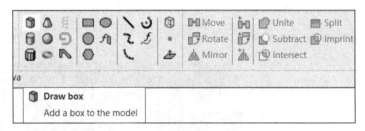

图 3-75　几何建模 Draw 工具栏

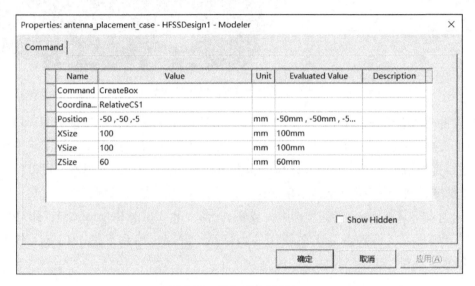

图 3-76　建立 GPS 天线 box

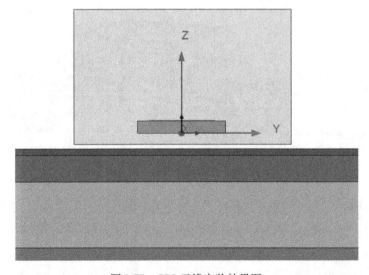

图 3-77　GPS 天线安装效果图

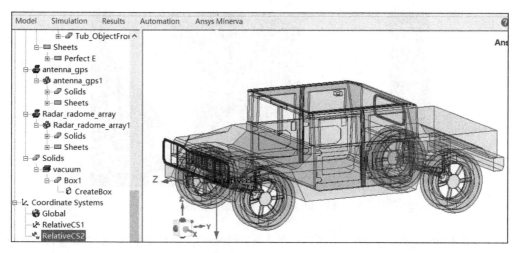

图 3-78 激活阵列天线坐标系

在 Draw 工具栏内，选择 Draw box（见图 3-79），建立阵列天线 box（见图 3-80）。另外，为方便查看，可调整 box 属性中的透明度为 0.8。阵列天线安装效果图如图 3-81 所示。

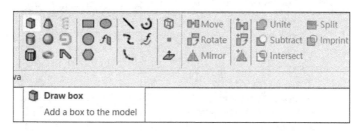

图 3-79 几何建模 Draw 工具栏

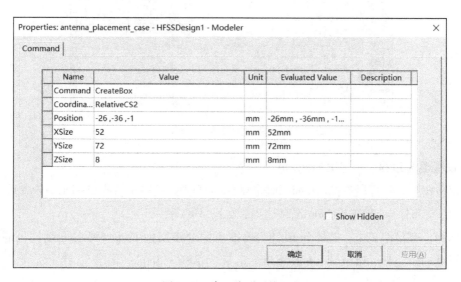

图 3-80 建立阵列天线 box

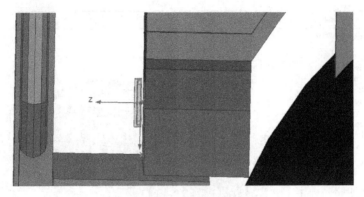

图 3-81　阵列天线安装效果图

4）定义 FEBI 边界。依次选中新建立的 box1 与 box2，分别通过右键单击选择 Assign→Hybrid→FEBI，创建两个天线的辐射边界 FEBI1 与 FEBI2，即混合边界，如图 3-82 所示。

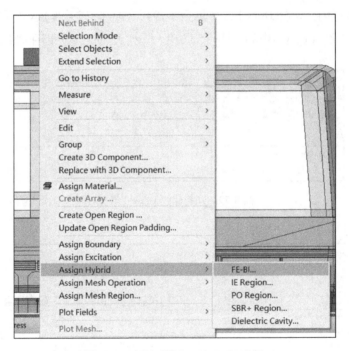

图 3-82　定义天线 box 为 FEBI 边界

6. 设置混合边界——SBR+Region

在模型树中，选择所有的 Aluminum 金属体，通过右键单击选择 Assign→Hybrid→SBR+Region，定义车体为 SBR+ Region 混合边界，如图 3-83 所示。

同样地，在模型树中，选择 brush 与 brush_1 两个定义为 Perfect E 的面结构，通过右键单击选择 Assign→Hybrid→SBR+ Region，定义为 SBR+ Region 混合边界。混合边界设置完成。

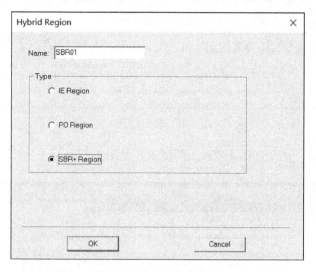

图 3-83　定义汽车金属体为 SBR+Region

7. 设置混合求解模式——Two Way

当模型中有 SBR-Region 存在时，并且有多个天线求解区域（即多天线的布局问题），此时需要设置 SBR+ Source Regions 为 Two，即多天线之间、天线与载体之间需要计算双向耦合。

在 Project Manager 中，右键单击 Hybrid Regions，选择 Set SBR+ Source Regions，打开设置对话框，如图 3-84 所示。

图 3-84 中，单击 Current Sources，选择所有 FEBI 求解域，单击右上侧的 Group，即可设置 Two Way 双向耦合求解模式，如图 3-85 所示。

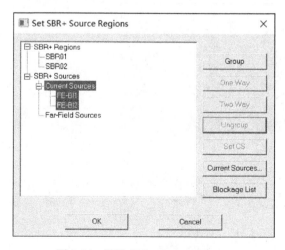

图 3-84　设置 SBR+ Source Regions

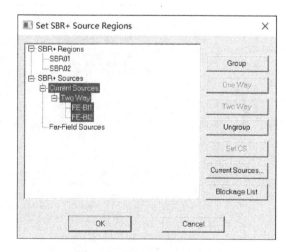

图 3-85　设置 Two Way 求解

另外，若上述设置被忽略的话，仿真时会报错，如图 3-86 所示。

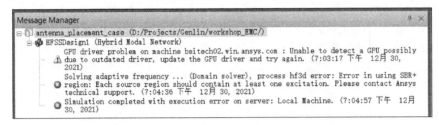

图 3-86　报错信息 1

若是将耦合方式，更改为 One Way，则报错，如图 3-87 所示。

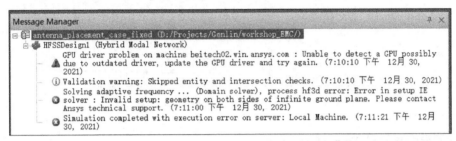

图 3-87　报错信息 2

8. 设置激励与端口

对于天线仿真来说，一般要设置天线的端口进行激励，以便仿真完成后查看端口的 S 参数结果与方向图。本案例的天线模型，均已完成设计，都包含端口。在天线模型导入的时候，端口也一起导入了。

通过菜单选择 HFSS→Field→Edit Source，打开端口设置对话框。即可查看天线已有的端口，如图 3-88 所示。

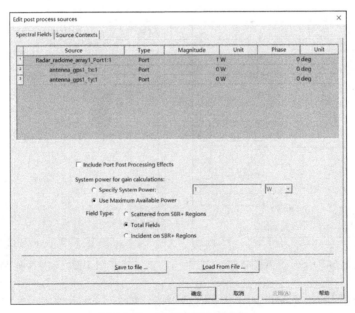

图 3-88　查看端口幅相设置

可以将激励设置更改为 GPS 天线激励而阵列天线不激励的情况，如图 3-89 所示。

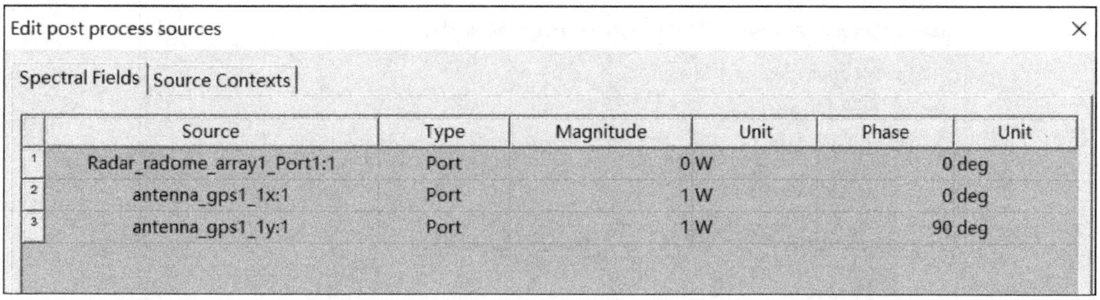

Edit post process sources						✕

Spectral Fields | Source Contexts

	Source	Type	Magnitude	Unit	Phase	Unit
1	Radar_radome_array1_Port1:1	Port	0 W		0 deg	
2	antenna_gps1_1x:1	Port	1 W		0 deg	
3	antenna_gps1_1y:1	Port	1 W		90 deg	

图 3-89　更改天线激励设置

9. 求解设置与扫频

在 Project Manager 中，右键单击 Analysis，再单击 Add Solution Setup→Advanced，在弹出的设置窗口中即可设置求解的 Setup，主要包括求解频率、迭代步数、收敛精度等，也可设置求解算法、基函数阶数等。

（1）GPS 天线 Setup1

在 Project Manager 中，右键单击 Analysis，再单击 Add Solution Setup→Advanced，添加 Setup1，设置 GPS 天线的中心频率为 1.575GHz，迭代步数为 10，收敛精度为 0.02，如图 3-90 所示。

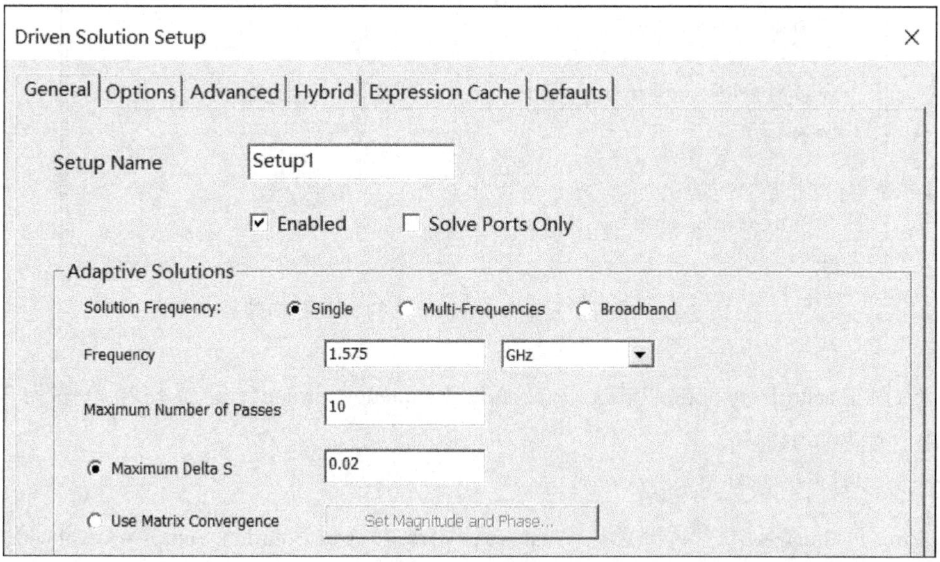

Driven Solution Setup	✕

General | Options | Advanced | Hybrid | Expression Cache | Defaults

Setup Name　　　Setup1

☑ Enabled　　☐ Solve Ports Only

Adaptive Solutions

Solution Frequency:　⊙ Single　○ Multi-Frequencies　○ Broadband

Frequency　　　1.575　　GHz ▼

Maximum Number of Passes　　10

⊙ Maximum Delta S　　0.02

○ Use Matrix Convergence　　Set Magnitude and Phase...

图 3-90　求解设置 Solution Setup1 的中心频率等

打开 Setup1 的 Hybrid 选项卡，设置 SBR 求解相关参数（见图 3-91），以及远场扫描球设置（见图 3-92）。

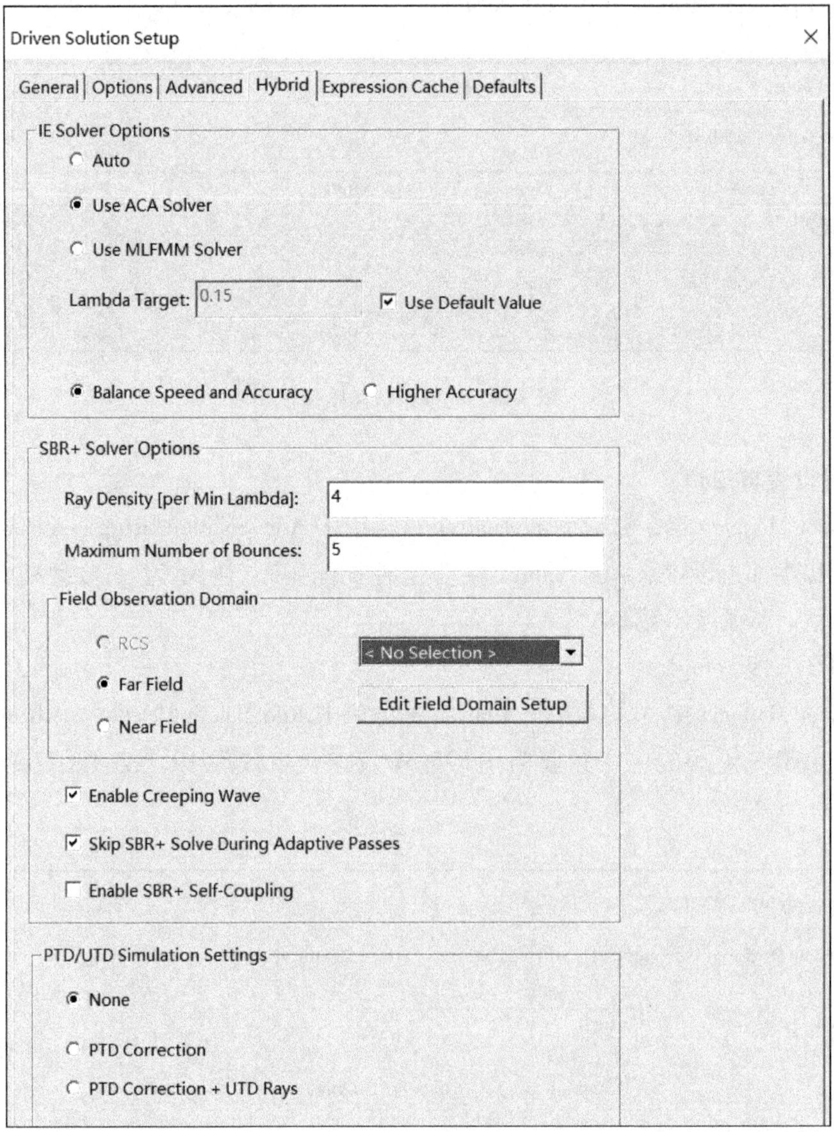

图 3-91　求解设置 Solution Setup1 的 SBR 扫描球等

在新建的 Setup1 上右键单击,选择 Add Frequency Sweep,设置扫频范围为 1.54 ~ 1.62GHz,如图 3-93 所示。

(2)毫米波阵列天线 Setup2

在 Project Manager 中,右键单击 Analysis,再单击 Add Solution Setup→Advanced,添加 Setup2,设置毫米波阵列天线的中心频率为 74.5GHz,迭代步数为 8,收敛精度为 0.025,如图 3-94 所示。由于频率高、计算量大,可根据情况,适当放宽收敛条件。

打开 Setup2 的 Hybrid 选项卡,设置 SBR 求解相关参数(见图 3-95),以及远场扫描球设置(见图 3-96)。

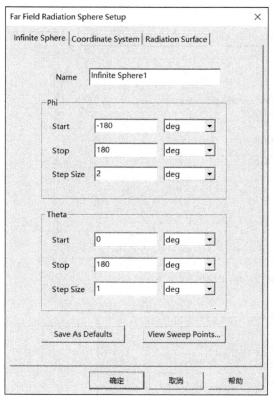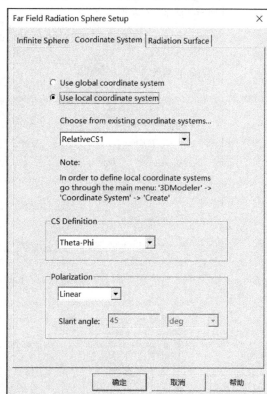

图 3-92　求解设置 Solution Setup1 的扫描球定义等

图 3-93　求解设置 Solution Setup1 的频率扫描

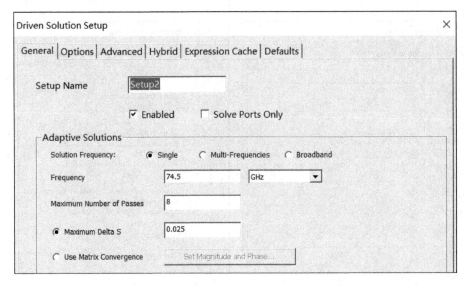

图 3-94　求解设置 Solution Setup2 的中心频率等

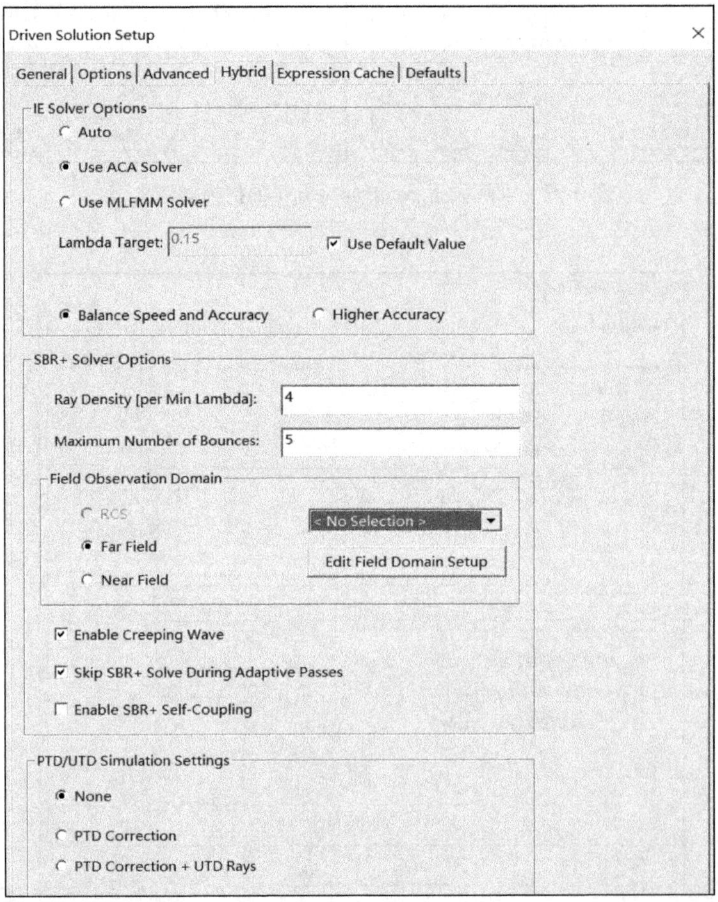

图 3-95　求解设置 Solution Setup2 的 SBR 扫描球等

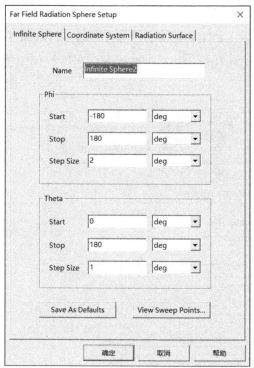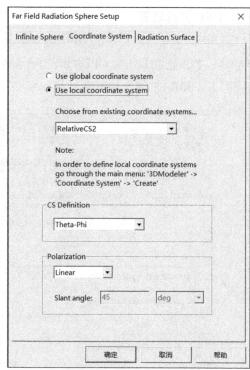

图 3-96　求解设置 Solution Setup2 的扫描球定义等

　　在新建的 Setup2 上右键单击，选择 Add Frequency Sweep，设置扫频范围为 73.5 ~ 75.5GHz，如图 3-97 所示。

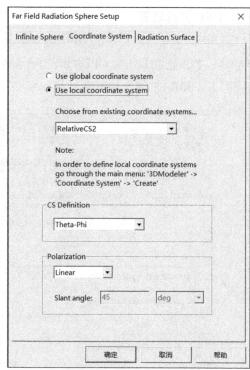

图 3-97　求解设置 Solution Setup2 的频率扫描

10. HPC 并行设置

单击 Simulation 工具栏中的 HPC Options 选项，如图 3-98 所示。之后，在 HPC and Analysis Options 中，设置 Enable GPU for SBR+ Solve 为 True，如图 3-99 所示。在具备 GPU 加速卡的情况下，SBR+求解会快很多。

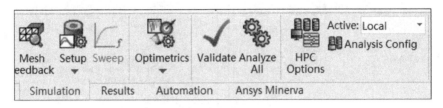

图 3-98　Simulation 工具栏

![HPC and Analysis Options 对话框]

Name	Value
Distributed Memory	
MPI Vendor	Intel
Remote Spawn Command	SSH
HPC Licensing	
Enable GPU	True
Enable GPU for SBR+ Solve	True
Simulation Controls	

Description:
Allow GPU to be used for SBR+ solves.
Batchoption name: "HFSS/EnableGPUForSBR" Type: Integer, Allowed Values: 0 (False), 1 (True).

图 3-99　设置 HPC 并行 GPU

再次单击 Simulation 工具栏中的 Analysis Configuration 选项，可以进行 HPC 并行的具体设置，如设置当前仿真的并行 CPU 核数、GPU 数量。在 License 允许的前提下，一般设置为计算机的最大线程数（见图 3-100）。

11. 设计检查

单击 Simulation 工具栏中的 Validate 选项，检查显示模型有错误并提示，如图 3-101 和图 3-102 所示。

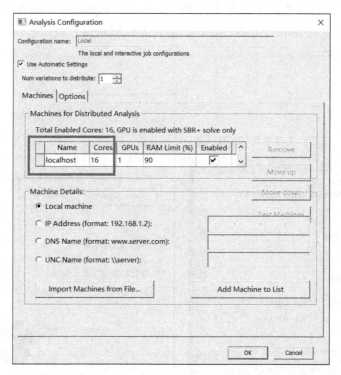

图 3-100　设置并行计算的 CPU 核数和 GPU 数量

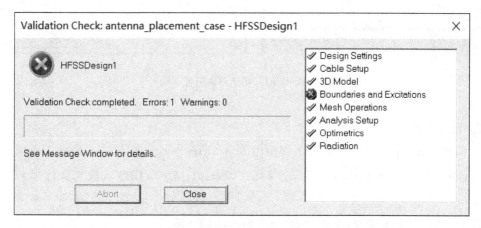

图 3-101　模型检查 Validate

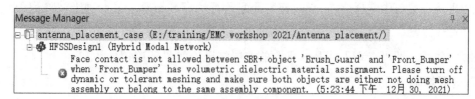

图 3-102　报错信息 3

按照提示所述，将初始网格设置中的 Dynamic 或 Tolerant Meshing 设置关闭。右键单击工程树中的 Mesh，选择 Initial Mesh Settings，打开初始网格设置对话框。不勾选图中的两个选项即可，如图 3-103 所示。

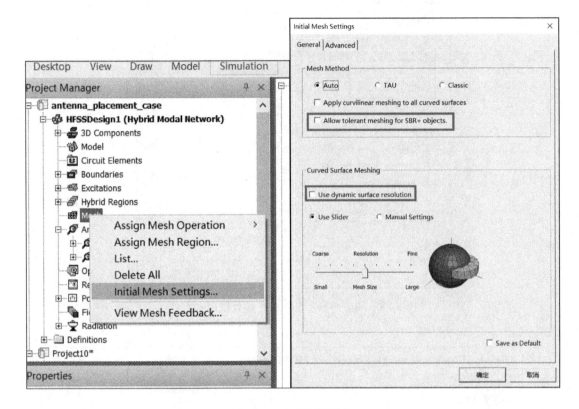

图 3-103   初始网格设置

12. 运行仿真

1）GPS 天线仿真 Setup1。展开工程树中的 Analysis 节点，右键单击 Setup1 选项，在出现下拉菜单中选择命令 Analyze，开始运行仿真 Setup1，进行 GPS 天线与载体平台一体化求解。

仿真完成后，即可查看 GPS 天线载体平台的布局结果。

2）阵列天线仿真 Setup2。同样地，展开工程树中的 Analysis 节点，右键单击 Setup2 选项，在出现下拉菜单中选择命令 Analyze，开始运行仿真 Setup2，进行毫米波阵列天线与载体平台一体化求解。

仿真完成后，即可查看天线载体平台的布局结果，如图 3-104 所示。

13. 查看结果

在 Project Manager 中，右键单击 Excitations，选择 Edit Source。进行 GPS 天线激励设置（见图 3-105）后，可查看 GPS 天线布局仿真结果。

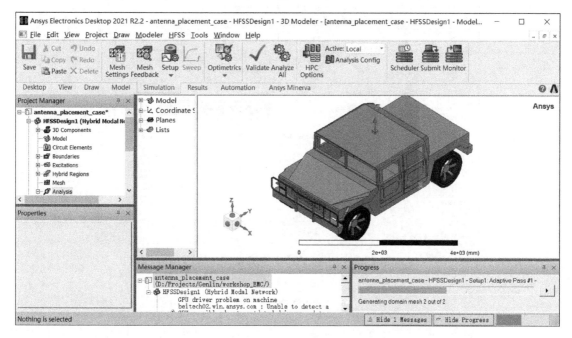

图 3-104 仿真计算运行中

图 3-105 GPS 天线激励状态

（1）GPS 天线仿真结果

在 Project Manager 中，右键单击 Results，选择 Create Modal Solution Data Report→Rectangular Plot，在左上角确认选中 Setup1：Sweep 及 Sweep，右侧依次选中 VSWR→VSWR（antenna_gps1_1x）与 VSWR（antenna_gps1_1y）→None，如图 3-106 所示；然后，单击 New Report，得到 VSWR 曲线结果，如图 3-107 所示。

在 Project Manager 中，右键单击 Results，选择 Create Far Fields Report→3D Polar Plot，在左上角确认选中 Setup1：LastAdaptive 及 Infinite Sphere1，右侧依次选中 Gain→GainTotal→dB；然后，单击 New Report，得到 3D 方向图结果，如图 3-108 所示。

在 Project Manager 中，右键单击 Fields，选择 Plot Fields→Radiation Field，然后单击确认，可将 3D 方向图结果与几何模型一体化显示，如图 3-109 和图 3-110 所示。

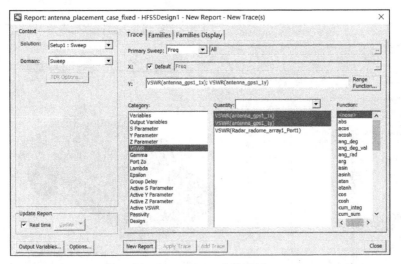

图 3-106　VSWR 参数设置

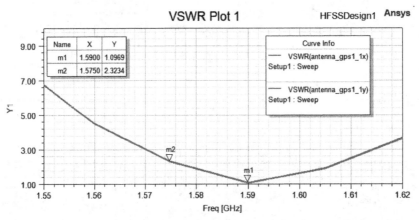

图 3-107　VSWR 曲线结果

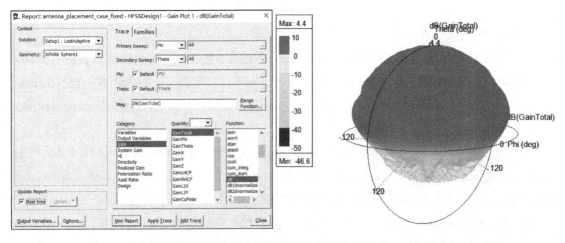

图 3-108　Gain 参数设置及 3D 方向图结果

Overlay Radiation Field: antenna_placement_case_fixed - HFSSDesi...

Name	Visible	Transparency	Scale	Type
Gain Plot 1	✔	0.20	0.25	3D

Orthogonal View　Apply　Close

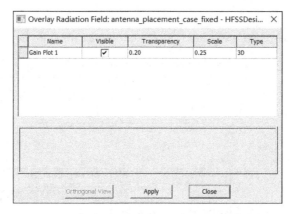

图 3-109　GPS 天线 3D 方向图与模型合并显示

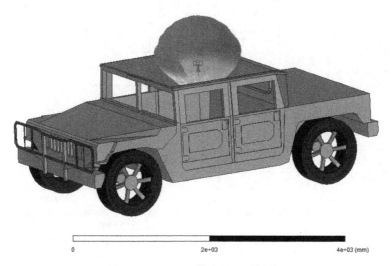

图 3-110　GPS 天线 3D 显示效果图

（2）阵列天线仿真结果

在 Edit Source 中，将其修改为阵列天线激励（见图 3-111）。然后，在 Project Manager 中，右键单击 Results，选择 Create Modal Solution Data Report→Rectangular Plot，在左上角确认选中 Setup2：Sweep 及 Sweep，右侧依次选中 VSWR→VSWR（Radar_radome_araay1_Port1）→None；然后单击 New Report，得到 VSWR 曲线结果，如图 3-112 和图 3-113 所示。

Edit post process sources

Spectral Fields | Source Contexts

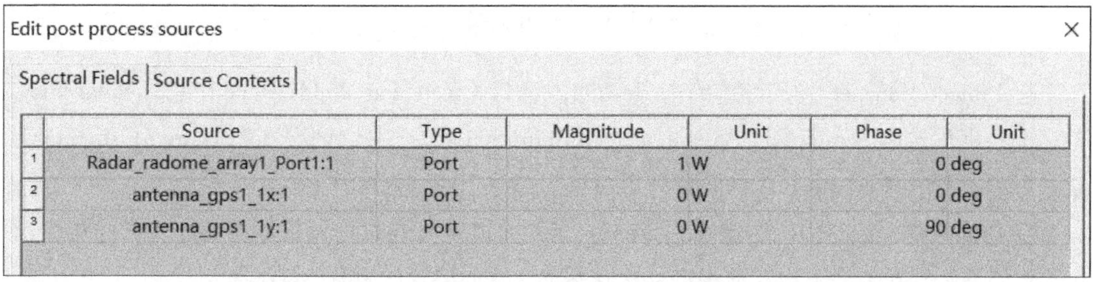

	Source	Type	Magnitude	Unit	Phase	Unit
1	Radar_radome_array1_Port1:1	Port	1	W	0	deg
2	antenna_gps1_1x:1	Port	0	W	0	deg
3	antenna_gps1_1y:1	Port	0	W	90	deg

图 3-111　阵列天线激励状态

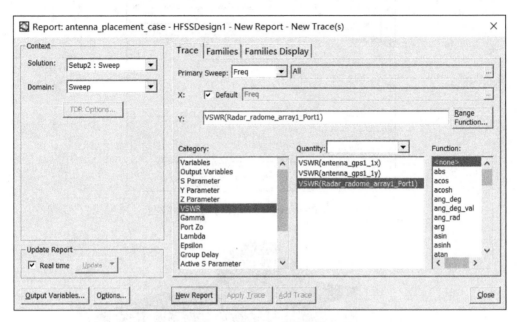

图 3-112　VSWR 参数设置

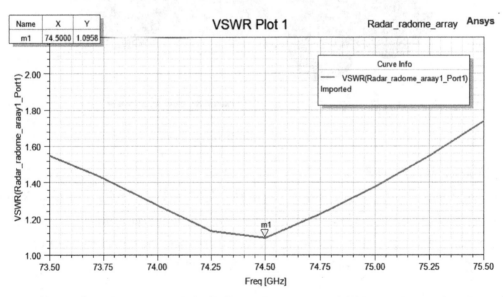

图 3-113　VSWR 曲线结果

在 Project Manager 中，右键单击 Results，选择 Create Far Fields Report→3D Polar Plot，在左上角确认选中 Setup2：LastAdaptive 及 Infinite Sphere2，右侧依次选中 Gain→GainTotal→dB；然后，单击 New Report，得到 3D 方向图结果，如图 3-114 所示。

在 Project Manager 中，右键单击 Fields，选择 Plot Fields→Radiation Field，然后单击确认，可将 3D 方向图结果与几何模型一体化显示，如图 3-115 和图 3-116 所示。

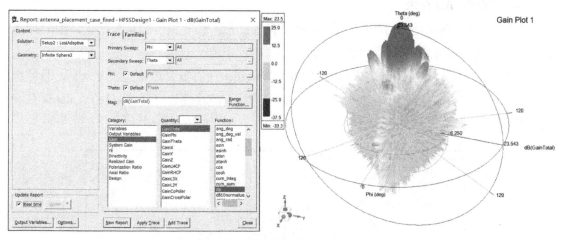

图 3-114　Gain 参数设置及 3D 方向图结果

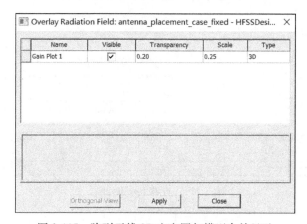

图 3-115　阵列天线 3D 方向图与模型合并显示

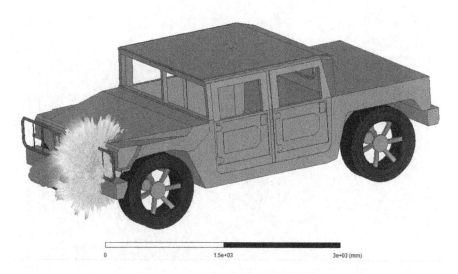

图 3-116　阵列天线 3D 显示效果图

14. 查看 Profile 日志

在模型仿真过程中或仿真完成后，可通过查看日志，获取更多的计算信息，如内存消耗、计算时间、网格划分时间、网格量等。

在 Project Manager 中，右键单击需要查看的 Setup，在右键菜单中选择 Profile，即可查看日志信息，如图 3-117 所示。另外，Convergence 表示收敛过程（见图 3-118），Matrix Data 表示端口特性结果。

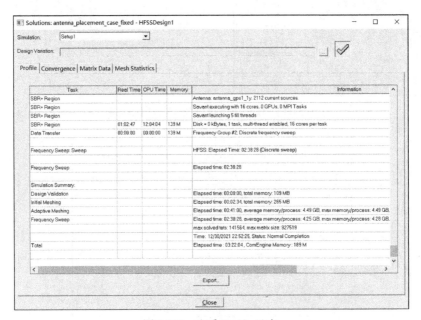

图 3-117　查看 Profile 日志

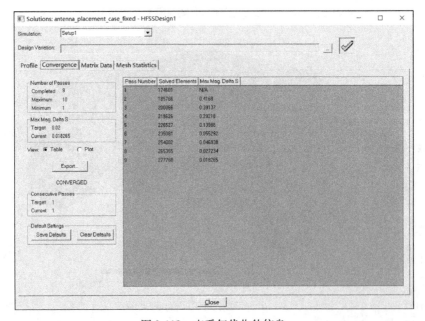

图 3-118　查看年代收敛信息

15. 天线布局的优化

（1）GPS 天线布局优化

通过对比 GPS 天线平台布局前后的仿真结果，可以看到，驻波比变化明显，最佳匹配偏移至 1.59GHz。GPS 天线与载体平台的一体化布局，无疑需要进行二次设计与优化。

通过在模型树中，右键单击 GPS 天线的蓝色图标，选择 Properties，打开属性对话框；然后在 Parameters 一栏，可以看到 GPS 天线的各种参数变量。针对关键的贴片尺寸进行多次参数分析及优化后，方贴片尺寸由 29.8mm 更改为 30.2mm，可将平台布局后的 GPS 天线匹配重新调整至 1.575GHz。

GPS 天线二次优化参数如图 3-119 所示。图中，左为调整前，右为调整后。

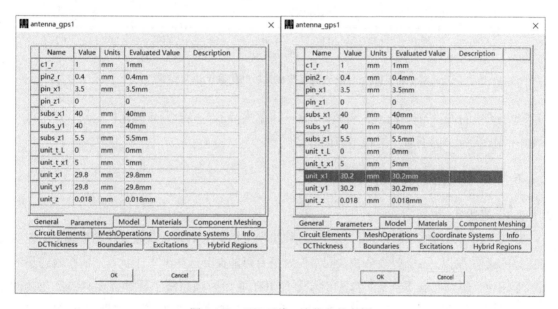

图 3-119　GPS 天线二次优化的参数

GPS 天线二次优化后的仿真 VSWR 结果如图 3-120 所示。

（2）阵列天线布局优化

通过对比毫米波阵列天线平台布局前后的仿真结果，可以看到，天线性能变化较小，几乎可以忽略，不再需要再进行二次设计与优化。

对于阵列天线这种电尺寸较大的天线布局问题，仅需要将天线安装于一个合适的位置，前方无遮挡即可。对于阵列天线的载体布局，天线本身的性能变化很小，而计算资源消耗很大。这种情况下，对本案例类似情况一般仅考虑天线正前方的天线罩与保险杠的影响即可。

3.1.5.4　结论

从仿真结果可以看到，电小 GPS 天线非常敏感，受载体平台的影响较大，不得不进行二次的优化设计；阵列天线由于电尺寸较大，且波束较窄，受平台的影响较小，可直接在平台上使用。这两种不同天线的载体布局分析与应对方法，正是天线仿真中最典型的应用类型。

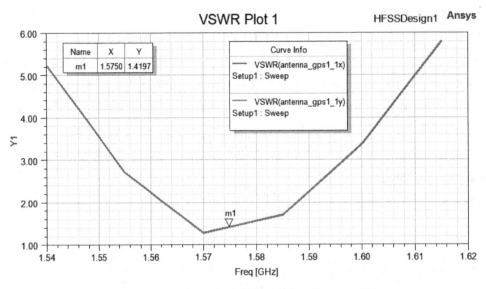

图 3-120　GPS 天线二次优化后的仿真 VSWR 结果

　　电小天线的设计与优化，要与载体平台一体化进行，才能得到最终优化结果。这是电小天线一向被认为"仿不准"的根本原因。

3.1.6　多射频系统 RFI 仿真

3.1.6.1　概述

　　现代的通信系统越来越复杂，在同一载体平台上搭载的射频系统数量也越来越多，以满足更高的通信需求。各个射频系统共同工作时极有可能彼此产生严重干扰，造成接收通道的灵敏度恶化，影响通信质量，所以多射频系统 RFI 成为射频系统工程师需要解决的重要问题。本案例讲解了在直升机载体上多射频系统 RFI 仿真分析的仿真思路和流程，使用 ANSYS HFSS+ EMIT 工具快速建立系统级仿真模型，自动定位干扰源头和路径，准确评估抗干扰方案。直升机上搭载多种射频系统共址工作的场景如图 3-121 所示。

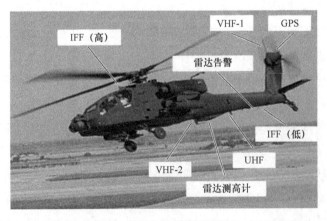

图 3-121　直升机上搭载多种射频系统共址工作的场景

3.1.6.2 仿真思路

多射频系统 RFI 仿真的第一步是对射频系统进行建模。ANSYS 专业的射频系统抗干扰仿真工具 EMIT 自带的器件库可以帮助用户快速搭建包括收发机、射频器件和天线在内的射频系统。用户也可以对一些特别的部件通过参数化输入和导入 S 参数的方式进行建模。关于天线的耦合度,用户可以通过链接 HFSS 三维电磁场设计的方式把仿真数据导入,也可以导入实测数据或人为定义恒定数值,这在项目研发初期非常有用。

建模完成后 EMIT 会对用户定义的射频系统之间的干扰进行分析,结果会以矩阵图、频谱图、数据列表等多种直观形式展现,用户将看到产生干扰的源头、产生机制和干扰路径,可以随时在原理图中施加抗干扰方案,如减小天线耦合度、增加滤波器、提高射频放大器等有源器件的非线性性能等;EMIT 将实时反馈结果,让用户评估方案是否有效。

3.1.6.3 详细仿真流程与结果

1. 软件与环境

ANSYS Electronics Desktop(AEDT)2021 R1 版本,内含三维高频电磁场仿真工具 HFSS 和射频系统抗干扰仿真工具 EMIT。

2. 求解天线耦合度

本案例仿真搭载在直升机上总共 7 个射频系统之间的干扰情况,涉及 9 副天线,使用三维电磁场仿真软件 HFSS 对这 9 副天线的耦合度进行求解,在 HFSS 中完成对直升机模型的导入、材料赋值、每副天线的建模和端口设置等操作。包括天线在内的直升机 HFSS 模型如图 3-122 所示。

图 3-122 包括天线在内的直升机 HFSS 模型

考虑到包含整个直升机载体的天线求解属于大尺寸问题,可以把直升机设置成 IE Region,对其使用积分方程法进行求解,这样相比传统的 HFSS FEM 求解器效率更高。如图 3-123 所示,在 HFSS 中选择直升机载体结构单击右键,在出现的菜单中选择 Assign

Hybrid→IE Region；在弹出的 Hybrid Region 窗口中选择类型为 IE Region，也可以根据需求选择设置载体为 PO Region 或 SBR+Region，HFSS 将对载体用对应的 IE、PO 或 SBR+Solver 求解。

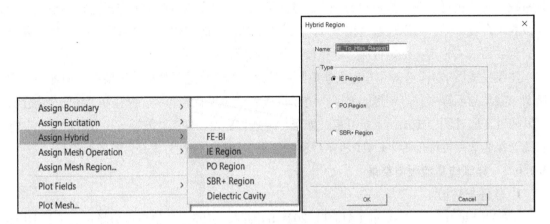

图 3-123　HFSS 的 IE Region 设置

接下来对求解进行设置，添加 Solution Setup→Advanced，输入求解频点、最大迭代次数和收敛判据等参数，在图 3-124 所示 Hybrid 属性页的 IE Solver Options 下选择用于积分方程法求解的方法，可以选择 ACA（自适应交叉近似）或 MLFMM（多层快速多极子）方法，也可以勾选 Auto 让软件自行决定。

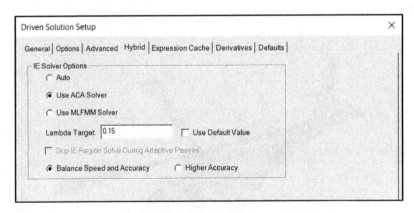

图 3-124　HFSS 中选择积分方程法的求解算法

仿真完成后可以得到多副天线之间的耦合结果，如图 3-125 所示。接下来 EMIT 将从 HFSS 设计中读取这些天线的耦合度数据，进行抗干扰分析。

3. 射频系统建模

在 ANSYS AEDT 中打开 EMIT 工具界面。EMIT 工具集成了包括天线、放大器、滤波器、隔离器、开关、功分器、多工器、收发机等在内的丰富的器件库，其中的器件可以通过简单拖拽的方式快速搭建射频系统原理图。

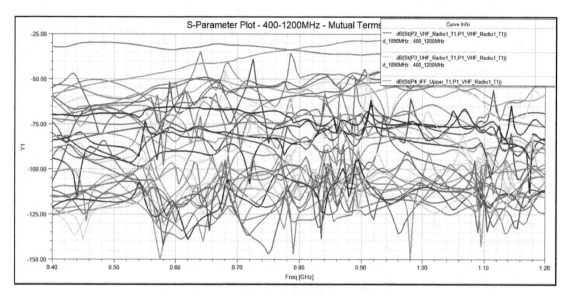

图 3-125　HFSS 仿真得到的多天线耦合度

在 Schematic 工具栏上单击 Radio 添加收发机，在出现的窗口中出现了软件集成的多种收发机模型（见图 3-126 左图），从中选择需要使用的收发机种类；也可以单击最下方 New Radio，通过输入参数的方式来自定义收发机的属性。双击原理图中的 Radio 图标打开配置界面（见图 3-126 右图），勾选相应的频段及在各频段上的 Tx/Rx 频谱文件。

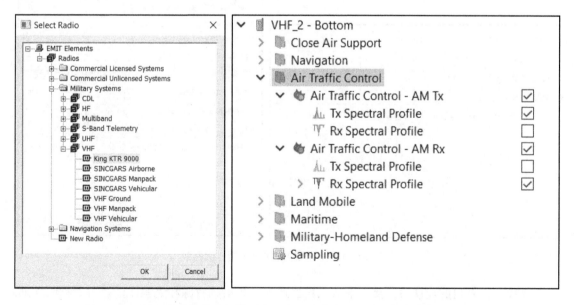

图 3-126　EMIT 自带的收发机模型库（左）和收发机 Tx/Rx 频段选择界面（右）

通过 Tx 的频段和 Spectral Profile 可以设置发射机的工作频率、信道带宽、信道间距、调制方式、发射频谱类型、发射功率、宽带噪声和谐波等各项指标，如图 3-127 所示。

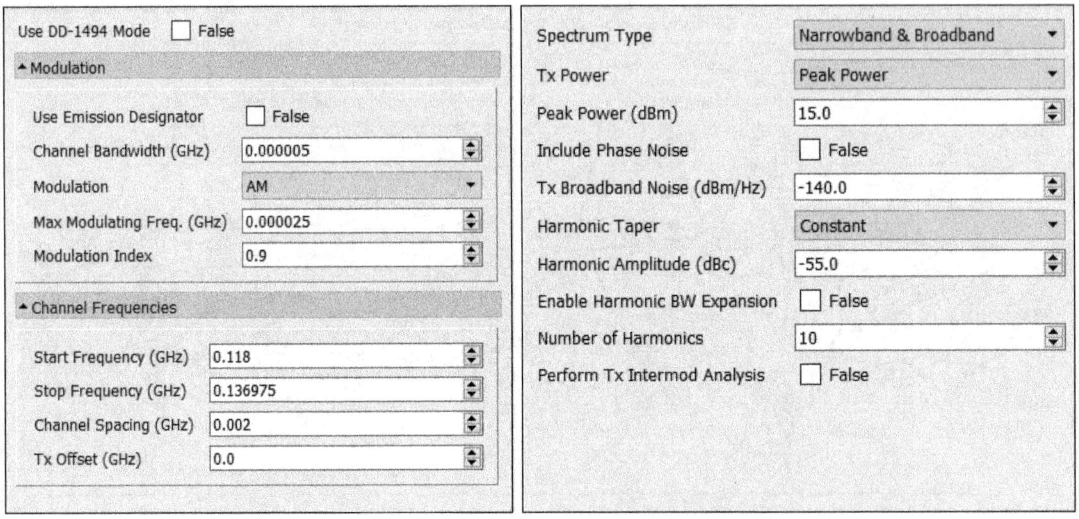

Use DD-1494 Mode	☐ False		Spectrum Type	Narrowband & Broadband ▼
▲ Modulation			Tx Power	Peak Power ▼
Use Emission Designator	☐ False		Peak Power (dBm)	15.0
Channel Bandwidth (GHz)	0.000005		Include Phase Noise	☐ False
Modulation	AM ▼		Tx Broadband Noise (dBm/Hz)	-140.0
Max Modulating Freq. (GHz)	0.000025		Harmonic Taper	Constant ▼
Modulation Index	0.9		Harmonic Amplitude (dBc)	-55.0
▲ Channel Frequencies			Enable Harmonic BW Expansion	☐ False
Start Frequency (GHz)	0.118		Number of Harmonics	10
Stop Frequency (GHz)	0.136975		Perform Tx Intermod Analysis	☐ False
Channel Spacing (GHz)	0.002			
Tx Offset (GHz)	0.0			

图 3-127　EMIT 设置 Tx 发射机的详细参数

　　通过 Rx 的频段和 Rx Spectral Profile 可以设置接收机的接收灵敏度、解调信噪比、饱和电平、镜频、谐波等各项指标，如图 3-128 所示。完成上述对 Tx/Rx 的频谱设置后，在设置界面右边软件会生成宽带的发射机/接收机频谱图。

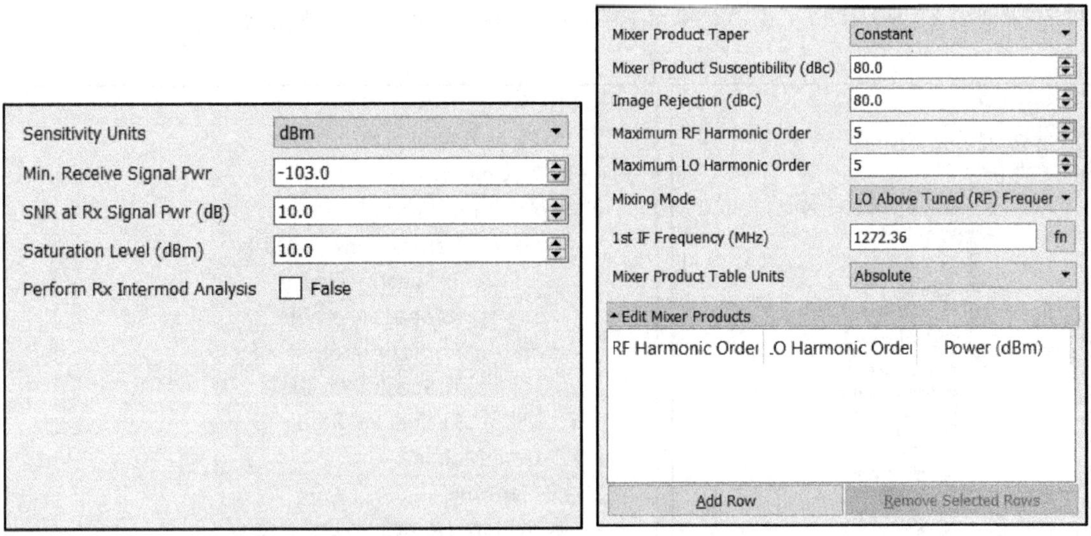

			Mixer Product Taper	Constant ▼
			Mixer Product Susceptibility (dBc)	80.0
Sensitivity Units	dBm ▼		Image Rejection (dBc)	80.0
Min. Receive Signal Pwr	-103.0		Maximum RF Harmonic Order	5
SNR at Rx Signal Pwr (dB)	10.0		Maximum LO Harmonic Order	5
Saturation Level (dBm)	10.0		Mixing Mode	LO Above Tuned (RF) Frequer ▼
Perform Rx Intermod Analysis	☐ False		1st IF Frequency (MHz)	1272.36 fn
			Mixer Product Table Units	Absolute ▼
			▲ Edit Mixer Products	
			RF Harmonic Order　LO Harmonic Order　Power (dBm)	
			Add Row	Remove Selected Rows

图 3-128　EMIT 设置 Rx 接收机的详细参数

　　完成对收发机的建模后，接下来从工具栏选择各种射频有源和无源器件等对射频前端通道进行建模。EMIT 滤波器建模如图 3-129 所示。本案例用到的是低通滤波器，在 Filter 的 Type 处选择 Low Pass，也可根据实际情况选择带通、高通或带阻等其他滤波器形式；输入带内差损、带外抑制度、上下通带频点等信息后，在右侧生成该滤波器的 S 参数曲线。另外，也可以通过导入 SnP 文件的方式对滤波器进行建模。

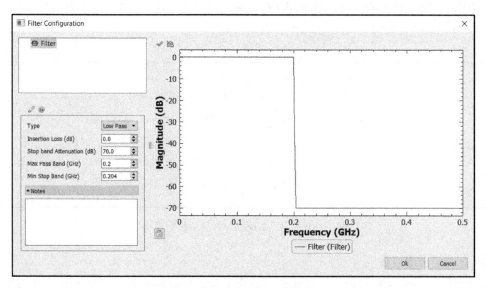

图 3-129　EMIT 滤波器建模

EMIT 放大器建模如图 3-130 所示。在界面左侧设置放大器的工作频率、工作带宽、增益、噪声系数、P1dB、IP3 和谐波分量等参数，右侧即可生成该放大器的宽带频谱图。

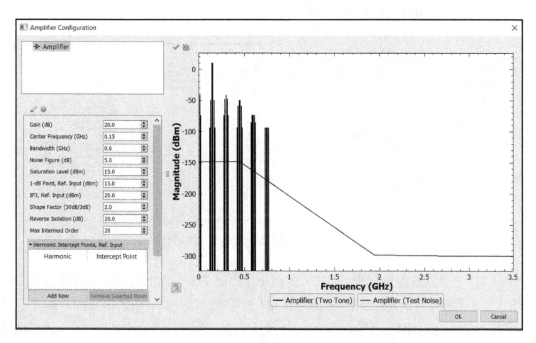

图 3-130　EMIT 放大器建模

通过上述方式还可以实现对其他各种射频器件的建模，如开关、功分器、多工器、环形器、线缆等。最后，再从工具栏选择 Antenna 插入原理图中，把通道中各个部分连接起来就生成了图 3-131 所示的 VHF_2-Bottom 射频系统级模型（即 EMIT 原理图）。继续对其他 VHF、UHF、IFF、RadarWarning 和 RadarAlt 等射频系统采取同样的操作建模，在 EMIT 原理图中就能生成包含全部 7 个射频系统的整体原理图。

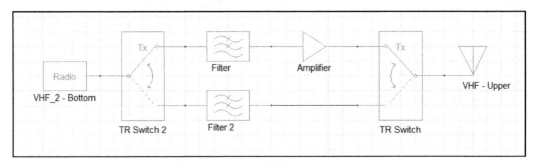

图 3-131　VHF_2-Bottom 射频系统级模型

4. 天线耦合度设置

本案例使用 HFSS 仿真得到的天线耦合度作为各射频系统前端天线的数据，所以需要把计算天线耦合度的 HFSS Design 链接到 EMIT 中。在 Project Manager → Apache Cosite → Coupling 处单击右键（见图 3-132 左图），选择 Add Coupling Link，在出现的窗口中选择仿真天线耦合度的 HFSS Design "Apache_Full_Model"（见图 3-132 右图），即可实现 HFSS 到 EMIT 的链接，读取 HFSS 仿真的天线耦合数据。

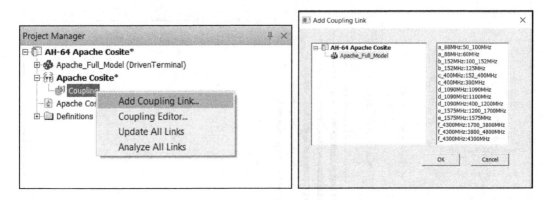

图 3-132　EMIT 链接 HFSS 设计作为天线耦合度

在 EMIT 中可以查看链接进来的 HFSS 数据。如图 3-133 所示左上方窗口显示链接的 HFSS 设计及求解设置；右上方矩阵图显示 EMIT 里所有天线的耦合数据都来自于 HFSS；单击矩阵图中任何一个 HFSS 小图标，即可在右下方的窗口看到对应的 S 参数曲线，这个曲线即为选中单元对应 Tx 和 Rx 天线的耦合度。

另外，如图 3-134 所示，也可以右键单击 Coupling Data，通过导入外部 S 参数文件、添加自定义的恒定耦合量、求解路径损耗等多种方式设置 EMIT 中各个天线的耦合度。

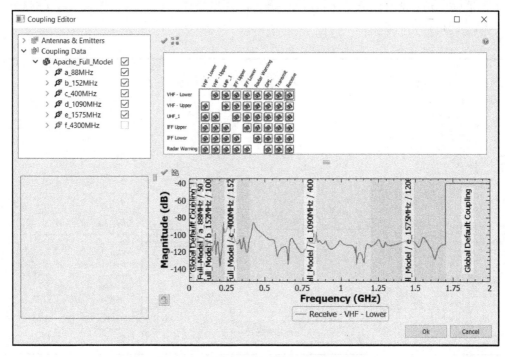

图 3-133　链接到 EMIT 中的天线耦合数据

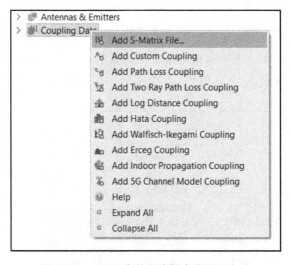

图 3-134　EMIT 多种天线耦合度设置方法

5. 求解

单击 Simulation 工具栏中的 Analysis & Results，打开图 3-135 所示的仿真结果显示界面。界面左上方是反映 Tx 与 Rx 之间干扰关系的矩阵图；在矩阵图下方输入数字 2，表示将仿真任意两个 Tx 系统工作时对 Rx 接收灵敏度的影响。界面上方正中是待仿真的全部系统框图；框图中左边一列是 Tx 通道，右边一列是 Rx 通道。界面下方左侧是以数据列表的形式展示的

RFI 干扰情况。界面下方正中是以频谱方式展示的 RFI 干扰情况。单击界面上方工具栏最左侧绿色箭头即可开始求解。

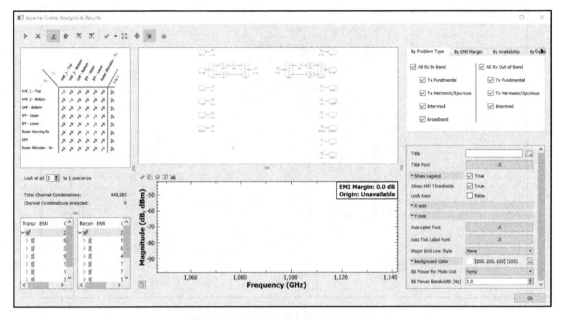

图 3-135　EMIT 分析和结果显示界面

6. 仿真结果分析

仿真结束后可以在上述的结果界面看到不同方式展现的 RFI 情况，图 3-136 所示为 Tx/Rx 干扰仿真结果矩阵图。图中每个矩阵单元的颜色表示了相应的 Tx 射频系统对 Rx 接收系统的干扰情况，绿色单元表示未受扰，红色表示 RFI 受扰，黄色表示未受扰但抗干扰余量

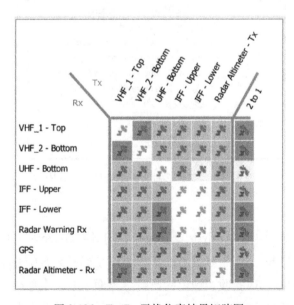

图 3-136　Tx/Rx 干扰仿真结果矩阵图

不够。另外，最右侧一列 2 to 1 表示任意两个 Tx 射频系统同时工作时 Tx 接收系统的受扰情况。

单击矩阵图中任意红色受扰单元，在框图结果中就可以看到产生干扰的源头和路径。比如，单击矩阵图第 2 行第 1 列的红色单元，查看 VHF_1-Top 这个 Tx 系统工作时对 VHF_2-Bottom 的 Rx 接收系统的干扰路径（见图 3-137）。结果表示干扰信号来源于 Tx 系统的 0.044GHz，红色曲线表示干扰信号从发射天线耦合到接收天线，经过接收射频前端电路后在 Rx Radio 端口产生了 0.132GHz 的干扰。

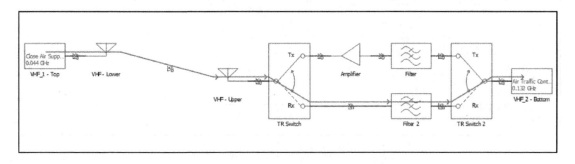

图 3-137　Tx/Rx 干扰框图

在结果界面还能看到图 3-138 所示的干扰频谱图，软件会自动显示干扰最强的频点并显示干扰频点的产生机制。最强的干扰超出了接收灵敏度门限 77.1dB。该干扰频点是由 VHF_1-Top 发射基波（0.044GHz）的三次谐波产生的。为解决此干扰可以在 Tx 系统增加带通滤波器滤除高次谐波来改善。

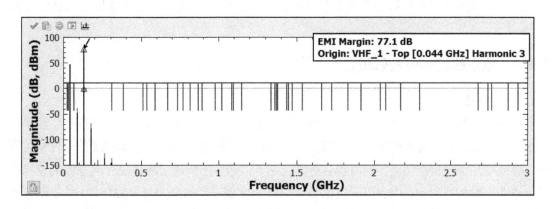

图 3-138　EMIT 干扰频谱图

单击矩阵图最右侧一列的红色受扰单元，也能看到图 3-139 所示的多 Tx 系统同时工作时的干扰框图。该图给出了产生的干扰的原因是右侧的两个 Tx 系统的发射信号通过天线耦合进其中一个 Tx 系统，在射频放大器处因器件的非线性产生交调产物，再通过天线耦合进右侧的 Rx 系统，从而对 Rx 的灵敏度产生干扰。要解决此类干扰，可以尝试通过增加两个 Tx 系统发射天线隔离度，或者提高 VHF_2-Bottom 发射系统中放大器线性度等措施来改善。

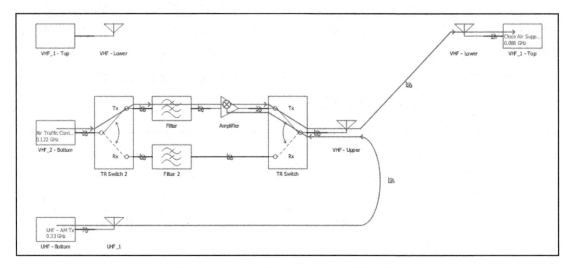

图 3-139   多 Tx 系统同时工作时的干扰框图

3.1.6.4   结论

本案例讲解了使用 ANSYS HFSS+EMIT 对大型载体上多射频系统共存干扰问题的仿真思路和流程。利用 EMIT 可以快速便捷地搭建包括收发机、射频前端器件和天线在内的系统行为级模型，直接链接 HFSS 设计得到各系统天线之间的耦合度数据，快速求解得知射频干扰情况，自动找到干扰源头和路径，实时验证各种抗干扰措施和方案，从而帮助系统设计师在项目各个阶段排除潜在的射频系统干扰风险，在复杂电磁环境中保证敏感接收系统的正常工作。

3.1.7   整车线缆辐射发射仿真

3.1.7.1   概述

随着新能源汽车的发展，其电驱系统作为主要动力，为新能源汽车带来了传统燃油车无法比拟的优势，但同时也带来了整车辐射发射合规性的问题。若在产品实测阶段发现相关问题，整改费用和代价相当大，同时也会造成产品上市滞后的问题，故建议在汽车前期设计时将电磁兼容前仿真考虑在内，以规避相关风险。本案例采用 ANSYS EMA3D Cable 软件分析整车线束辐射发射问题，并演示仿真流程及计算结果。

本案例包含电源线和汽车模型，用于整车辐射发射仿真。汽车及线缆模型如图 3-140 所示。本案例将演示 EMA3D Cable 中完成辐射发射仿真的工作流程。此工作流程包括设置分析空间（Space）、属性定义、探针和基本后处理。

电缆将由振幅为 10A、频率为 500kHz 的电流源驱动，以评估电缆发出电磁场。对称平面上的电场如图 3-141 所示。

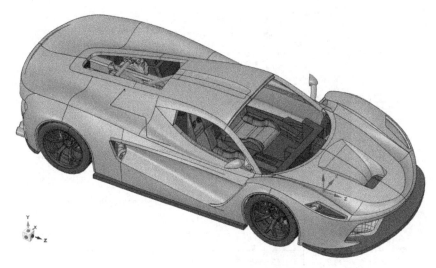

图 3-140　汽车及线缆模型

图 3-141　对称平面上的电场

最后，根据 CISPR 12 标准，将在整个目标频段内观测 10m 处电场强度，如图 3-142 所示。

3.1.7.2　仿真思路及流程

本案例还展示了在 EMA3D Cable 中整车辐射发射仿真流程。这个流程包括建立模型、分配属性、定义探针、剖分网格、运行仿真和基本后处理，具体流程如图 3-143 所示。

3.1.7.3　详细仿真流程与结果

1. 软件与环境

所采用的软件版本为 ANSYS EMA3D Cable 2021 R1。

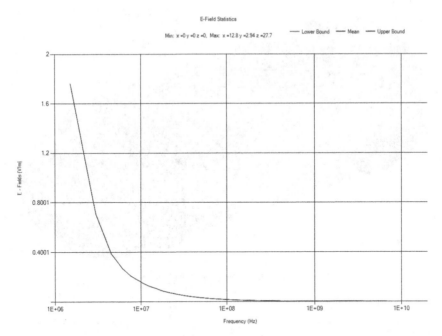

图 3-142　10m 处的电场强度

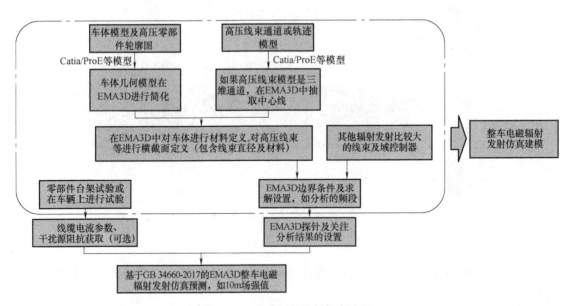

图 3-143　整车辐射发射仿真流程

EMA3D Cable 集成了时域有限差分（FDTD）算法和多导体传输线（MTL）求解技术，为平台级线缆束的 EMC 分析提供解决方案。

2. 模型导入与求解区域定义

本案例中的模型导入后需要设置求解区域、仿真频率、网格尺寸及完成线缆设置、信号源设置和探针设置等。打开文件 MySuperCar_starting-configuration. scdoc，如图 3-144 所示。

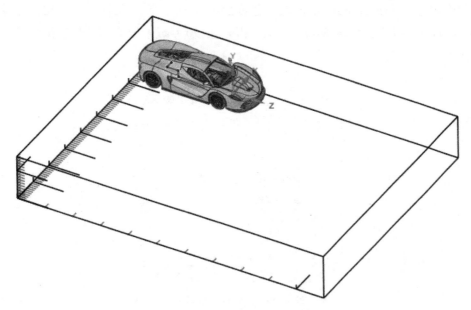

图 3-144　车辆 CAD 模型导入及求解区域 Domain 定义

仿真频率和时间：Lowest Frequency 定义为 0.5MHz，Highest Frequency 定义为 1GHz，End Time 定义为 2E-6s，Step Time 定义为 5.02E-11s。

求解区域：Minimum 为，X = -11220mm，Y = -720mm，Z = -5190mm；Maximum 为，X = 1560mm，Y = 1560mm，Z = 11280mm

网格尺寸（StepSize）：30mm。

边界条件设置为 PML。

3. 线缆及材料定义

在 MHARNESS 界面里单击 Cabling，选择 Cable，在模型窗口里，单击电缆所有部分。此时，线缆两端会出现一个大写 U，如图 3-145 所示。

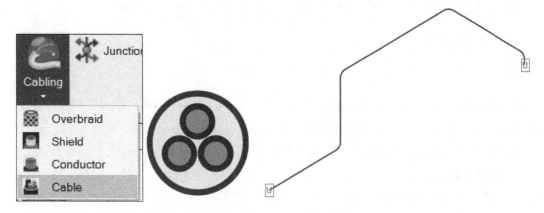

图 3-145　添加 Cable 及定义端点

在属性里选择 Type，单击向下箭头之后会出现一个下拉菜单。在下拉菜单中选择
Library→General→TST，如图 3-146 所示，再双击 20 Gauge TST。端点阻抗保持默认值
（1E-6Ω）。

图 3-146　线缆横截面选择

4. 设置激励源

在高压线缆上设置一个 Current 激励，并且用一个方波作为源信号，如图 3-147 所示。

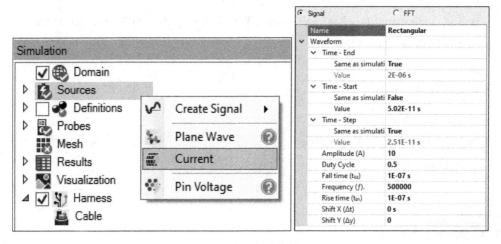

图 3-147　方波信号

在 Simulation Tree 中展开 Sources，右键单击 Signals→Create→Rectangular。频率设置为
500kHz，设置方波参数，如图 3-148 所示。新建的信号在 Simulation Tree 里的 Signal 节点下，
拖动并将其放在 Current Density 下，如图 3-149 所示。

5. 设置电场探针

本案例关注 10m 处的电场强度，以下为具体实现步骤。

1）在主菜单 Sketch 上单击 Point，选择线的中心点进行绘制，绘制场探测点如图 3-150
所示。

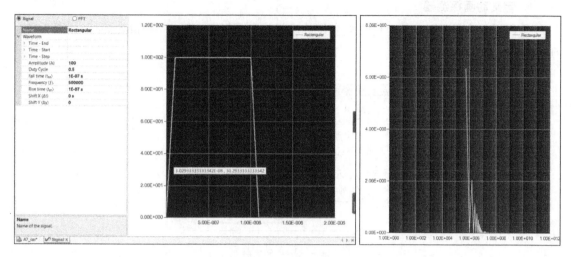

图 3-148　方波参数及激励的定义（时域及频域）

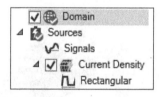

图 3-149　激励定义完成

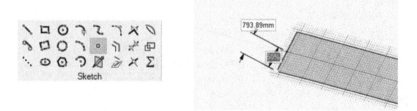

图 3-150　绘制场探测点

2）选择 Field Probe 中的 Point，设置电场强度探测点如图 3-151 所示。

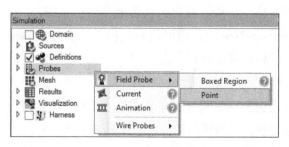

图 3-151　电场强度探测点

6. 定义动画探测器

设置两个动画探针，以观察时域变化的电场，选择 Field Probe→Animation，如图 3-152 所示。

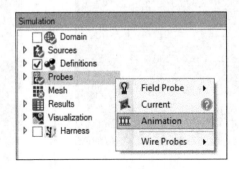

图 3-152　设置动画探针

然后，选择需要观察强度的平面，如图 3-153 所示。

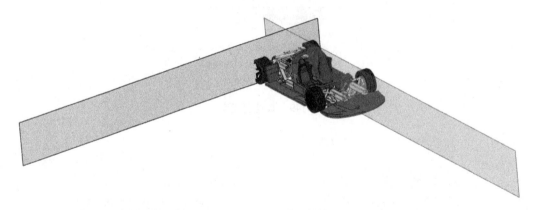

图 3-153　设置动画探针

7. 剖分网格

在 Structure Tree 里确保所有结构可见，在 EMA3D 界面里单击 Mesh。剖分网格所需的时间，与所使用的计算机及模型复杂程度有关。在 SpaceClaim 底部有剖分网格的进度条。

为了更容易地查看网格，在模型窗口的任何地方单击右键，并选择倒转可见性 Inverse Visibility。或者，在 Structure Tree 中，根据需要取消选择模型组件，以提高网格的可见性，单击完成，得到的部分网格如图 3-154 所示。

8. 运行仿真

模型的前处理部分已经完成，现在开始仿真，在 EMA3D 界面中单击 Start，EMA3D 将立即开始对模拟进行预处理。任何错误和警告都将记录在弹出窗口中，如图 3-155 所示。对于本案例，警告不会影响结果的准确性。

第 3 章　系统级电磁兼容

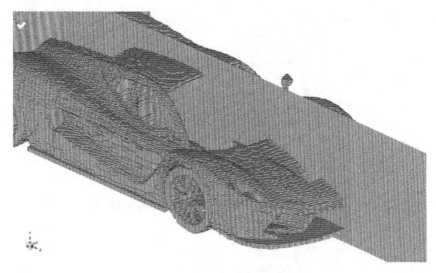

图 3-154　剖分网格

图 3-155　运行仿真

EMA3D. emin 文件和其他相关文件将在此时输出到当前工作目录中，单击 Run，在 Analysis Panel（Structure 和 Simulation Panels 旁边）中可以看到仿真的进展和状态。此外，任何错误提示也会出现在 Output 里。

9. 结果查看：Field Probe

在 MySuperCar. scdoc 里已经有了仿真完成的结果，打开这个文件。在 Results 里展开 EMA3D Simulation，所有的探针的结果都在这里，如图 3-156 所示。

221

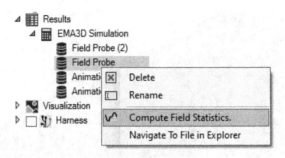

图 3-156　场结果参数

右键单击 E-field Statistics→Show，其结果如图 3-157~图 3-159 所示。

图 3-157　展示场结果参数

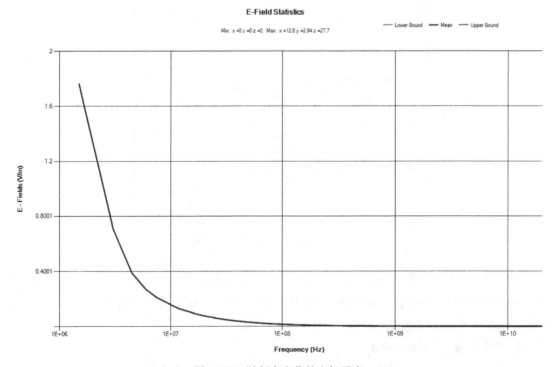

图 3-158　随频率变化的电场强度

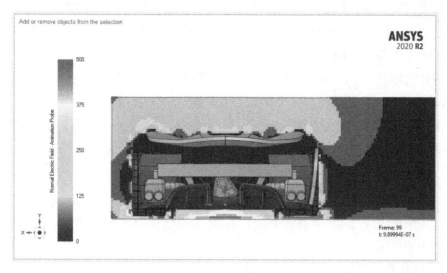

图 3-159　电场结果分布

10. 仿真结果分析

本案例用 EMA3D Cable 计算了在整车高压线束的辐射发射，通过计算可以得到 10m 处的电场强度及场强分布结果。

11. 资源效果分析

计算资源统计：CPU 主频为 2.6GHz，四核计算，计算时间为 60min。如需并行计算，可以在 Domain 中通过 Parallel Divisions 可以设置并行计算来加快仿真速度。

3.1.7.4　结论

本案例计算了整车线缆辐射发射，展示了 EMA3D Cable 计算整车辐射发射的流程，这个流程包括建立模型、分配属性、定义探针、剖分网格、运行仿真和基本后处理，最终通过 10m 处的电磁场结果，来判断是否满足 EMC 合规性要求。

3.1.8　人体电磁暴露下的 SAR 仿真

3.1.8.1　概述

随着电子技术的不断发展，人们的生活中，越来越离不开各类智能化电子设备，如智能手机、平板计算机、PC 及汽车自动驾驶中应用的各种雷达传感器等。这使得大量的电磁辐射无时无刻地遍布于世界任何地方。而越来越多的人，意识到了这些电磁辐射对人体是可能有害的。

2022 年，我国的国家强制标准 GB 21288—2022《移动通信终端电磁辐射暴露限值》正式发布。标准内明确给出了 SAR 的定义及相关合规性说明。

特定比吸收率（SAR）指，单位人体质量的组织内对电磁波的吸收，单位为 W/kg，有

$$SAR = \frac{\sigma}{\rho} E^2 \, W/kg \ 或 \ mW/g$$

式中，σ 为平均组织导电率；ρ 为平均组织密度；E 为感应电场强度有效值。

关于手机对人体的辐射 SAR，美国和欧洲规定的标准并不相同。美国标准为 1.6W/kg（1g），欧洲标准为 2.0W/kg（10g）。

国际通用的标准为，以 6min 计时，每 1kg 脑组织吸收的电磁辐射能量不得超过 2W。这也是 GB 21288—2022《移动通信终端电磁辐射暴露限值》规定的内容。

本小节主要针对汽车内的电磁辐射，仿真人体对电磁波的 SAR。通过分析与对比 SAR 的不同仿真结果，对汽车内的电磁辐射情况，有一定的认识和了解。

3.1.8.2　仿真思路

本案例以某 BMW 汽车简易模型为平台，包含人体模型、手机天线（蓝牙）、车载天线等，通过研究手机天线与车载天线的不同工作状态，研究人体对电磁波的 SAR，即人体暴露于电磁辐射中的情况。

3.1.8.3　详细仿真流程与结果

1. 软件与环境

软件采用 ANSYS AEDT 2021 版本中的 HFSS，硬件环境选择普通工作站即可。

2. 新建 HFSS 工程

1）打开 ANSYS AEDT 仿真软件，单击 或 Project→Insert HFSS Design，并单击 或 File→Save As... 保存文件，注意文件名和保存路径不能出现中文。

2）设置求解类型。在菜单栏打开 HFSS→Solution Type，打开求解类型设置，选择 HFSS with Hybrid and Arrays，单击 OK，如图 3-160 所示。

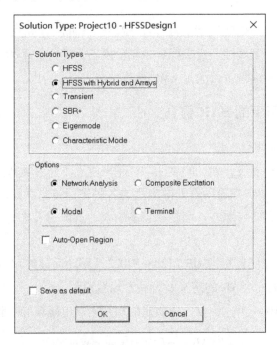

图 3-160　HFSS 的 Solution Type 设置

需要说明的是，HFSS with Hybrid and Arrays 是指混合算法求解模式，本案例主要研究人体对电磁波的吸收，主要用到 FEM 求解，选第一或第二均可。

3. 载体平台模型导入

（1）模型导入

在新建的工程中，单击菜单栏 Modeler→Import，在弹出的界面中，选择汽车模型 car_BMW. step，单击 Open 即可，如图 3-161 所示。

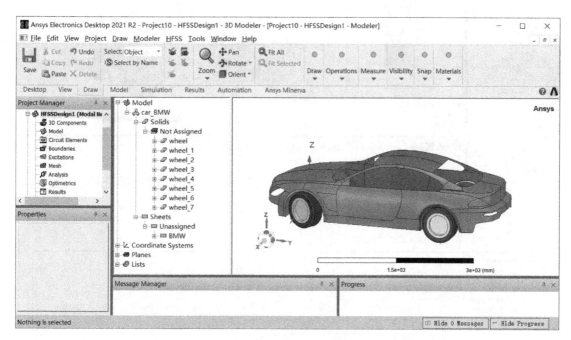

图 3-161　模型 CAD 导入

本案例中的汽车模型，是一辆简易结构的 BMW 汽车，无玻璃，所有结构将简化为金属。

（2）材料定义

在模型树管理窗口中，全选所有几何体，并通过右键单击选择 Assign Material，打开材料库，并设置材料属性为 Aluminum，如图 3-162 和图 3-163 所示。本案例材料属性仅作参考，并非实际材料。

（3）定义边界 Perfect E

边界条件的设置，主要是简化建模，或者模拟一些特定的材料属性。本案例使用 Perfect E 边界，主要模拟理想电边界，即理想导电的面结构。

在模型树管理窗口中，选中面结构 Sheets 中的所有面几何体，并通过右键单击选择 Assign Boundary→Perfect E，打开 Perfect E 设置对话框，定义其边界如图 3-164 所示，直接确认即可。

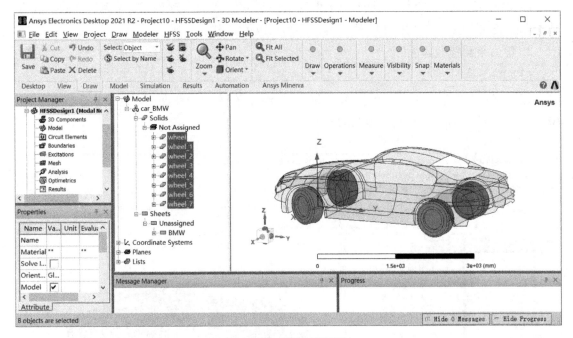

图 3-162　设置材料属性

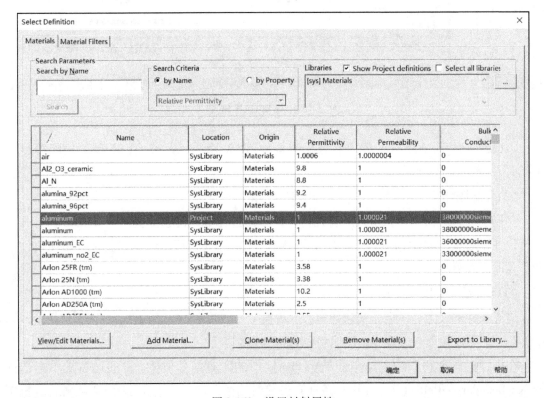

图 3-163　设置材料属性

图 3-164　定义 Perfect E 边界

4. 人体模型导入

本案例中的人体模型，为 ANSYS 专用的 phantom 人头模型，并未使用 HFSS 软件 3D Component 库中自带的人体模型。

1）定义局部坐标系。通过菜单选择 Modeler→Coordinate System→Create→Relative CS→Offset，单击模型中任意点，然后修改局部坐标系的属性。设置人体模型位置坐标系如图 3-165 所示。

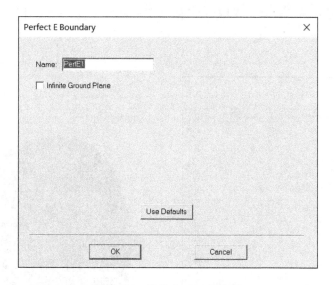

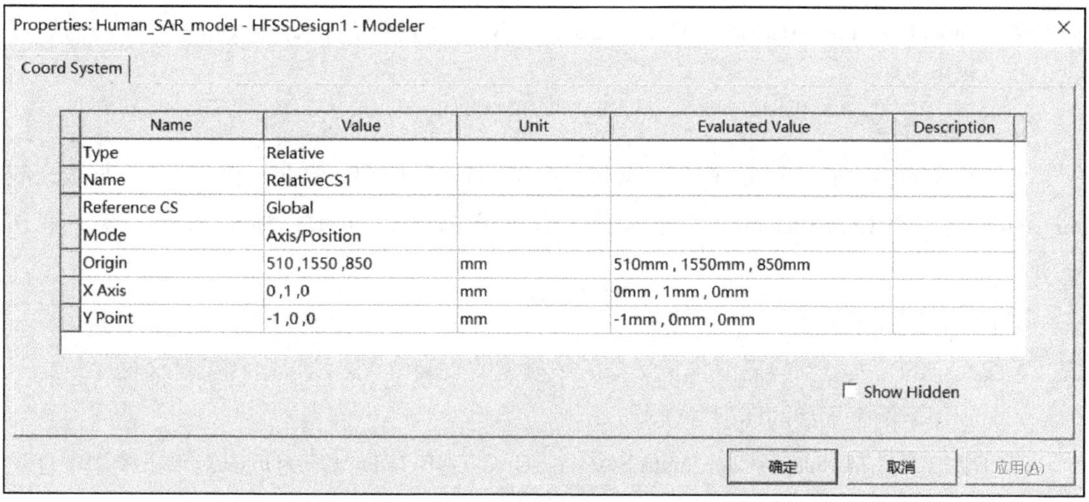

Name	Value	Unit	Evaluated Value	Description
Type	Relative			
Name	RelativeCS1			
Reference CS	Global			
Mode	Axis/Position			
Origin	510 ,1550 ,850	mm	510mm , 1550mm , 850mm	
X Axis	0 ,1 ,0	mm	0mm , 1mm , 0mm	
Y Point	-1 ,0 ,0	mm	-1mm , 0mm , 0mm	

图 3-165　设置人体模型位置坐标系

2）模型导入。通过菜单选择 Draw→3D Component Library→Browse，在打开的对话框中，选择人体模型组件 phantom_head. a3dcomp，单击打开，在下面的对话框中，选择局部坐标系 Relative CS1，确定即可，如图 3-166 所示。此时，手机天线已安装于人体模型的头部侧方。

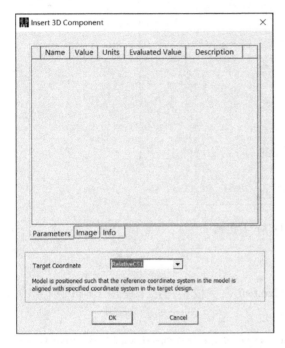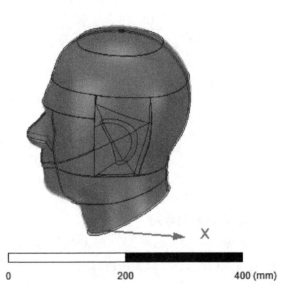

图 3-166　导入 3D Component 人体模型

3）设置 object list。在模型树管理窗口中，选中人体模型中的几何体 Inner Head，通过菜单选择 Modeler→List→Create→Object List，定义人体模型几何体为 Object List。为后续 SAR 仿真作准备。

5. 天线模型导入

天线模型有两个：一个是手机天线 phone_antenna_2p4GHz. a3dcomp；一个是车载天线 car_antenna_2p4GHz. a3dcomp。两个天线工作频率都是 2.4GHz，模拟车上的蓝牙通信情况。

（1）定义局部坐标系

天线模型的导入，同样需要先定义好天线模型的安装位置。所以，需要定义两个局部坐标系，分别用于两个天线的模型导入。

通过菜单选择 Modeler→Coordinate System→Create→Relative CS→Offset，单击模型中任意点，然后修改局部坐标系的属性。

安装手机天线 phone_antenna_2p4GHz. a3dcomp 的图 3-167 所示的坐标系。

同样的操作后，安装车载天线 car_antenna_2p4GHz. a3dcomp 的图 3-168 所示的坐标系。

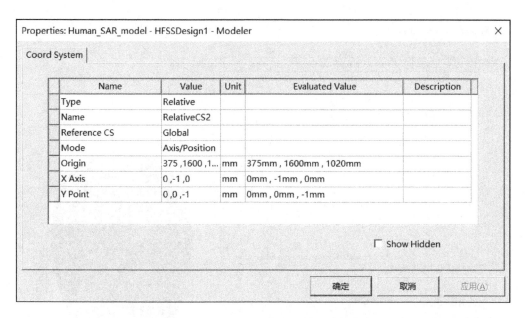

图 3-167   定义手机天线位置坐标系

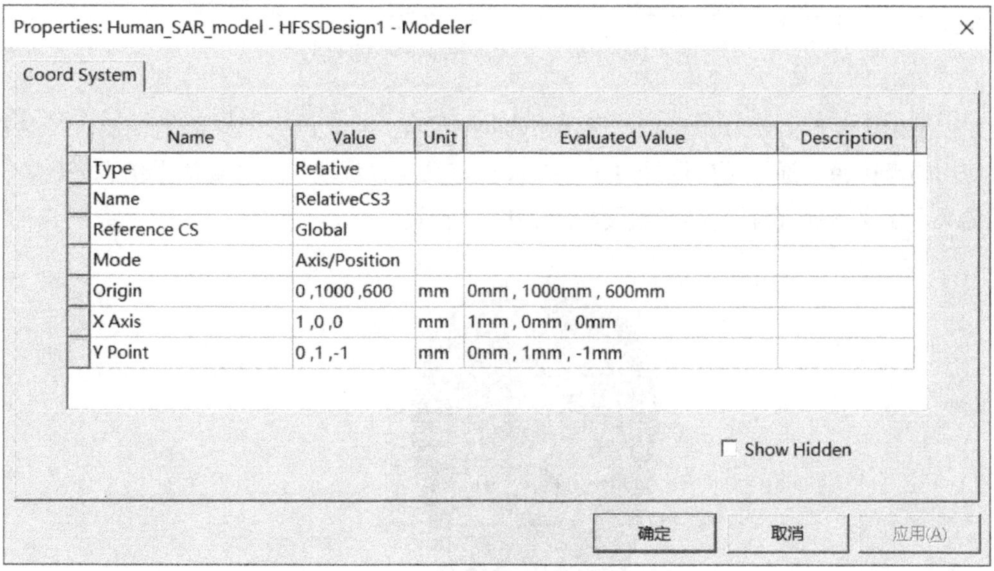

图 3-168   定义车载天线位置坐标系

（2）导入手机天线

通过菜单选择 Draw→3D Component Library→Browse，在打开的对话框中，选择天线组件 phone_antenna_2p4GHz. a3dcomp，单击打开，在下面的对话框中，选择局部坐标系 Relative CS2，确定即可导入 3D Component 手机天线如图 3-169 所示。此时，手机天线已安装于人体模型的头部侧方。

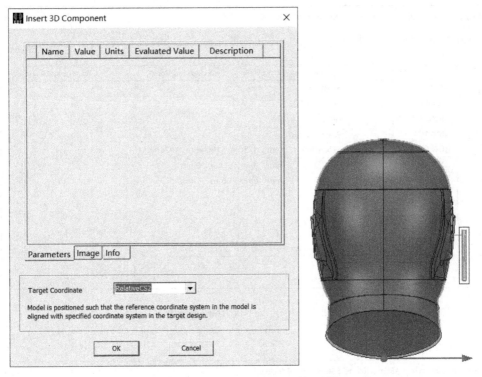

图 3-169　导入 3D Component 手机天线

在模型树中，找到坐标系一栏，单击 Relative CS2，即人体模型局部坐标系，将其置为当前使用的坐标系。通过菜单选择 Draw→Line，定义一根线段。这主要用于仿真完后，查看 SAR 结果。定义 SAR 查看的参考线段如图 3-170 所示。

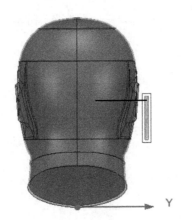

图 3-170　定义 SAR 查看的参考线段

参考线段信息如图 3-171 所示。

（3）导入车载天线

通过菜单选择 Draw→3D Component Library→Browse，在打开的对话框中，选择车载天线

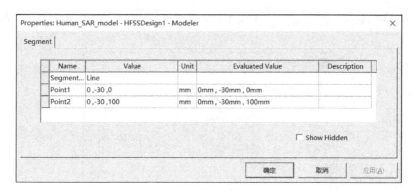

图 3-171　参考线段信息

组件 car_antenna_2p4GHz. a3dcomp，单击打开。如图 3-172 所示，选择局部坐标系 Relative CS3，确定即可。此时，车载天线已安装于汽车的内部，人体模型的右前侧。

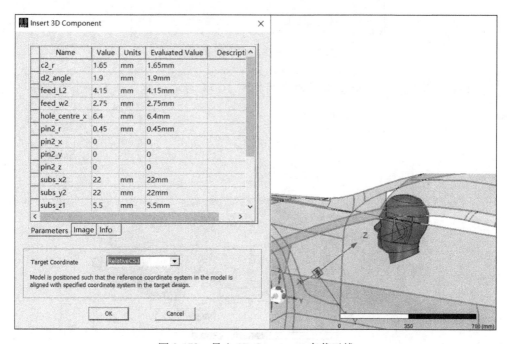

图 3-172　导入 3D Component 车载天线

6. 设置边界——Radiation

本案例导入的天线模型，虽然都包含一个小的空气盒子，但并不作为独立的域进行求解。在 SAR 仿真中，要充分考虑天线辐射的电磁波在人体内部的分布情况，从而后处理得到 SAR 结果。所以，为了得到精确的仿真结果，天线模型与人体模型最好一个大的空气盒子内，也就是同一个求解域内。

（1）建立 Region 空气盒子

在模型树中，找到坐标系一栏，单击 Global，即全局坐标系，将其置为当前使用的坐标系。

通过菜单选择 Draw→Region，打开图 3-173 所示的对话框，设置 Percentage Offset 为 1。

图 3-173　定义求解空间 Region

建立 Region 空气盒子，求解空间效果图如图 3-174 所示。将其作为一个大的统一的求解域。

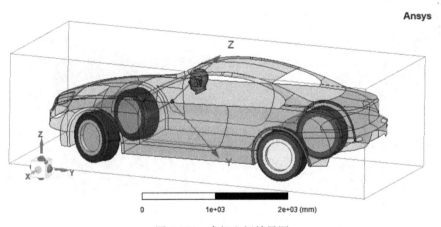

图 3-174　求解空间效果图

（2）定义 Radiation 边界

在模型树中选 Region 或直接单击，然后通过右键单击选择 Assign→Hrbird→Radiation，创建辐射边界 Radiation，定义求解域，如图 3-175 所示。

7. 设置激励与端口

本案例的天线模型，均已完成设计，都包含有端口。可通过菜单选择 HFSS→Field→Edit source，打开端口设置对话框，查看天线已有的端口与激励状态，如图 3-176 所示。

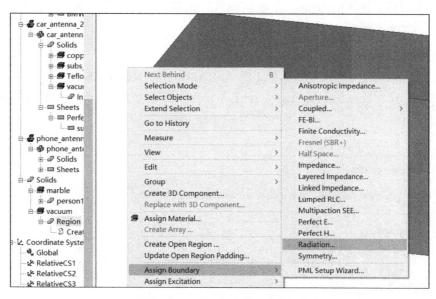

图 3-175　定义 Radiation 边界

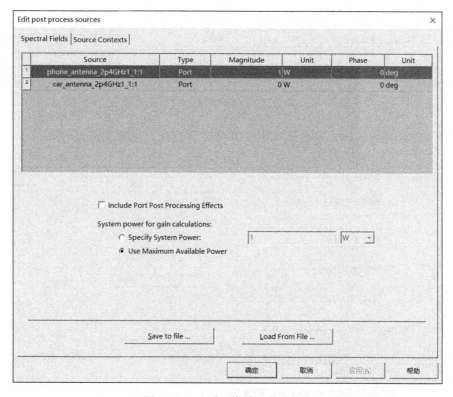

图 3-176　查看天线端口激励状态

8. 求解设置与扫频

在 Project Manager 中，右键单击选择 Analysis→Add Solution Setup→Advanced，在弹出的

设置窗口中即可设置求解的 Setup，主要包括求解频率、迭代步数、收敛精度等，也可设置求解算法、基函数阶数等。

（1）设置 Setup1

在 Project Manager 中，右键单击选择 Analysis→Add Solution Setup→Advanced，添加 Setup1，设置 GPS 天线的中心频率为 2.4GHz，迭代步数为 6，收敛精度为 0.02，如图 3-177 所示。

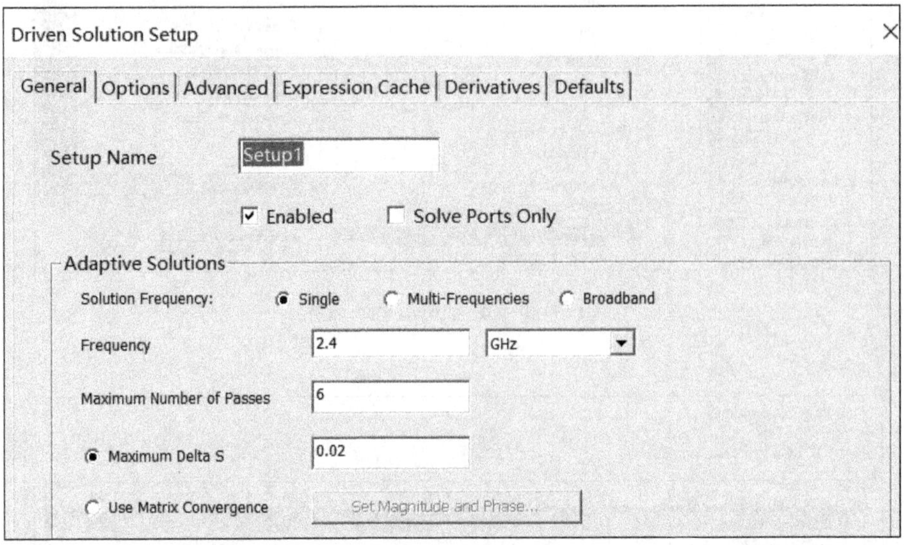

图 3-177　求解设置 Solution Setup 的中心频率等

打开 Setup1 中的 Options 选项卡，设置 DDM 求解方式，如图 3-178 所示。

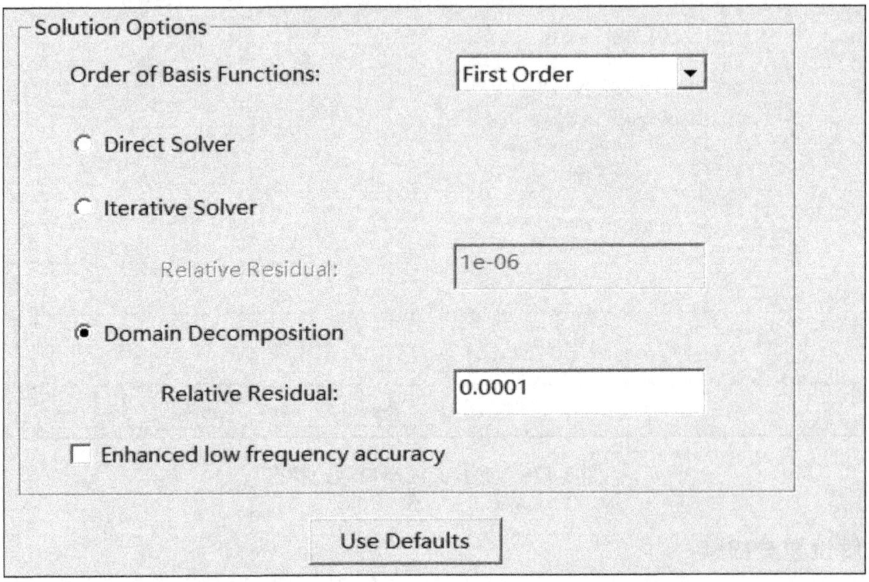

图 3-178　求解设置 Solution Setup 的求解器 Solver

打开 Setup1 中的 Advanced 选项卡，设置远场扫描球，如图 3-179 所示。

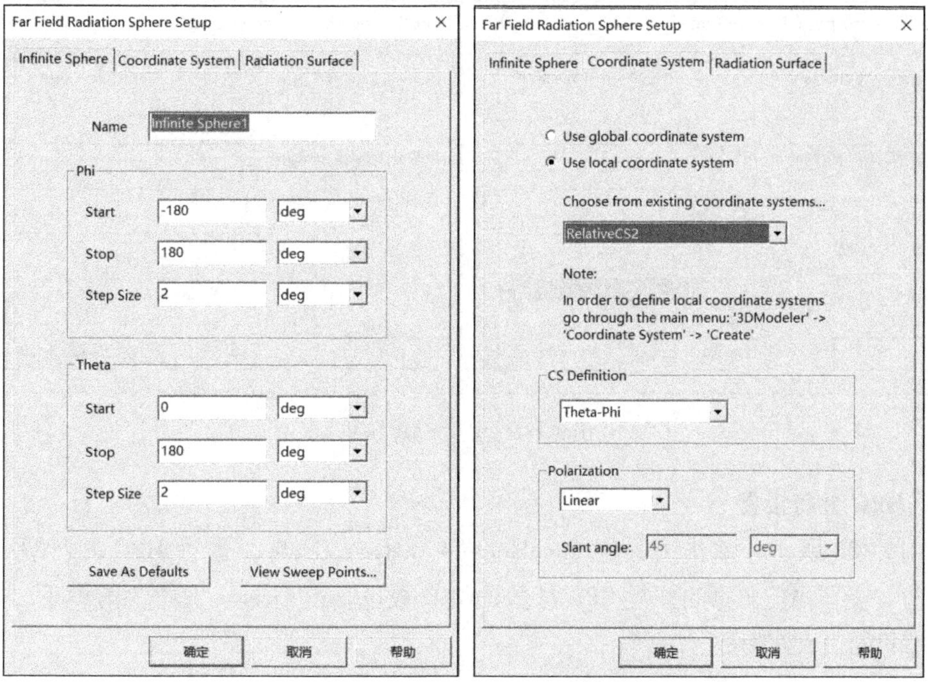

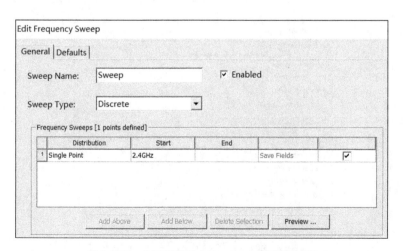

图 3-179　求解设置 Solution Setup 的远场扫描球

（2）设置 Sweep

由于模型中的两个天线都工作于同一个点频，设置了求解 Setup 后，可不设置频率扫描或仅设一个单频点，如图 3-180 所示。

图 3-180　求解设置 Solution Setup 的频率扫描

9. 定义 SAR 标准

通过菜单选择 HFSS→Fields→Sar Setting，打开 SAR 相关设置对话框，定义欧标 10g 人体组织的计算。如图 3-181 所示，左图为详细设置，右图为简化设置。

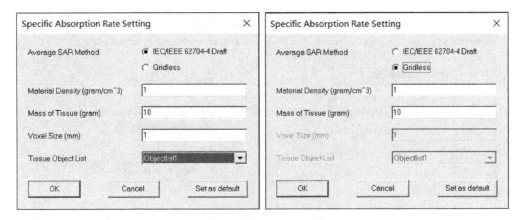

图 3-181　定义 SAR 标准

10. HPC 并行设置

如图 3-182 所示，单击工具栏 Simulation→Analysis Config，进行 HPC 并行设置（见图 3-183），设置当前仿真的并行 CPU 核数、GPU 数量。在 License 允许的前提下，一般设置为计算机的最大线程数。

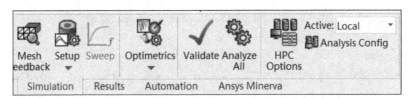

图 3-182　Simulation 工具栏

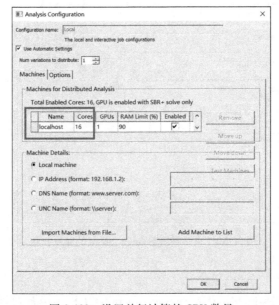

图 3-183　设置并行计算的 CPU 数量

11. 设计检查

单击工具栏 Simulation→Validate，检查显示模型有错误，并提示报错信息 Non-mainfold vertices found for part "BMW"，即，BMW 车的几何模型有不闭合的点瑕疵，如图 3-184 和图 3-185 所示。

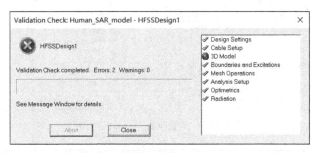

图 3-184   模型检查 Validate 报错

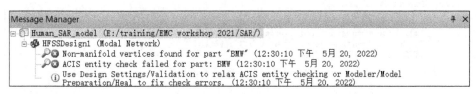

图 3-185   报错信息 4

这种报错信息，当需要在 HFSS 导入一些几何体的时候，经常会碰到。一般需要利用专业的 CAD 工具，如 Discovery Live（原 SpaceClaim），进行专业的"一键修复"。

还有一种更为简单的处理方法，可在 HFSS 软件的设置中，忽略这种小的点瑕疵报错。

12. 降低模型检查 Level

通过菜单选择 HFSS→Design Settings→Validations，打开模型检查对话框，相关设置如图 3-186 所示。

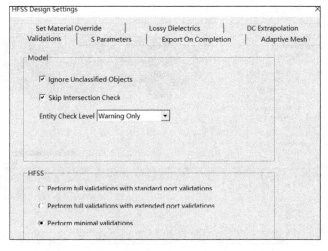

图 3-186   降低模型检查 Validate 的级别设置

这时，再次检查模型，显示通过如图 3-187 所示；并且，可见到图 3-188 的警告信息，但不会报错。

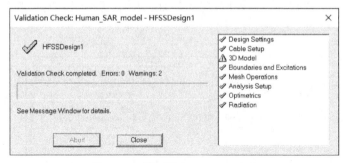

图 3-187　模型检查 Validate 通过

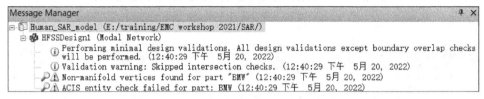

图 3-188　警告信息（不再报错）

13. 运行仿真

展开工程树中的 Analysis 节点，右键单击 Setup1→Analyze，开始运行仿真 Setup1，如图 3-189 所示。仿真完成后，即可查看天线方向图与 SAR 结果等。

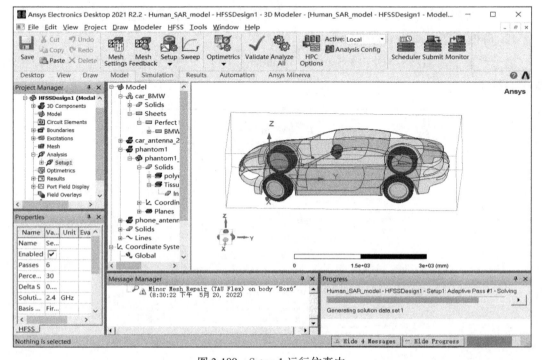

图 3-189　Setup 1 运行仿真中

14. 查看结果

（1）手机天线辐射下的 SAR 结果

在 Project Manager 中，右键单击选择 Excitation→Edit Source，确认激励设置如图 3-190 所示，可查看手机天线辐射下的 SAR 结果。

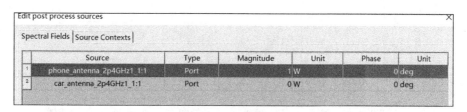

图 3-190　手机天线激励设置

在 Project Manager 中，右键单击选择 Results→Create Fields Report→Rectangular Plot，如图 3-191 所示；在左上角确认选中 Setup1：LastAdaptive 及 Polyline1，右侧依次选中 Calculator Expressions→Local_SAR→none，然后单击 New Report，得到 SAR 结果曲线，如图 3-192 所示。

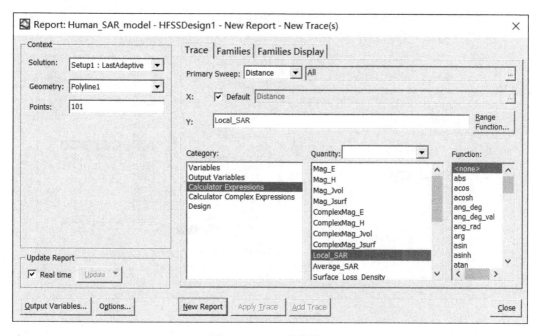

图 3-191　SAR 参数设置

在模型树中选中人体模型的几何体或直接单击，通过菜单选择 HFSS→Fields→Plot Fields →Other→Local SAR，如图 3-193 所示；单击 Done 可生成相应人体模型的 SAR 场图，如图 3-194 所示。

从场图上，更容易得到 SAR 的最大值与相应位置。

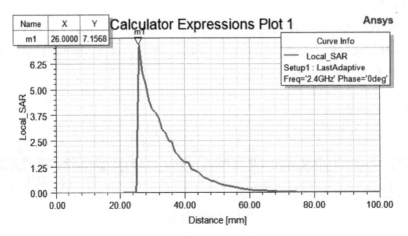

图 3-192　手机天线激励下的 SAR 结果曲线

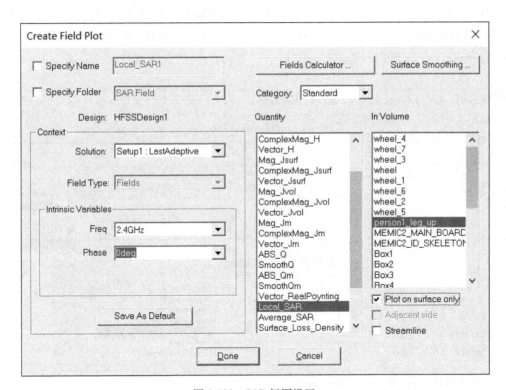

图 3-193　SAR 场图设置

（2）车载天线辐射下的 SAR 结果

在 Project Manager 中，右键单击选择 Excitation→Edit Source，确认激励设置如图 3-195 所示，可查看车载天线辐射下的 SAR 结果。

根据 HFSS 的软件的后处理功能特点，激励设置更改后，生成的结果会自动更新。此时，已得到的曲线 SAR 结果、SAR 场图、天线方向图，都会更新为新激励下的结果。

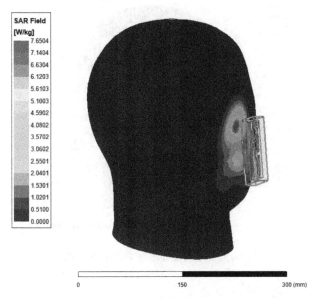

图 3-194　手机天线激励下的 SAR 场图

Edit post process sources

Spectral Fields | Source Contexts

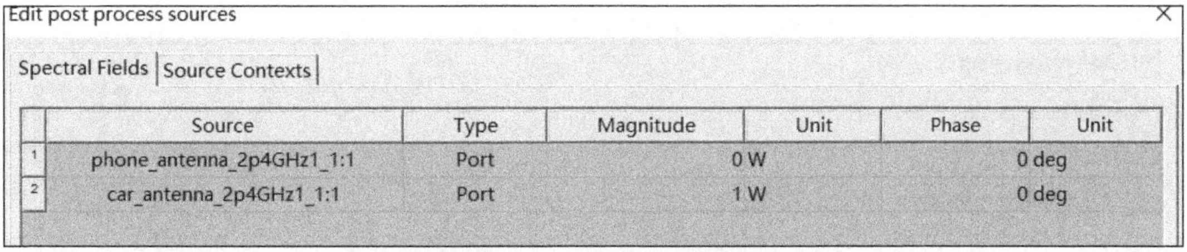

	Source	Type	Magnitude	Unit	Phase	Unit
1	phone_antenna_2p4GHz1_1:1	Port	0	W	0	deg
2	car_antenna_2p4GHz1_1:1	Port	1	W	0	deg

图 3-195　车载天线激励设置

图 3-196 所示的 SAR 结果曲线是 SAR 沿 Line 分布的结果曲线。

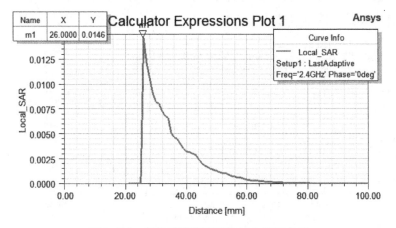

图 3-196　车载天线激励下的 SAR 结果曲线

图 3-197 所示的 SAR 场图是 SAR 在人体表面的场图。

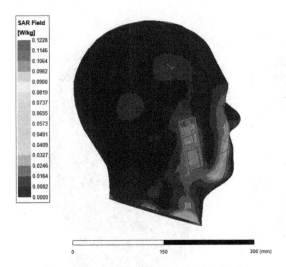

图 3-197　车载天线激励下的 SAR 场图

(3) 两个天线同时辐射下的 SAR 结果

在 Project Manager 中，右键选择单击 Excitation→Edit Source，确认激励设置如图 3-198 所示，可查看手机天线与车载天线同时工作时的 SAR 结果。

Edit post process sources

Spectral Fields | Source Contexts

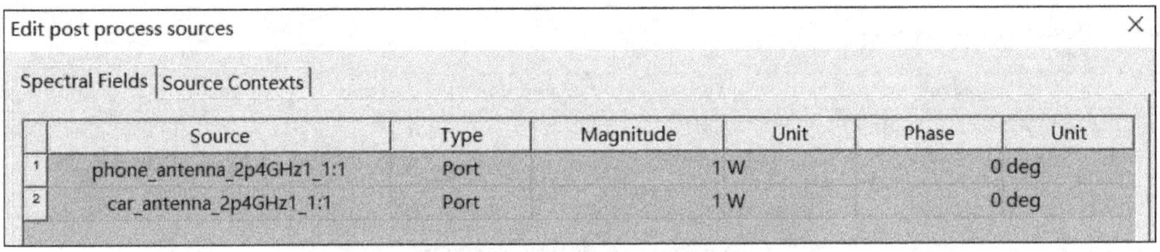

	Source	Type	Magnitude	Unit	Phase	Unit
1	phone_antenna_2p4GHz1_1:1	Port	1	W	0	deg
2	car_antenna_2p4GHz1_1:1	Port	1	W	0	deg

图 3-198　手机天线与车载天线同时激励设置

同样地，更改激励后，可获取双天线同时馈电下的仿真结果。图 3-199 所示的 SAR 结果曲线是 SAR 沿 Line 分布的结果曲线。

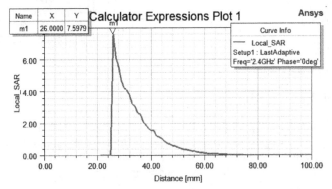

图 3-199　手机天线与车载天线共同激励下的 SAR 结果曲线

图 3-200 所示的 SAR 场图是 SAR 在人体表面的场图。

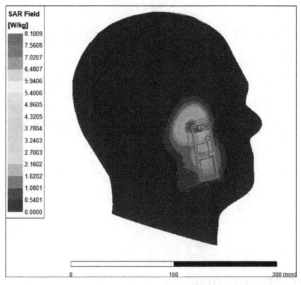

图 3-200　手机天线与车载天线共同激励下的 SAR 场图

15. 查看 Profile 日志

在模型仿真过程中或仿真完成后，可通过查看日志，获取更多的计算信息，如内存消耗、计算时间、网格划分时间、网格量等。

在 Project Manager 中，右键单击需要查看的 Setup，之后在右键菜单中选择 Profile，即可看日志信息，如图 3-201 所示。

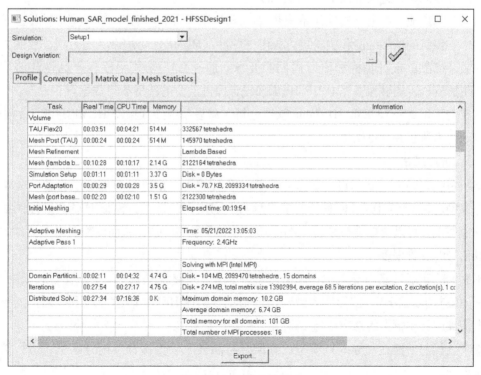

图 3-201　查看计算日志

3.1.8.4 结论

从仿真结果，可以看到手机天线与 Wi-Fi 天线同时工作时，人脑受辐射时的 SAR 值最大。从曲线上还可以看到，人体表面的 SAR 值最大。

通过 SAR 场图的结果分析，可以清楚地发现 SAR 的最大值与相应位置；根据沿线段的分布情况，则可以清楚地给出从电磁波入射到人体表面，直到内部的衰减情况。

电磁辐射的环境是复杂、多变的，通过同时激励手机天线与车载天线，可以看到 SAR 的整体变化及对人体辐射的情况。这只是实际环境中诸多电磁辐射的一个常见的小场景。

3.2 电磁环境

3.2.1 整机系统 HEMP 干扰仿真

3.2.1.1 概述

电磁脉冲（EMP）是一种突发的宽带电磁辐射的高强度脉冲。例如，自然界雷电放电和人工核爆时均会产生不同程度的电磁脉冲。由于 EMP 的宽辐射频率范围特性，电子系统中系统间互联线缆、机箱内互联线缆甚至 PCB 上的印制线路都可能成为接收电磁脉冲的天线。瞬态电磁场由天线转化为瞬态高电压，会造成电子设备内部敏感器件的熔断、击穿等无法修复的失效问题，进而导致电子系统崩溃。

目前，高集成、高密度的硬件系统获得广泛应用，同时也对产品环境适应性提出了更苛刻的要求。传统的依赖经验和实验进行强电磁脉冲（HEMP）防护设计的方法，已经无法完全满足复杂产品的设计指标和研发周期的要求。通过 CAE 仿真手段在产品设计前期进行 HEMP 防护设计，能够为工程中 HEMP 加固设计提供重要的选型参考依据。

本案例采用 ANSYS EMA3D Cable 软件分析车载复杂线缆线束在 HEMP 环境下的受扰情况、演示仿真流程并计算结果。

3.2.1.2 仿真思路

整机系统 HEMP 干扰仿真，着重考察 HEMP 环境下，整机及内部电子设备的受干扰程度。本案例通过 EMA3D Cable 独特的多求解器协同仿真的技术，模拟 HEMP 环境照射到整机系统模型上，可以提取整机系统内部不同区域和线缆的场强，从而判断对电子器件的损害程度及信号的受扰程度。

本案例的实现思路为导入汽车 CAD 模型（包含关键线缆），构建整车车载线束系统，创建平面波并导入 HEMP 波形作为激励，进一步分析在 HEMP 照射环境下线束上的干扰电压、电流噪声及车辆上的感应电流。

整个过程包括建立（导入）模型、分配材料属性、设置探针、剖分网格、运行仿真和基本后处理。

3.2.1.3　详细仿真流程与结果

1. 软件与环境

软件为 ANSYS EMA3D Cable 2022 R1 版本。EMA3D Cable 集成了 FDTD 算法和 MTL 求解技术，为平台级线缆线束的 EMC 分析提供解决方案。

2. 模型导入与模型清理

本案例除了 HEMP 信号源设置以外，其他设置与线缆仿真案例的设置一致。

如图 3-202 所示，导入的汽车 CAD 模型包含车身、车内框架，以及部分电子设备和连接的电缆。首先，在 Domain 中定义仿真频率、求解区域、网格尺寸、边界条件及并行分区数目。其中，FDTD 算法的时间步长、空间步长、Start Time、End Time 均基于指定的最低频率和最高频率计算得到，Lowest Frequency $= 1/t_{end}$，$\Delta t \leqslant \dfrac{1}{c\sqrt{\Delta x^2 + \Delta y^2 + \Delta z^2}}$。下面介绍求解区域 Domain 具体设置。

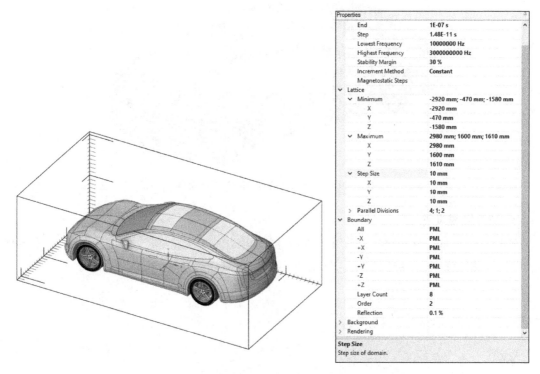

图 3-202　车辆 CAD 模型导入及求解区域 Domain 定义

仿真频率和时间：Lowest Frequency 定义为 1MHz，Highest Frequency 定义为 1GHz，End Time 定义为 1E-6s，Step Time 定义为 5.02E-11s。

求解区域：Minimum 定义为，X = -1500mm，Y = -600mm，Z = -5010mm；Maximum 定义为，X = 1800mm，Y = 1800mm，Z = 510mm。

网格尺寸（Step Size）：10mm。

边界条件设置为 PML。

3. 材料定义

仿真前需要对所有几何模型定义材料，EMA3D 的 Mesh 仅对定义了材料的几何模型进行网格剖分。下面创建各向同性材料 Steel、Aluminum 和 Rubber，见表 3-1。

表 3-1 车辆材料定义

材料名称（部件名称）	电导率 $\sigma_e/(S/m)$	介电常数 $\varepsilon/(F/m)$	颜色
Rubber（Tires）	1×10^{-5}	3	Black（黑）
Aluminum Frame（Frame）	3.5×10^{7}	1	Light Red（浅红）
Glass	1×10^{-5}	6.5	Light Blue（浅蓝）

当模型按照表 3-1 所示完成材料设置后，得到的 CAD 模型如图 3-203 所示。

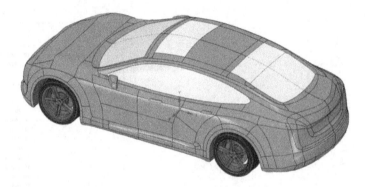

图 3-203 完成赋材料操作后 CAD 模型

4. 部分线缆设置

EMA3D Cable 支持直接读入 KBL 格式数据、自动创建线缆路径及横截面信息。本案例采用的初始模型已包含线缆拓扑数据和部分线缆的电气属性设置，如图 3-204 所示。

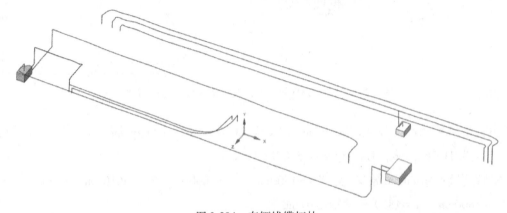

图 3-204 车辆线缆拓扑

有了线缆的拓扑结构，使用 MHARNESS，可以对复杂电缆系统中的感应电压和电流进行建模和测量。利用 EMA3D 可以很方便地进行电缆的电气特性设置，如线材型号、屏蔽方式、电缆直径等。这里需要注意的是，EMA3D 内置了完备的线缆库，能够快速地根据线缆拓扑完成设置。本案例选定 12V to GND 和相应线缆，以此介绍线缆设置。

首先在 MHARNESS 界面里单击 Cabling→Shield，如图 3-205 所示。在模型窗口里，单击选择 12V to GND。此时，线缆两端会出现一个大写 U。

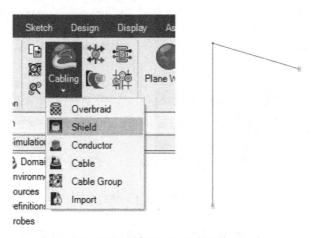

图 3-205　添加 Cable 及定义端点

在属性里选择 Type，单击向下箭头之后会出现一个下拉菜单。在下拉菜单中选择 Library→General→Singles，之后双击 10 Gauge Coax。端点阻抗设置为 0.01Ω，如图 3-206 所示。回到仿真目录树的 Harness 分类，将刚刚添加的 Shield 修改为 12V to GND。

Type	10 Gauge Single
> Metadata	
> Properties	10 Gauge Single
Junctions	0
∨ Terminations	2
∨ Termination [0]	x : -1.49E+000 y : 1.70E-001
Method	Boundary
Configuration	Resistive
Resistance	0.01 Ohm
Capacitance	0 F
Inductance	0 H
Conductance	1000000 Siemens
∨ Termination [1]	x : 1.09E+000 y : 3.70E-001
Method	Boundary
Configuration	Resistive
Resistance	0.01 Ohm
Capacitance	0 F
Inductance	0 H
Conductance	1000000 Siemens

图 3-206　屏蔽层阻抗设置

接下来添加屏蔽层内部的线缆，在刚刚添加的 12V to GND 屏蔽层上右键单击选择 Conductor，然后在建模窗口中选择 12V to GND，并切换选点工具，点选线缆两端的 U，如图 3-207 所示。

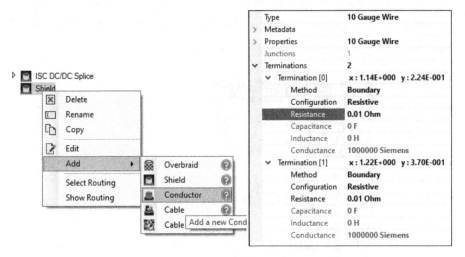

图 3-207　线缆内导体和阻抗设置

在属性里选择 Type，单击向下箭头之后会出现一个下拉菜单。在下拉菜单中选择 Library→General→Bare Wire 之后双击 10 Gauge Coax。端点阻抗设置为 0.01Ω。

5. 设置 HEMP 激励源

本案例的激励源定义为平面波，如图 3-208 所示，在 Sources 中选择 Plane Wave，定义入射方向为 Theta = 90deg、Phi = 0deg，极化角度为 Theta = 0deg、Phi = 0deg。

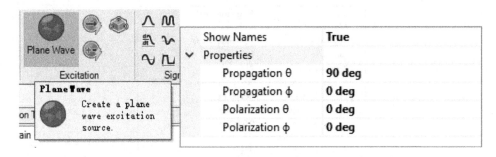

图 3-208　平面波位置和极化设置

在仿真目录树中右键单击 Signal，选择 Create Signal→From File，然后找到目录下的 HEMP.dat 文件，并拖动到 Signal 下面，如图 3-209 所示。

文件包含了 EMP 的电压波形，如图 3-210 所示。

6. 设置探针

本案例关注车内空间的电场分布，也考察车体和电缆上的电压和电流，下一步需要分别在对应的 Cable 上定义电压探针和电流探针。

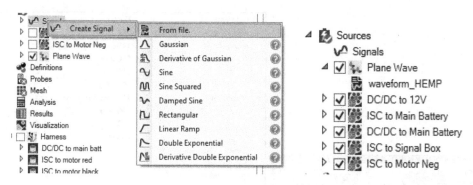

图 3-209　HEMP 信号源导入和设置

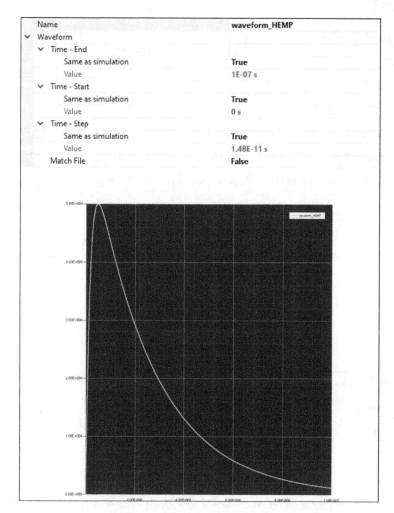

图 3-210　HEMP 信号源仿真设置和波形

　　首先创建电场探测器，用于观察车内的电场。EMA3D 界面里，单击 Field→Boxed Region，如图 3-211 所示。

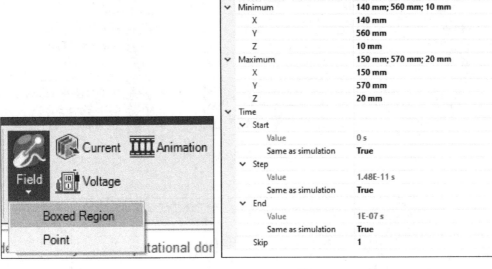

Field Type		Electric
Max Samples		512
∨ Minimum		140 mm; 560 mm; 10 mm
	X	140 mm
	Y	560 mm
	Z	10 mm
∨ Maximum		150 mm; 570 mm; 20 mm
	X	150 mm
	Y	570 mm
	Z	20 mm
∨ Time		
	∨ Start	
	Value	0 s
	Same as simulation	True
	∨ Step	
	Value	1.48E-11 s
	Same as simulation	True
	∨ End	
	Value	1E-07 s
	Same as simulation	True
	Skip	1

图 3-211　Boxed Region 设置

接着创建 Animation Probe，就可以观察车内的电场和电流的动态分布了。这里以电场 Animation Probe 为例。在 EMA3D 界面里，单击 Animation，在结构树中选择 XY 平面和 XZ 平面；在 Propreties 面板中，选择 Probe Type 为 Normal Electric Field，如图 3-212 所示。

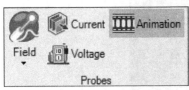

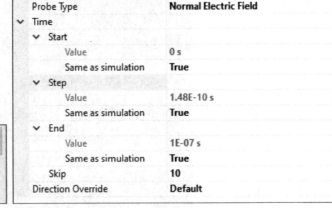

Probe Type		**Normal Electric Field**
∨ Time		
	∨ Start	
	Value	0 s
	Same as simulation	True
	∨ Step	
	Value	1.48E-10 s
	Same as simulation	True
	∨ End	
	Value	1E-07 s
	Same as simulation	True
	Skip	10
Direction Override		Default

图 3-212　电场 Animation Probe 设置

重复以上步骤，可创建电流的 Animation Probe 并进行设置，如图 3-213 所示。

接下来创建电缆上的探针。首先创建电压探针，在 MHARNESS 界面里，单击 Cable→Voltage；之后，单击 Line Selection，选择 DC/DC to 12V 线缆靠近 DC/DC Box 相连的部分，如图 3-214 所示。

Probe Type	**Electric Current**
∨ Time	
∨ Start	
Value	0 s
Same as simulation	**True**
∨ Step	
Value	**1.67E-11 s**
Same as simulation	**False**
∨ End	
Value	1E-07 s
Same as simulation	**True**
Skip	**1**
Direction Override	**Default**

图 3-213　电流 Animation Probe 设置

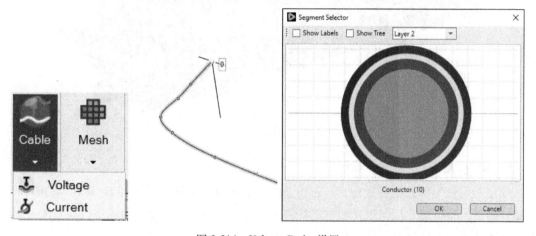

图 3-214　Voltage Probe 设置

　　单击之后，会出现一个窗口展示低压电缆横截面。在窗口右上角选择 Layer 2，并单击 OK 完成。重复上述步骤设置 ISC to Signal Box 电压探针和 ISC to Motor 电流探针。所有探针如图 3-215 所示。

图 3-215　所有探针

7. 网格剖分与计算

模型结构必须剖分网格。在 Structure Tree 里确保所有结构可见，在 EMA3D 界面里单击 Mesh。剖分网格所需的时间，与所使用的计算机及模型复杂程度有关，在 SpaceClaim 底部有剖分网格的进度条。

为了更容易地查看网格，在模型窗口的任何地方单击右键，并选择倒转可见性；或者，在 Structure Tree 中，根据需要取消选择模型组件，以提高网格的可见性，单击完成，如图 3-216 所示。

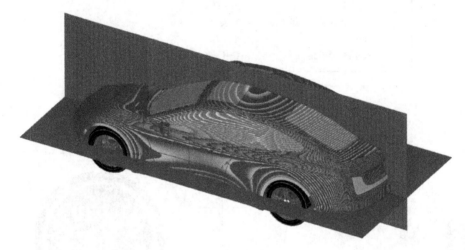

图 3-216　网格剖分与显示

8. 运行仿真

模型的前处理部分已经完成，下面开始仿真。在 EMA3D 界面中单击 Start，EMA3D 将立即开始进行预处理。任何错误和警告都将记录在弹出窗口中。窗口中的警告探针的分辨率提示，不会影响求解精度。运行仿真如图 3-217 所示。

图 3-217　运行仿真

EMA3D. emin 文件和其他相关文件将在此时输出到当前工作目录中，单击 Run，在 Analysis 面板（Structure 和 Simulation 面板旁边）中可以看到仿真的进展和状态。此外，任何错误提示也会出现在 Output 里。Analysis 面板如图 3-218 所示。

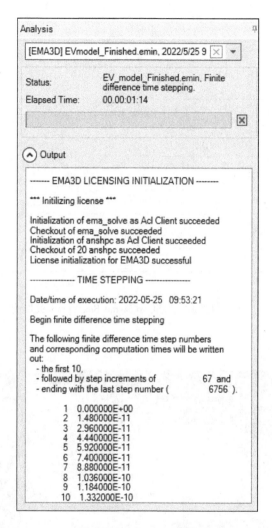

图 3-218　Analysis 面板

9. 结果与后处理

在 EV_model_Finished. scdoc. 里已经包含了仿真完成的结果，分为有 HEMP 平面波照射和没有 HEMP 平面波照射两种情况下的结果。在 Results 里展开 EMA3D Simulation，可以看到所有的探针，并进行后处理结果查看，如图 3-219 和图 3-220 所示。

10. 仿真结果分析

本案例使用 EMA3D Cable 计算了在 HEMP 平面波照射下车内线缆上的电压和电流噪声及整车的电场和电流分布情况。通过对时域结果的变速傅里叶变换（FFT）可以得到线束上的噪声频谱，并分析得到线缆对不同频率电磁波的抗辐射噪声能力。

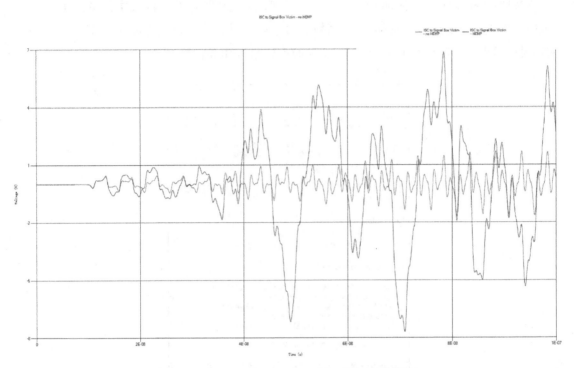

图 3-219　HEMP 对 ISC to Signal Box Victim 的影响

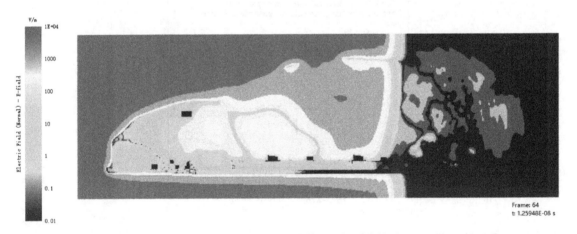

图 3-220　HEMP 照射下车体的电场瞬态情况

11. 资源效果分析

计算资源统计：CPU 主频为 3.0GHz，12 核计算，计算时间为 134min。如需并行计算，在 Domain 中通过 Parallel Divisions 可以设置并行加快仿真速度。

3.2.1.4　结论

本案例计算了汽车平台上的线缆系统在 HEMP 平面波照射下的受扰程度。EMA3D Cable 的时域仿真技术可以获得线缆线束上的时域噪声和车内外的时域电磁场分布特征。利用内置的 FFT 一次计算即可得到关心频带内多个频点的频域响应，计算结果，为研究车辆屏蔽效能、线缆选型、线缆接地等 EMC 分析及改进，提供了有力支撑。

3.2.2　通信系统的雷击效应仿真

3.2.2.1　概述

通信设备通常安装在铁塔、抱杆上，受雷电影响而失效的风险较高，防雷性能是衡量通信设备外场可靠性的关键指标。当前通信设备大多基于行业防雷标准进行防雷设计，然而防雷标准仅从能量防护的角度规定了有限的几种雷电流波形，基于该标准设计的防雷方案并不能完全应对自然雷电的挑战。

随着雷电基础科学研究的不断深入，雷电基础科学对产品防雷设计的重要性不断凸显，借助人工引雷等方法开展防雷研究有效提升了当前产品的防雷设计水平。相比自然雷电，人工引雷方法极大提升了雷电捕获、测量的成功率，促进了雷电科学、防雷技术的发展。然而，人工引雷仍受到天气、地理环境、实验施工等因素的限制，整体的研究效率仍然较低。基于此，构建系统性的雷电仿真框架，提升防雷研究的效率，成为破解当前防雷研究瓶颈的关键。

本案例通过 ANSYS EMA3D Cable 软件系统性地分析了雷电击中通信铁塔后，雷电流在通信铁塔系统内的分布情况，量化了通信设备电源口的雷电应力，有效帮助工程师制定电源口的防雷指标，实现系统防雷规格的精细化。

3.2.2.2　仿真思路

本案例首先导入了通信铁塔的 CAD 模型，并且建立通信设备的 DC 电源线缆及雷电流流入流出的路径，配置了 200kA 量级的雷电流激励信号，同时在线缆及铁塔接地位置加载电流探针，监测相应位置的雷电流，最终得到通信铁塔系统的雷电流分流模型。

3.2.2.3　详细仿真流程与结果

1. 软件与环境

本次仿真软件的版本为 ANSYS EMA3D Cable 2022 R2。EMA3D Cable 采用 FDTD+TLM 的混合求解算法，为复杂线缆结构平台的电磁分析提供了高效的解决方案。

2. 模型导入与求解区域定义

本案例首先导入通信铁塔的 CAD 模型，铁塔采用角钢结构，整体高度 22m，如图 3-221 所示。

铁塔导入完成后，配置仿真的 Domain 参数，如图 3-222 所示。下面介绍求解区域 Domain 具体设置。

仿真频率和时间：Lowest Frequency 定义为 10MHz，Highest Frequency 定义为 1GHz，End Time 定义为 0.0001s，Step Time 定义为 5.02E-11s。

求解区域：Minimum 定义为，X＝−5160mm，Y＝−2940mm，Z＝6690mm；Maximum 定义为，X＝3750mm，Y＝3960mm，Z＝33690mm。

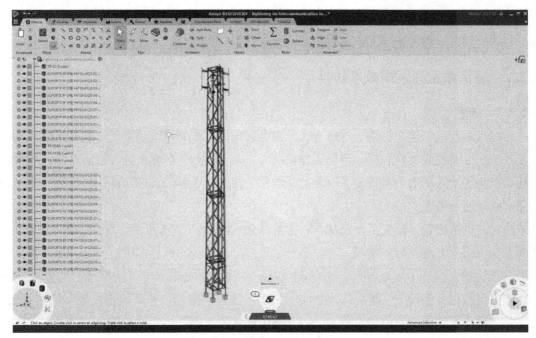

图 3-221　铁塔 CAD 模型导入

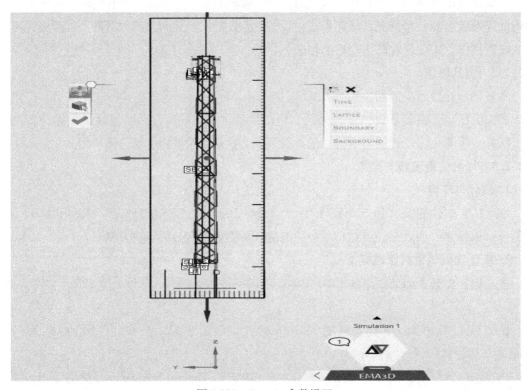

图 3-222　Domain 参数设置

网格尺寸（Step Size）：30mm。

核数分配：X＝2，Y＝2，Z＝8。

边界设置：Mur 1 H-Field。

加速设置：Increment Method 设为 Magnetostatic。Magnetostatic Steps 的配置为

Step0，time 定义为 2E-10s，factor 定义为 1。

Step1，time 定义为 2E-5s，factor 定义为 500。

Step2，time 定义为 1E-4s，factor 定义为 10000。

3. 线缆及材料定义

铁塔的材料为不锈钢，在 EMA3D 菜单栏中的 Materials 选项里定义不锈钢材料，材料参数见表 3-2。

表 3-2　材料配置

材料名称	电导率 σ_e/（S/m）	介电常数 ε/（F/m）	颜色
Steel	1.45E+06	8.854E-12	灰

RRU（本案例仿真所用的通信设备）采用 DC 电源供电。DC 电源线为非屏蔽线缆，内部配置-48V 和 RTN 两根导线，导线规格选为 14 Gauge Wire。

EMA3D Cable 通过线缆路径+线束截面实现线缆的建模。按此思路，首先定义 DC 电源线的路径，线缆的两端分别连接 RRU 和铁塔基座，如图 3-223 所示。

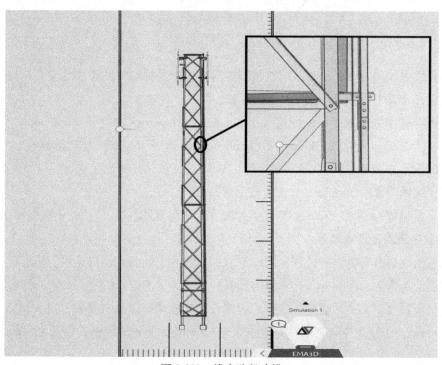

图 3-223　线束路径建模

完成电源线路径的建模后，接下来配置电源线的线束。首先，配置 RTN 线缆，在 MHARNESS 菜单栏中单击 Cabling→Conductor；此时会弹出 Conductor Properties 对话框，在 Library 中选择 14 Gauge Wire，再选中上一步定义的电源线路径（即选中模型窗口里所有的

线缆部分），将 Conductor 加载到电源线路径上，如图 3-224 所示。

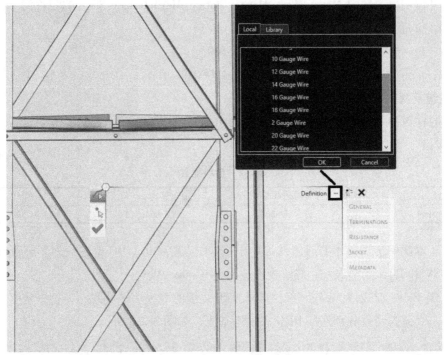

图 3-224　RTN 线缆选择

在所有线缆均选中后，此时线缆的两端会出现一个大写的 U。通过点选工具同时选中线缆的端点（即字母 U 所在的位置），如图 3-225 所示。

此时可以进行 Termination 的配置。在 Conductor Properties 中打开 Termination 的对话框，Termination 的 Method 配置为 Boundary，Configuration 选择 Resistive，Resistance 输入 0.5Ω，如图 3-226 所示。

注意，线缆两端的 Termination 都需要配置。

接下来再配置−48V 线缆，−48V 线缆的配置方法与 RTN 一致，此处不重复展示。

4. 配置电流路径及激励源

分析通信铁塔遭受雷击的过程，雷电流从顶端的避雷针馈入通信铁塔，再通过铁塔底部的接地网泄放至大地，因此分别在铁塔的顶端和底部定义雷电流的流入、流出路径。

在通信塔顶端定义一根线缆，线缆的两端分别与铁塔、上边界搭接。在 EMA3D 菜单栏中选择 Current Source，并选中顶端的线缆作为 Current Source 的路径，重命名 Current Source 为 Lightning。

同时，配置双指数信号作为雷电流的激励波形，波形参数如下：

- Amplitude（A）= 218810
- Alpha［s-1］= 11354
- Beta［a-1］= 647265

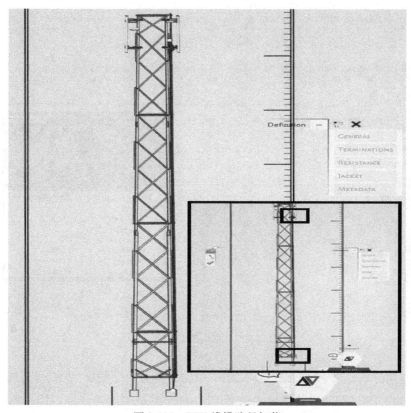

图 3-225　RTN 线缆路径加载

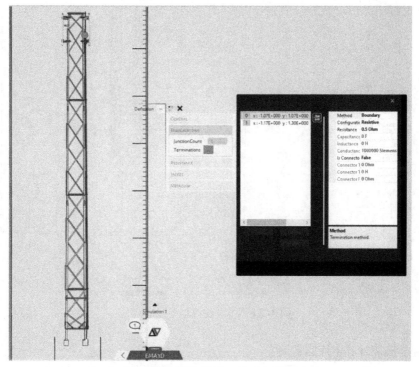

图 3-226　RTN 的 Termination 配置

在仿真树中将该信号拖至 Lightning 中，如图 3-227 所示。可以看出，激励源的总雷电流为 200kA，波头时间约为 3.75μs，半峰值时间约为 79.8μs。

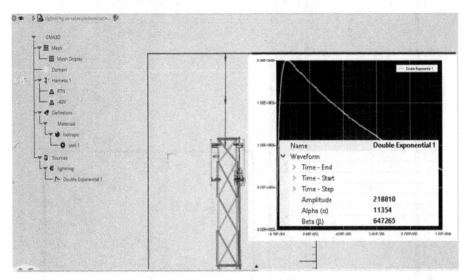

图 3-227　雷电流馈入定义

在铁塔基座分别定义 4 根线缆（本案例的通信铁塔有 4 个基座），线缆两端分别搭接铁塔基座与下边界。在 EMA3D 菜单栏中选择 PEC 材料并选中上述线缆，定义该线缆为 PEC 材料，如图 3-228 所示。

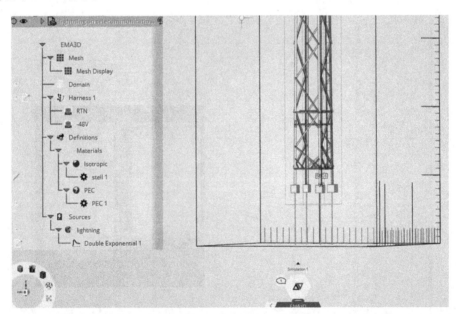

图 3-228　雷电流流出路径定义

5. 设置电流探针及电流监视器

本案例关心的是铁塔和线缆的雷电流分布情况，因此需要在铁塔、线缆上定义相应的电流探针。

　　首先，在 DC 电源线上定义电流探针。在 MHARNESS 中选择电流探针，在线缆靠近铁塔底部的位置放置探针，此时软件会弹出 DC 电缆的截面图，如图 3-229 所示。

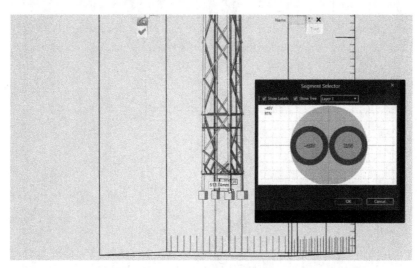

图 3-229　设置电流探针

　　选择−48V，并单击 OK，在−48V 线缆上完成了电流探针的放置。同样的操作方法，在 RTN 线缆上放置电流探针。

　　接下来，在铁塔接地位置定义电流探针监测流出系统的雷电流。在 EMA3D 中选择电流探针，在铁塔接地线上放置电流探针，如图 3-230 所示。

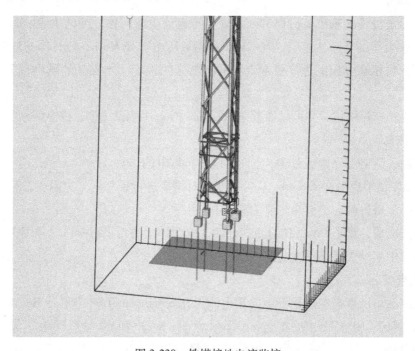

图 3-230　铁塔接地电流监控

为了进一步监控雷电流在铁塔上的分布，在 EMA3D 中选择 Animation，并选中铁塔，监控铁塔表面的电流变化，如图 3-231 所示。

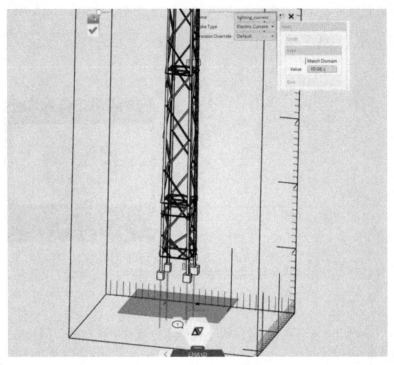

图 3-231　铁塔表面电流监控

6. 网格剖分

网格剖分是仿真的基础，EMA3D Cable 支持自动生成网格，网格生成的时间与计算机的硬件配置和模型的复杂性有关。在 EMA3D 菜单栏中选择 Mesh，软件即可以自动进行网格剖分，用户可以在弹出的进度栏中查看网格剖分的进度。本案例的网格剖分如图 3-232 所示。

用户可旋转查看网格，并可以通过在 Structure Tree 中隐藏模型，提高网格的可见性。

7. 运行仿真

仿真建模、网格剖分均已完成，下面可以进行雷电的仿真。

在 EMA3D 菜单栏中选择 Start，软件即开始对模型进行预分析（见图 3-233）。分析过程中的任何报错、警告都会记录并体现在窗口中。

预分析完成后，单击 Run，仿真正式开始，软件弹出仿真运行窗口（见图 3-234），用户可以在该窗口中实时查看仿真进度。

8. 结果查看

仿真完成后可以查看电流探针中的雷电流。在 Simulation Tree 中展开 Result，右键单击 GND→Plot，弹出 GND 探针中的雷电流波形图，如图 3-235 所示。可以看出，铁塔接地线上的雷电流为 200kA，波头时间约为 3.975μs，半峰值约为 87μs。

图 3-232　网格剖分

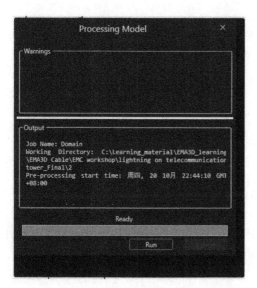

图 3-233　预分析

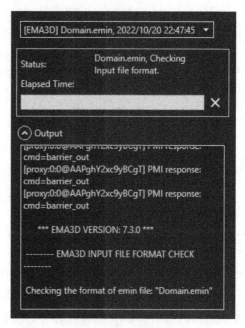

图 3-234　仿真运行窗口

查看 RTN 线中的雷电流。在 Simulation Tree 中展开 Result，右键 RTN→Plot，弹出 RTN 探针中的雷电流波形图，如图 3-236 所示。可以看出，RTN 线上的雷电流为 3139A，波头时间约为 $3.69\mu s$，半峰值时间约为 $24.13\mu s$。

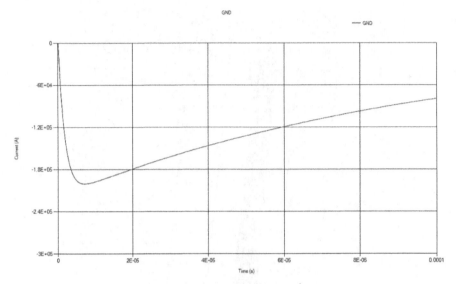

图 3-235　GND 探针中的雷电流波形图

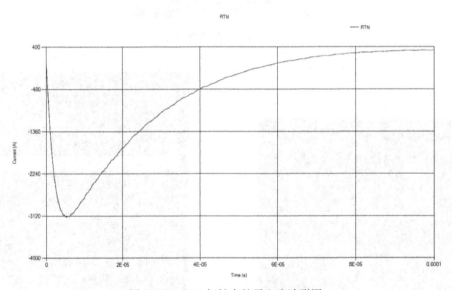

图 3-236　RTN 探针中的雷电流波形图

　　查看-48V 线中的雷电流。在 Simulation Tree 中展开 Result，右键单击-48V→Plot，弹出 -48V 探针中的雷电流波形图，如图 3-237 所示。可以看出，-48V 线上的雷电流为 1796A，波头时间约为 2.69μs，半峰值时间约为 24.07μs。

　　右键单击 Results→Animation Probe→Generate Animation，生成铁塔表面电流的时域动画图，如图 3-238 所示。

9. 仿真结果分析

　　本案例，通过 EMA3D Cable 模拟自然雷电击中铁塔时雷电流在铁塔系统中的分流情况，量化了通信设备电源端口的雷电应力。通过分析可以看出，进入设备的雷电流比例较低，

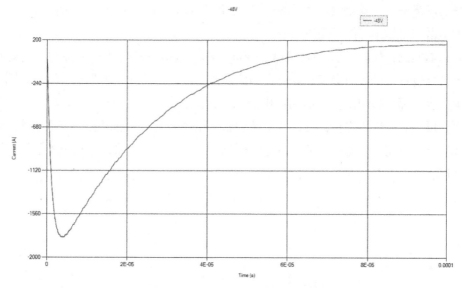

图 3-237　−48V 探针中的雷电流波形图

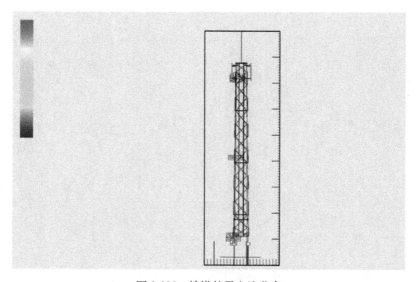

图 3-238　铁塔的雷电流分布

−48V 电源线的分流比例约为 0.8%，RTN 电源线的分流比例约为 1.5%。同时从波形特性也可以看出，RTN 和−48V 的波头时间几乎与馈入雷电流一致，但是半峰值时间明显变小，上述结论为通信设备电源口的防雷规格制定提供了理论依据。

10.　资源效果分析

计算资源统计：CPU 主频为 2.6GHz，32 核计算，计算时间为 3h。如需并行计算，可以在 Domain 中通过 Parallel Divisions 设置并行加快仿真速度。

3.2.2.4　结论

本案例通过 EMA3D Cable 获取了通信铁塔的雷电流分流模型，仿真过程中快速实现了复杂铁塔的网格剖分（铁塔高度为 22m，采用角钢结构，厚度仅为 7.94mm），仿真结果为电源口的防雷规格优化提供了理论依据。

同时，本案例完整地展示了在 EMA3D Cable 中进行铁塔雷电仿真的流程，这对其他产品的雷电仿真也具有极大的借鉴性。对于通信设备而言，产品的接地阻抗、铁塔地网、线缆屏蔽层等因素，都会影响设备面临的雷电应力。因此，基于 EMA3D Cable 对上述因素进行雷电仿真，再结合一定的实验论证，从系统层面量化通信产品的雷电应力，推动防雷设计精细化、场景化、智能化，将是通信设备防雷研究的发展方向，也将给通信设备的防雷设计带来极大帮助。

第 4 章　低频系统电磁兼容

4.1　开关电源

4.1.1　功率电感漏磁与耦合近场噪声仿真

4.1.1.1　概述

在开关电源的应用中，往往会用到功率电感。功率电感会流过较大的电流，该电流也会流过与功率电感相连的导线或者 PCB 上的敷铜线 Trace。功率电感由于气隙等因素引起的漏磁通会耦合到地线 GND 上，流过大电流的敷铜线 Trace 也会耦合到地线 GND 上，从而在地线 GND 上引起额外的噪声，带来电磁兼容问题。因此在设计的前期，利用仿真工具评估这些信号之间的相互影响，进行包含功率电感的开关电源系统设计时非常重要。

4.1.1.2　仿真思路

实际的功率电感安装在 PCB 上，图 4-1 所示为功率电感在 PCB 上的安装图。

为了评估方便，简化为如图 4-2 所示的评估用模型。

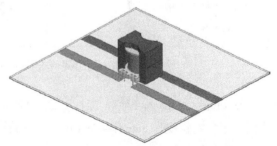

图 4-1　功率电感在 PCB 上的安装图　　　　图 4-2　功率电感在 PCB 上的安装图简化

功率电流流过上图中的功率电感和与其相连的敷铜线 Trace，会在地线上耦合出额外的噪声。本案例首先通过 Q3D Extractor 提取功率敷铜线和地线的寄生参数矩阵，再通过 Maxwell 评估功率电感漏磁对地线的耦合影响，再把这些参数以集总参数的形式对应输入 Twin Builder（Simplorer）中，在外围搭建对应的开关电源电路，评估对地噪声有关键影响的因素；然后把实际的 Q3D Extractor 敷铜线路模型和 Maxwell 电感模型直接输入 Twin Builder（Simplorer）中，模拟真实的工作场景，评估实际的地噪声信号。

4.1.1.3　详细仿真流程与结果

1. 软件与环境

ANSYS Electronics Desktop（AEDT）2021R1 版本，内含寄生参数提取工具 Q3D Extractor、系统电路仿真工具 Twin Builder（Simplorer）和有限元仿真工具 Maxwell。

2. 功率敷铜线和地线的寄生参数矩阵提取

在 Q3D Extractor 中打开工程文件 Kani_Kiban.aedt，这是一个 PCB，各个网络上的源信号（Source）、漏信号（Sink），地线支路为 GND，与功率电感连接的两个功率敷铜线支路分别为 PWR1 和 PWR2。各部分的材料参数，以及求解频率 100kHz 和扫描频率都已设置完毕，如图 4-3 所示。

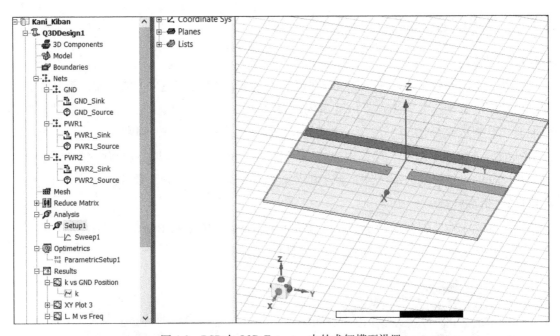

图 4-3　PCB 在 Q3D Extractor 中的求解模型设置

在 Project Manager 窗口，鼠标右键操作 Analysis→Analyze All，对模型进行求解，求解完成后，鼠标右键操作 Setup1→Matrix，可以查看 100kHz 下功率敷铜线和地线的寄生参数矩阵，如图 4-4 所示。

从图 4-4 可以看出，地线 GND 本身的寄生电阻为 9.329 mΩ，寄生电感为 127.534nH；与功率电感一端相连的功率敷铜线 PWR1 的寄生电阻为 4.433 mΩ，寄生电感为 47.483nH；与功率电感另一端相连的功率敷铜线 PWR2 的寄生电阻为 4.289 mΩ，寄生电感为 47.372nH。

电感耦合系数矩阵图如图 4-5 所示。

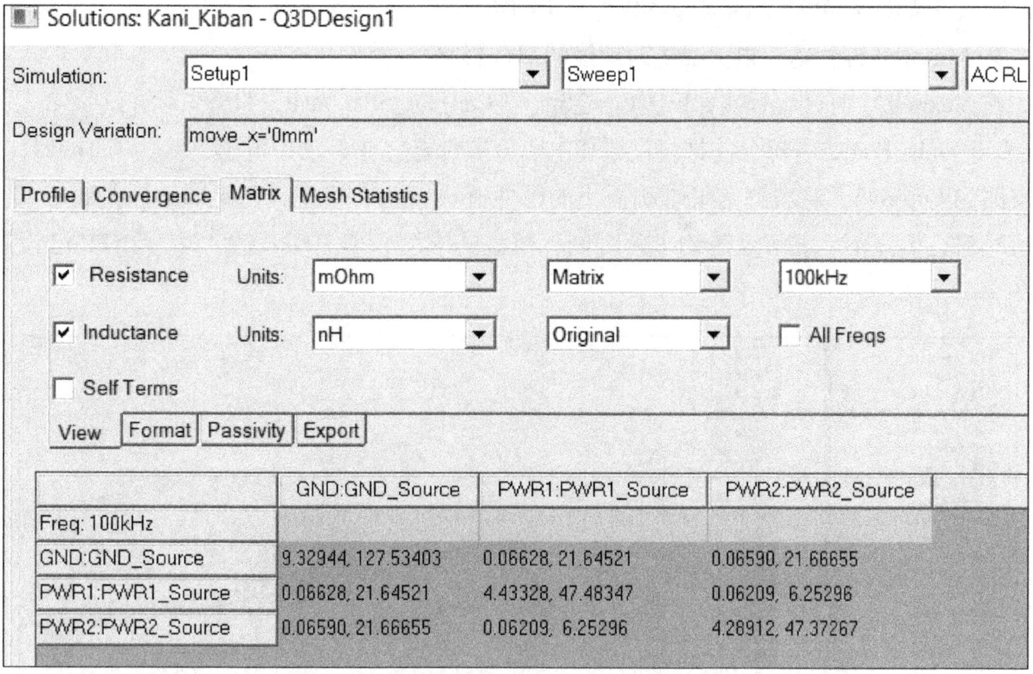

图 4-4　功率敷铜线和地线的寄生参数矩阵图

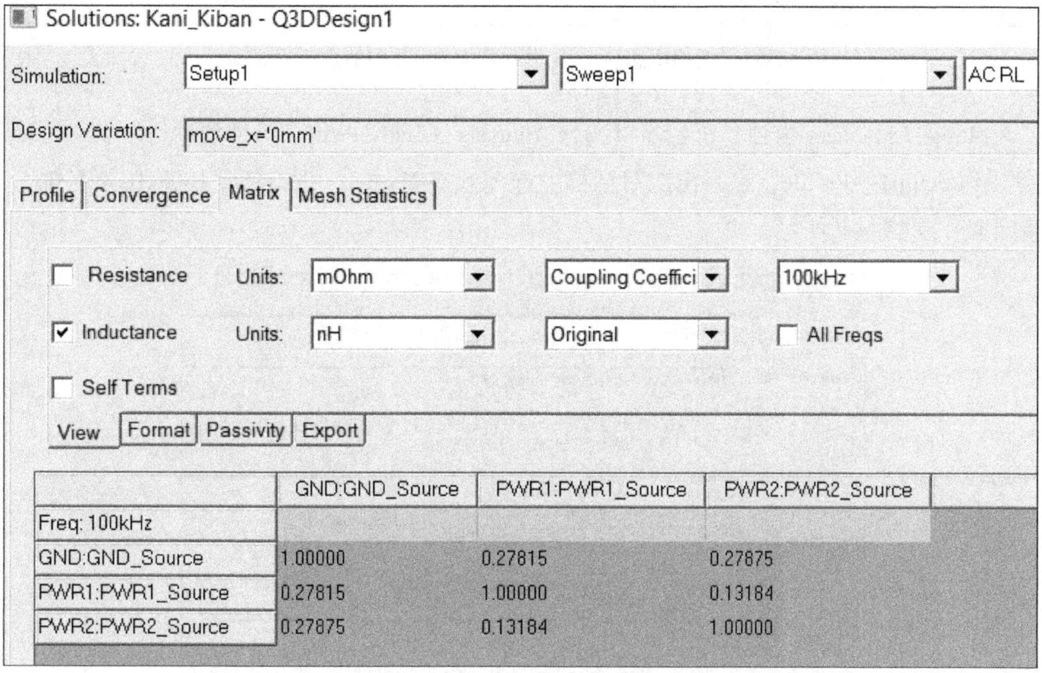

图 4-5　电感耦合系数矩阵图

从图 4-5 可以看出，与功率电感一端相连的功率敷铜线 PWR1 与地线 GND 的耦合系数为 0.27815，与功率电感另一端相连的功率敷铜线 PWR2 与地线 GND 的耦合系数为

0.27875，PWR1 和 PWR2 的耦合系数为 0.13184。

3. Maxwell 评估功率电感漏磁对地线的耦合影响

在 Maxwell 中打开工程文件 PQ_Core_Spiral_Coil_for_SSM.aedt，打开其中的 Design 下的 9th_Coil_Only_Freq，各部分的材料设置和求解设置都已完毕，功率电感支路为 Current1，地线支路为 Current3，对求解结果影响很小的部件都设置为非模型（Non Model），Maxwell 在求解时对这部分不予求解以节约求解时间。模型的求解频率 100kHz 和扫描频率都已设置，如图 4-6 所示。

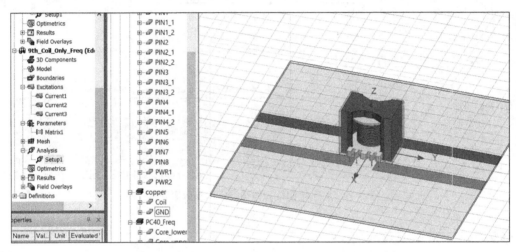

图 4-6　功率电感和 PCB 模型在 Maxwell 中的求解设置

在 Project Manager 窗口，鼠标右键操作 Analysis→Analyze All，对模型进行求解，再鼠标右键操作 Setup1→Profile，在弹出的对话框中选择标签 Matrix，可以查看 100kHz 下各部分的参数矩阵，如图 4-7 所示。

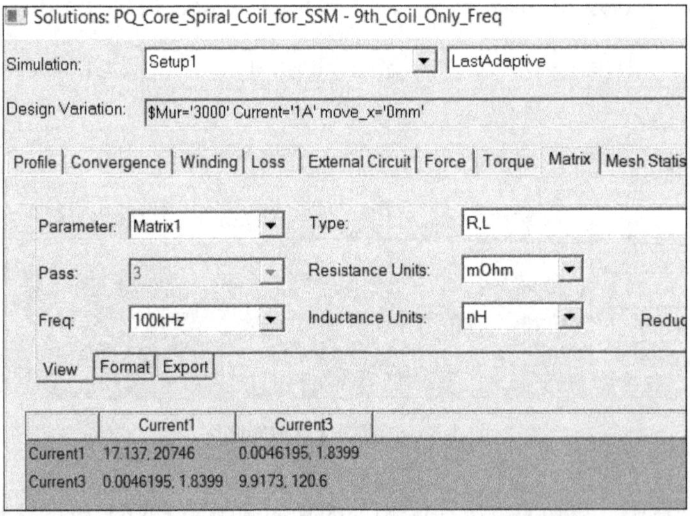

	Current1	Current3
Current1	17.137, 20746	0.0046195, 1.8399
Current3	0.0046195, 1.8399	9.9173, 120.6

图 4-7　Maxwell 中功率电感和地线寄生参数矩阵结果

可以看出功率电感支路 Current1 的电阻为 17.137mΩ，电感为 20746nH。

Maxwell 中功率电感和地线耦合系数结果如图 4-8 所示。

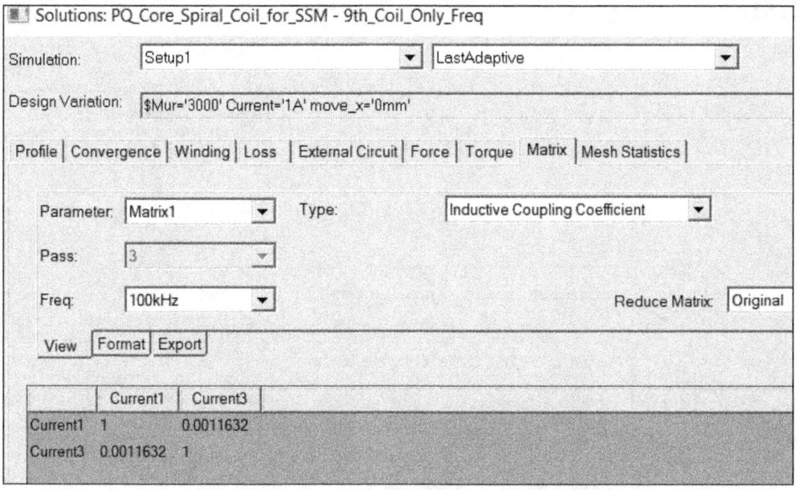

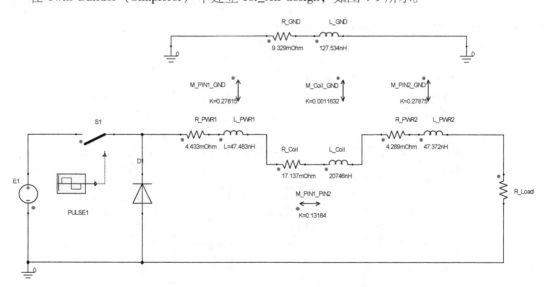

图 4-8　Maxwell 中功率电感和地线耦合系数结果

可以看出，功率电感支路 Current1 和地线支路 Current3 的耦合系数为 0.0011632，远小于功率敷铜线 PWR1 和 PWR2 与地线的耦合系数，后者约为 0.278，因此功率电感对地线 GND 的影响远小于功率敷铜线对地线 GND 的影响。

4. 寄生参数和耦合参数的 Twin Builder（Simplorer）仿真

在 Twin Builder（Simplorer）中建立 1st_All design，如图 4-9 所示。

图 4-9　Simplorer 中理想磁性器件原理图

这是一个 Buck 形式的开关电源电路，方波表示的开关频率为 100kHz，PCB 上的敷铜线的寄生参数主要以电阻 R 和电感 L 表示，功率电感也以线圈电阻 R 和实际的电感值 L 表示，各电路之间的耦合系数以耦合电感 Mutual Inductor 表示，如图 4-10 所示的耦合电感 M_PIN1_ GND，表示把功率敷铜线电感 L_PWR1. L 和地线电感 L_GND. L 耦合起来，耦合系数是之前仿真得出的 0. 27815。

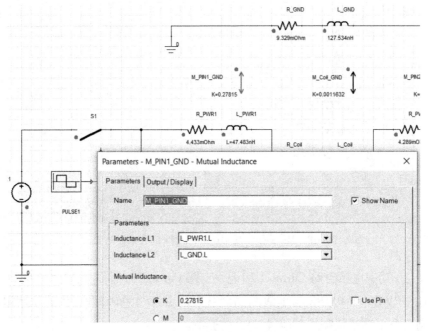

图 4-10　电感耦合系数设置

在 Project Manager 中，鼠标右键操作 TR→Analyze 求解；求解完成后，鼠标右键 Results→Create Standard Report→Rectangular Plot，如图 4-11 所示为选择显示地线上的电流，R_GND. I。

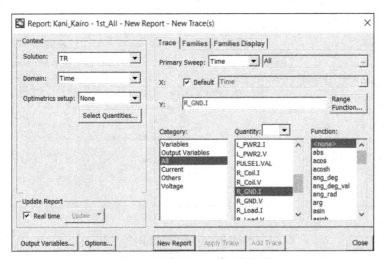

图 4-11　选择显示地线上的电流

R_GND. I 的时域波形显示如图 4-12 所示。

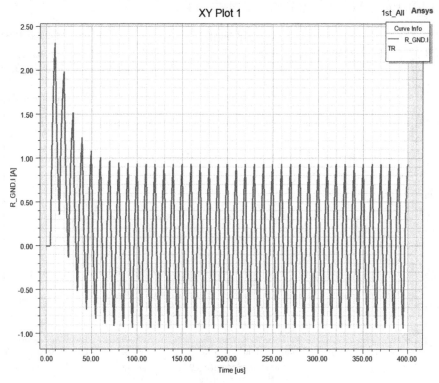

图 4-12　R_GND.I 的时域波形显示

鼠标右键单击 Results→Create Standard Report→Rectangular Plot，如图 4-13 所示为选择对地线上的电流 R_GND.I 进行 FFT 分析。

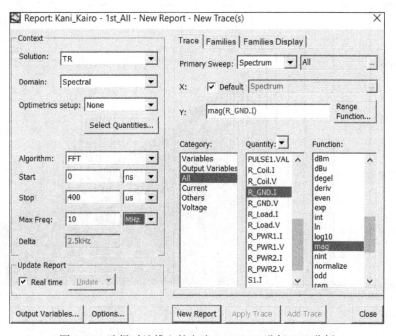

图 4-13　选择对地线上的电流 R_GND.I 进行 FFT 分析

对 R_GND. I 进行 FFT 分析得到的结果如图 4-14 所示。

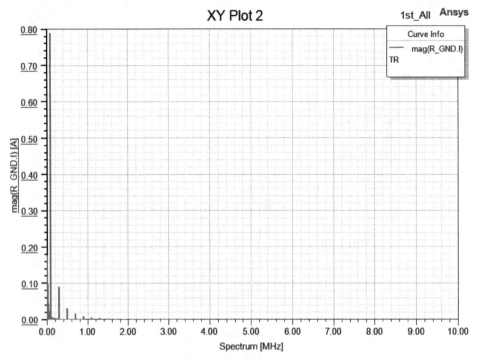

图 4-14　对 R_GND. I 进行 FFT 分析得到的结果

把上图的横坐标和纵坐标都改为对数坐标 Log，则 FFT 分析结果如图 4-15 所示。

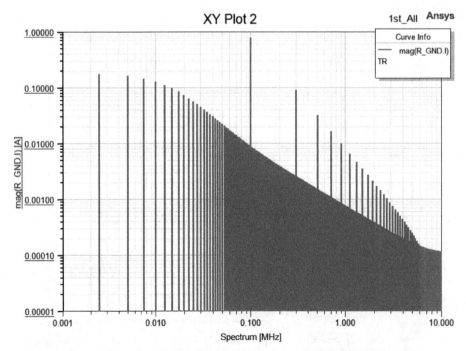

图 4-15　坐标改为对数坐标后地线电流的 FFT 分析结果

如图 4-16 所示，断开功率电感与地线的耦合系数 M_Coil_GND。

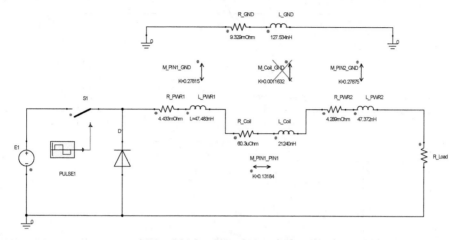

图 4-16 断开功率电感与地线的耦合

仿真得到的地线电流的 FFT 结果如图 4-17 所示。

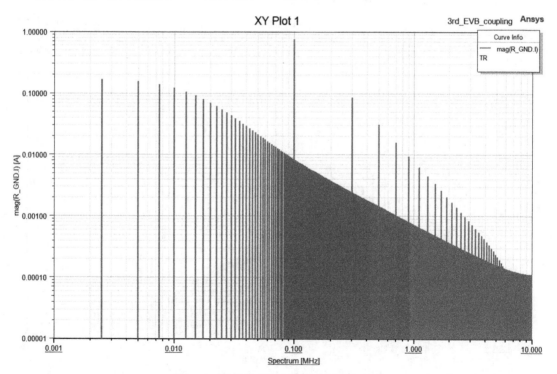

图 4-17 仿真得到的地线电流的 FFT 结果

如图 4-18 所示，断开功率敷铜线与地线的耦合系数 M_PIN1_GND 和 M_PIN2_GND。

仿真得到的地线电流的 FFT 结果如图 4-19 所示。

把三种仿真结果放到同一幅图中，如图 4-20 所示。

从上图也可以看出，功率电感和地线的近场耦合远大于功率敷铜线和地线的近场耦合。

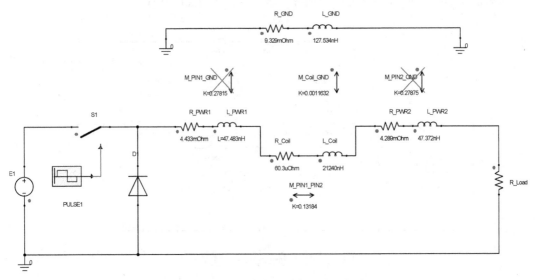

图 4-18　断开功率敷铜线与地线的耦合

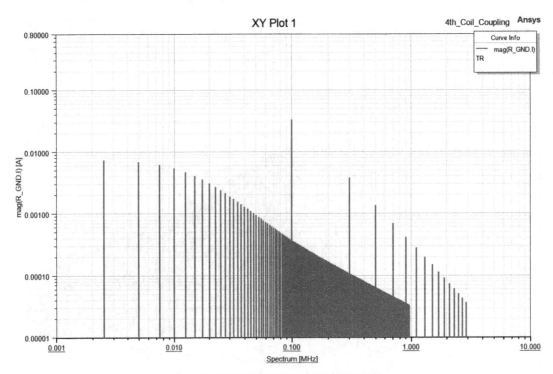

图 4-19　仿真得到的地线电流的 FFT 结果

5. Q3D Extractor 和 Maxwell 真实模型与 Twin Builder（Simplorer）联合仿真

在 Twin Builder（Simplorer）中，菜单操作 Twin Builder（Simplorer）→Add Component→ Q3D Dynamic Component→Add State Space Model，在弹出的对话框中，按如图 4-21 所示，选择连接之前的 Q3D Extractor 模型。

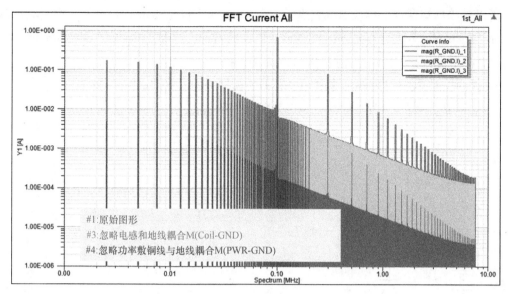

图 4-20　不同工况的仿真结果对比图

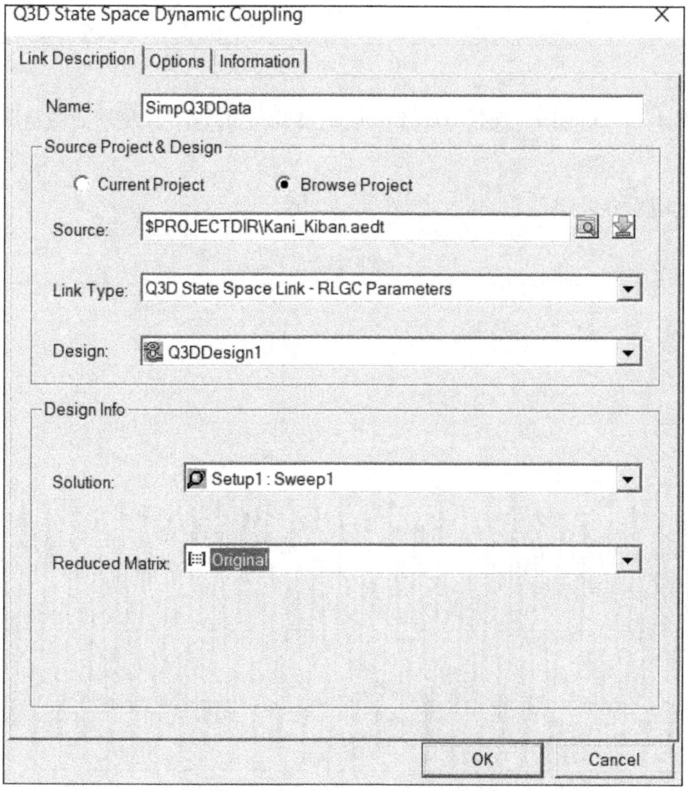

图 4-21　选择 Q3D Extractor 模型

在工程文件 PQ_Core_Spiral_Coil_for_SSM. aedt 中，建立 Design 下的 8th_Coil_Only_Freq，设置好求解频率 100kHz 和扫描频率，因为按之前的分析功率电感和地线的近场耦合较小，所以该模型只保留电感。求解完成后，在 Twin Builder（Simplorer）中，菜单操作 Twin Builder（Simplorer）→Add Component→Maxwell Component→Add Dynamic Eddy Current，在弹出的对话框中进行如下设置，连接之前的 Maxwell 模型。

Simplorer 连接 Q3D Extractor 模型和 Maxwell 模型后的电路图如图 4-22 所示。

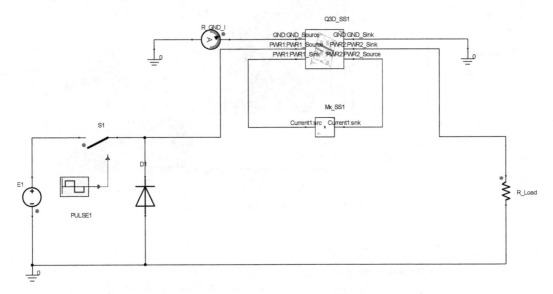

图 4-22　Simplorer 连接 Q3D Extractor 模型和 Maxwell 模型后的电路图

仿真后地线上电流的时域波形图如图 4-23 所示。

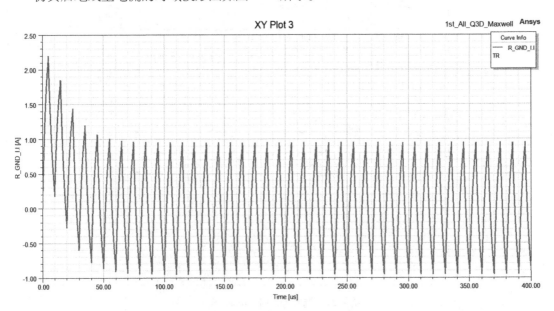

图 4-23　仿真后地线上电流的时域波形图

地线上电流的频域波形图如图 4-24 所示。

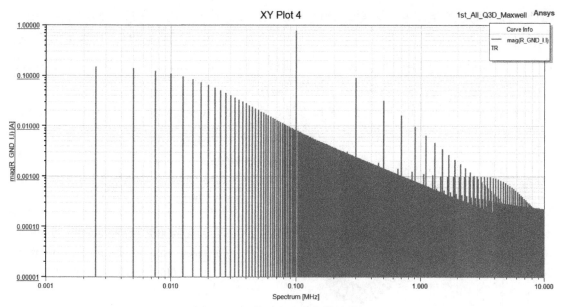

图 4-24　地线上电流的频域波形图

4.1.1.4　结论

该案例使用简化的 PCB 模型，对磁性器件和 PCB 走线的耦合影响进行相关性分析。借助该方法，可以在 PCB 前期 Layout 阶段，对磁性器件的近场影响进行分析，对 PCB 重要信号的布局布线具有一定的指导意义。

4.1.2　共模电感寄生电容与 EMI 滤波器

4.1.2.1　概述

共模电感（Common Mode Choke），也叫共模扼流圈，是各种电力电子设备中常用于滤除共模干扰的重要元件。共模电感是一个以铁氧体等软磁材料为磁心的共模干扰抑制器件，它由两个尺寸相同、匝数相同的线圈对称地绕制在同一个环形磁心上，线圈的绕制方向相反，形成一个四端口器件。当两线圈中流过方向相反的差模电流时（一般也是后级电路的工作电流），如图 4-25 所示，在端口 A 和端口 B 的方向相反的电流 i_2，产生两个相互抵消的

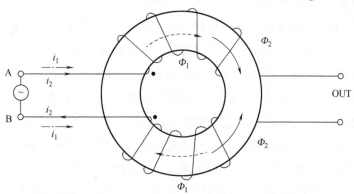

图 4-25　共模电感示意图

磁场 Φ_2，此时工作电流主要受线圈欧姆电阻以及可以忽略不计的工作频率下小漏感的阻尼的影响，所以差模信号几乎可以无衰减地通过；当有干扰信号流过线圈时，如图 4-25 所示，在端口 A 和端口 B 的方向相同的电流 i_1，产生两个相互加强的磁场 Φ_1，线圈即呈现出高阻抗，产生很强的阻尼效果，起到衰减干扰信号的作用。

共模电感通常有两个关键参数：共模感量、差模感量（差模漏感）。共模电感的测量方法见表 4-1。

表 4-1 共模电感的测量方法

关键参数	示意图	描述
共模感量		将共模电感一侧两根线短接，另一侧两根线也短接，使用电桥即可测量其共模感量，使用阻抗分析仪即可测量其共模阻抗曲线
差模感量		将共模电感一侧两根线抽出，另一侧两根线短接，使用电桥即可测量其差模感量，使用阻抗分析仪即可测量其差模阻抗曲线。

传统共模电感的参数测试方法一般都是采用电桥测量共模电感的共模感量及差模感量，采用阻抗分析仪测量其共模阻抗曲线及差模阻抗曲线，该过程比较烦琐，每次都要重新焊接拆卸共模电感的端子。

因此在设计的前期，利用仿真工具根据共模电感的几何模型和几何参数，对共模电感的各种重要参数进行分析和优化，则可以协助工程师高效率地设计出满足特定应用场合需求的共模电感。

4.1.2.2 仿真思路

阻抗 Z 表明针对交流电流的总阻碍作用，由电阻 R 和电抗 X 组成，通常用复数形式表示为：$Z = R + jX$，作为 EMC 滤波器件的性能参数；Z 的单位用 Ω 表示。

如图 4-26 所示，在 Maxwell 中建立共模电感的几何模型，并按实际共模感量的测试方法，把电感的两个输入端口并联，两个输出端口也并联，给 1A 的电流激励 Cmcurr_in 和 Cmcurr_out 以模拟共模电流，并对电流的频率进行扫描，则仿真得出其共模阻抗曲线。

如图 4-27 所示，在 Maxwell 中建立共模电感的几何模型，并按实际差模感量的测试方法，把电感的两个输出端口也并联，在输入端给 1A 的电流激励 Cmcurr_in 和 Cmcurr_out 以模拟差模电流，并对电流的频率进行扫描，则仿真得出其差模阻抗曲线。

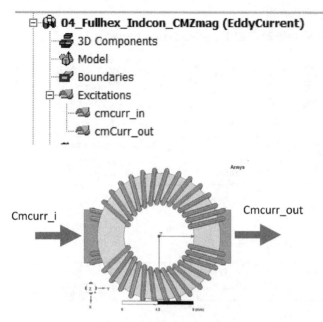

图 4-26　共模电感仿真设置

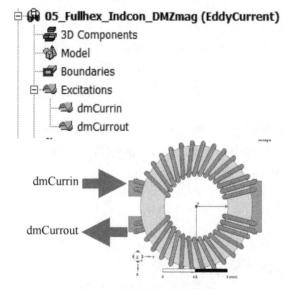

图 4-27　差模电感仿真设置

4.1.2.3　详细仿真流程与结果

1. 软件与环境

ANSYS Electronics Desktop（AEDT）2021 R1 版本，内含有限元仿真工具 Maxwell。

2. 环形螺线圈建模流程

由上面的分析可知，在对共模电感进行仿真时，环形螺线圈的建模是关键步骤，以下为常用的几种方法来实现线圈建模。

（1）环形螺线圈建模流程

单击如图 4-28 所示的建模窗口 Equation Based Curve。

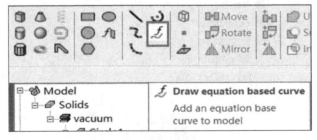

图 4-28　建模窗口

按照要求定义曲线，如图 4-29 所示。

Name	Value	Unit	Evaluated...	Description
Command	CreateEquationCurve			
Coordinate System	Global			
X(_t)	(0.05+0.01*sin(_t*2*pi*150))*cos(_t*2*pi)		*****	
Y(_t)	(0.05+0.01*sin(_t*2*pi*150))*sin(_t*2*pi)		*****	
Z(_t)	0.01*cos(_t*2*pi*150)		*****	
Start _t	1/150/4		0.001666...	
End _t	0.25-1/150/4		0.248333...	
Number of Points	0		0	
Cross Section				

图 4-29　曲线方程

- 案例：
  - X（_t）：（0.05+0.01 ∗ sin（_t ∗ 2 ∗ pi ∗ 150））∗ cos（_t ∗ 2 ∗ pi）
  - Y（_t）：（0.05+0.01 ∗ sin（_t ∗ 2 ∗ pi ∗ 150））∗ sin（_t ∗ 2 ∗ pi）
  - Z（_t）：0.01 ∗ cos（_t ∗ 2 ∗ pi ∗ 150）
  - Start_t：1/150/4
  - End_t：0.25-1/150/4
  - Number of Points：0

各参数意义示意图如图 4-30 和图 4-31 所示。

- X（_t）：（0.05+0.01 ∗ sin（_t ∗ 2 ∗ pi ∗ 150））∗ cos（_t ∗ 2 ∗ pi）
  - 周期圈数：150，右图只有 1/4 周期，只有 35 圈
  - 螺线圈半径：0.05
  - 圆环半径：0.01
- Y（_t）：（0.05+0.01 ∗ sin（_t ∗ 2 ∗ pi ∗ 150））∗ sin（_t ∗ 2 ∗ pi）
- Z（_t）：0.01 ∗ cos（_t ∗ 2 ∗ pi ∗ 150）
- Start_t：1/150/4
  - 圆环起点对应角度，控制 Z 坐标为 0

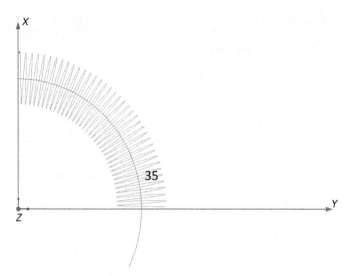

图 4-30　参数意义示意图 1

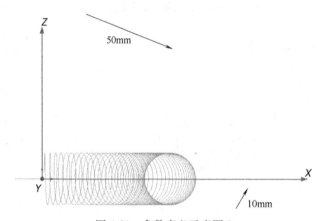

图 4-31　参数意义示意图 2

- End_t：0.25-1/150/4
    - 圆环终点对应角度，控制 Z 坐标为 0
    - 0.25，表示 1/4 个周期
- Number. of Points：0
    - 圆环分段数，0 表示真实圆弧
    - 建议定义分段数，如 1000

长度默认单位为 meter，角度默认单位为弧度。截面参数设置如图 4-32 所示。

- Type：Circle
- Orientation：Z
- Width：0.0002
    - 对应线径为 0.2mm

Name	Value	Unit	Evaluated...	Description
Command	CreateEquationCurve			
Coordinate System	Global			
X(_t)	(0.05+0.01*sin(_t*2*pi*150))*cos(_t*2*pi)		*****	
Y(_t)	(0.05+0.01*sin(_t*2*pi*150))*sin(_t*2*pi)		*****	
Z(_t)	0.01*cos(_t*2*pi*150)		*****	
Start _t	1/150/4		0.001666...	
End _t	0.25-1/150/4		0.248333...	
Number of Points	0		0	
Cross Section				
Type	Circle			
Orientation	Z			
Width/Diameter	0.0002		0.0002	
Top Width	0		0	
Height	0		0	
Number of Segments	0		0	

图 4-32　截面参数设置

圆环螺线圈示意图如图 4-33 所示。

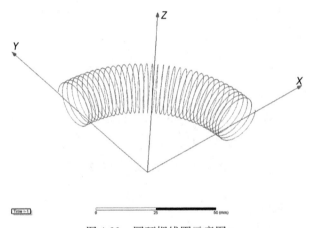

图 4-33　圆环螺线圈示意图

如图 4-34 所示的建模窗口，右键单击 Selection Mode→Faces。

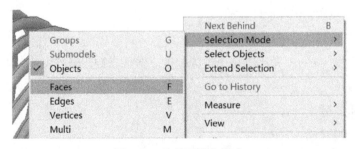

图 4-34　选择面操作模式

拉伸接头，选择一个面，如图 4-35 所示的建模窗口，右键单击 Edit→Surface→Sweep Faces Along Normal。

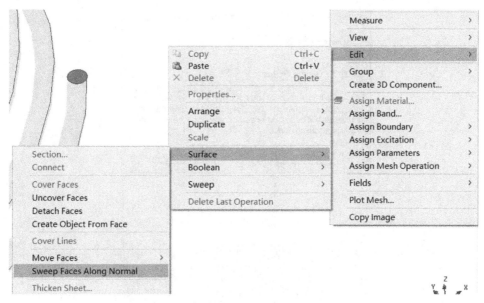

图 4-35　选择拉伸截面

输入接头长度，如图 4-36 所示。

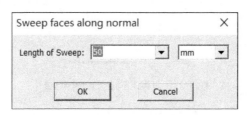

图 4-36　输入需要拉伸的长度

对另一个端面做同样的操作，选择三个体，组合 Unit。

切换选择体，选择线圈，圆周镜像，本例中的参数如图 4-37 所示。

旋转轴：Z

角度：1deg

个数：2

经过以上操作，便生成了一个两股线并绕的线圈。

（2）矩形截面环形螺线圈建模流程方法一

建立线圈界面中心模型，高度和宽度方向都要比真实铁心+导线的直径大一点，如图 4-38 所示。

获取矩形截面，进行操作，如图 4-39 所示。

取得截面的线域模型，如图 4-40 所示。

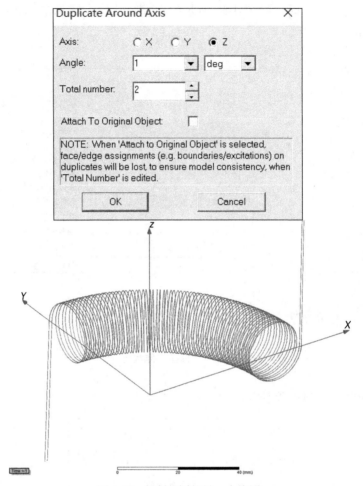

图 4-37　复制相同的另一个线圈

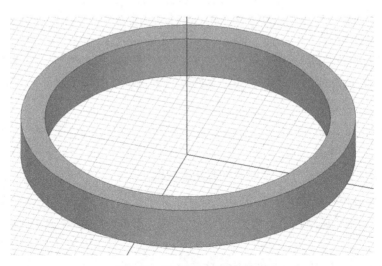

图 4-38　矩形截面环形螺线圈

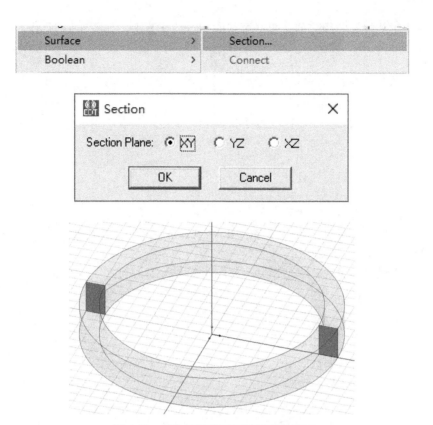

图 4-39 获取矩形截面环形螺线圈截面

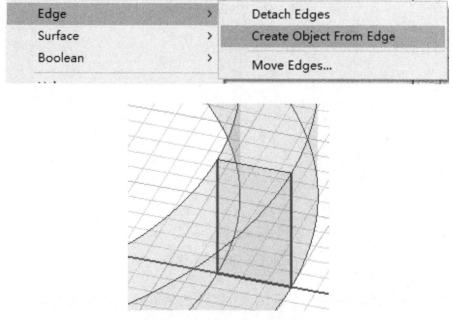

图 4-40 取得截面的线域模型

以 Z 轴为轴线复制曲线阵列，需注意线圈的匝数和节距，如图 4-41 所示。

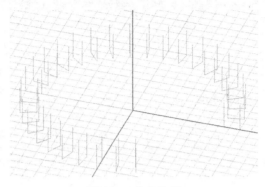

图 4-41　曲线阵列

连接截面，建立连接线，阵列接线图如图 4-42 所示。

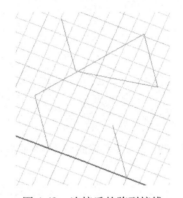

图 4-42　连接后的阵列接线

合并所有的线，如图 4-43 所示。

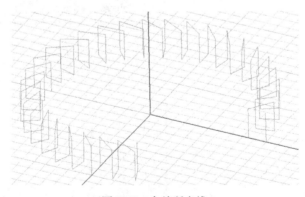

图 4-43　合并所有线

建立扫掠路径，建立线圈的导角模型，选择所有的 Vertices，并进行导角操作，如图 4-44 所示。

压缩建模历史，如图 4-45 所示。

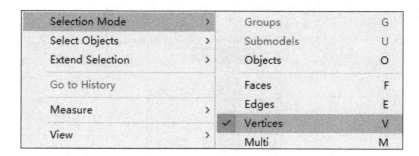

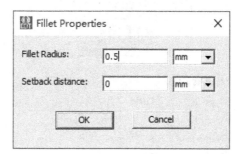

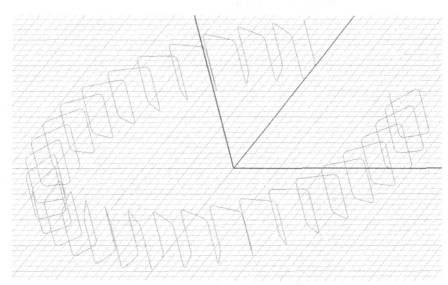

图 4-44 对曲线所有拐点进行导角操作

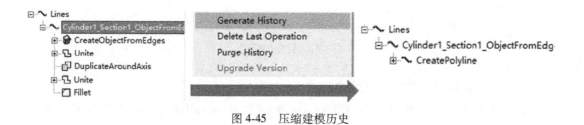

图 4-45 压缩建模历史

添加横截面，如图 4-46 所示。

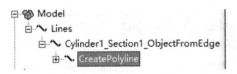

Model
Lines
Cylinder1_Section1_ObjectFromEdge
CreatePolyline
Name
Value
Unit
Evaluated Va...
Command
Creat...
Coordinate S...
Global
Number of p...
356
Number of c...
237
Cross Section
Type
None
None
Line
Circle
Rectangle
Isosceles Trapezoid
Cross Section
Type
Circle
Width/Diame...
0.5
mm
0.5mm
Number of S...
8
8
Bend Type
Corner

图 4-46　添加横截面

建成的模型如图 4-47 所示。

Z
Y
X

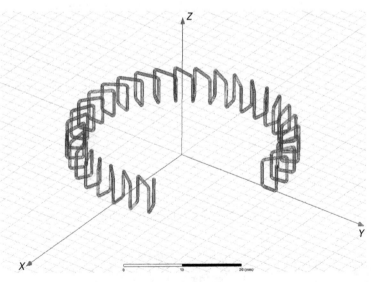

图 4-47　建成的模型

（3）矩形截面环形螺线圈建模流程方法二

将 UDP 脚本 Helix_Rectangle_Choke. py 复制到 PersonalLib 下的 UDP 目录，例如：C：\ Users \ 用户名 \ Documents \ Ansoft \ PersonalLib \ UserDefinedPrimitives；

运行 UDP 脚本；

菜单 Draw → User Defined Primitive → PersonalLib → Helix_Rectangle_Choke，如图 4-48 所示。

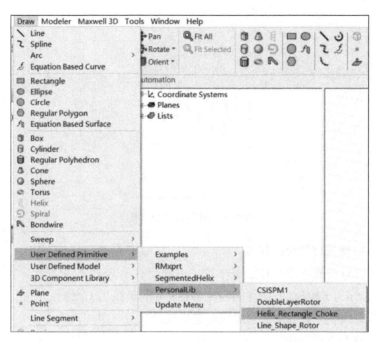

图 4-48　运行 Helix_Rectangle_Choke UDP

输入相关参数，绘图如图 4-49 所示。

图 4-49　输入 Helix_Rectangle_Choke UDP 参数

导线最终效果图如图 4-50 所示。

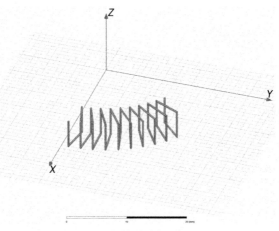

图 4-50　导线最终效果图

3. Maxwell 共模扼流圈阻抗仿真

阻抗 Z 表明针对交流电流的总阻碍作用，由电阻 R 和电抗 X 组成，通常用复数形式表示为：$Z=R+jX$，作为 EMC 滤波器件的性能参数；Z 的单位用 Ω 表示。

使用前述螺旋线模型对器件的实际模型进行建模。

（1）共模电感和共模阻抗

采用 Maxwell 涡流场求解器，按实际的测试条件把共模电感的两个绕组并联，激励源为电流 1A，并进行频率扫描，仿真设置图如图 4-51 所示。

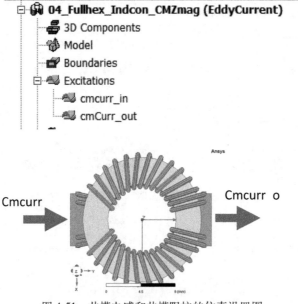

图 4-51　共模电感和共模阻抗的仿真设置图

仿真结果和测试结果的对比图如图 4-52 所示。上三角形连成的曲线是仿真值，下三角形连成的曲线是测量值。

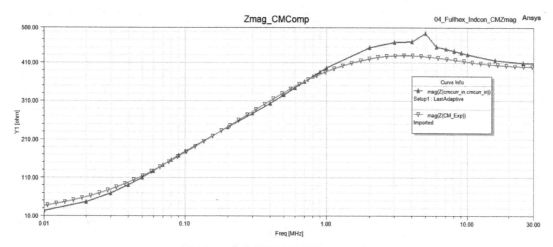

图 4-52　仿真结果和测试结果的对比图

（2）差模电感和差模阻抗

采用 Maxwell 涡流场求解器，按实际的测试条件把共模电感的两个绕组串联，激励源为电流 1A，并进行频率扫描，仿真设置图如图 4-53 所示。

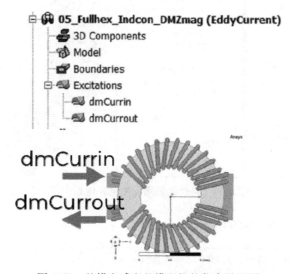

图 4-53　差模电感和差模阻抗的仿真设置图

仿真结果和测试结果的对比图如图 4-54 所示。圆圈连成的曲线是仿真值，下三角形连成的曲线是测量值。

4. Maxwell 共模扼流圈寄生电容仿真

共模扼流圈的寄生电容主要有线圈间的寄生电容、线圈与铁心的寄生电容。接下来介绍线圈间的寄生电容的仿真方法，线圈和铁心的寄生电容仿真方法与此类似。

采用静电场求解器，如图 4-55 所示，把其中一个线圈赋值为 1V，另一个线圈赋值为 0V（电压的具体值不会影响电容值的计算）。

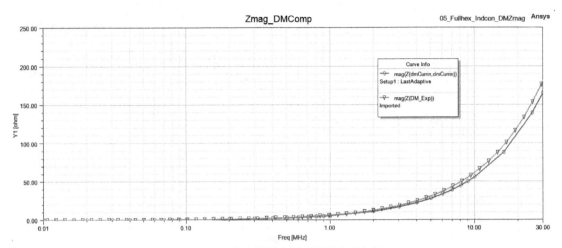

图 4-54　仿真结果和测试结果的对比图

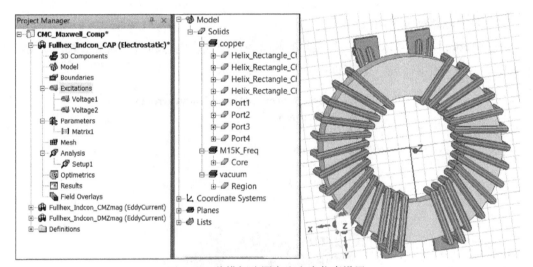

图 4-55　共模扼流圈寄生电容仿真设置

寄生电容仿真结果如图 4-56 所示。

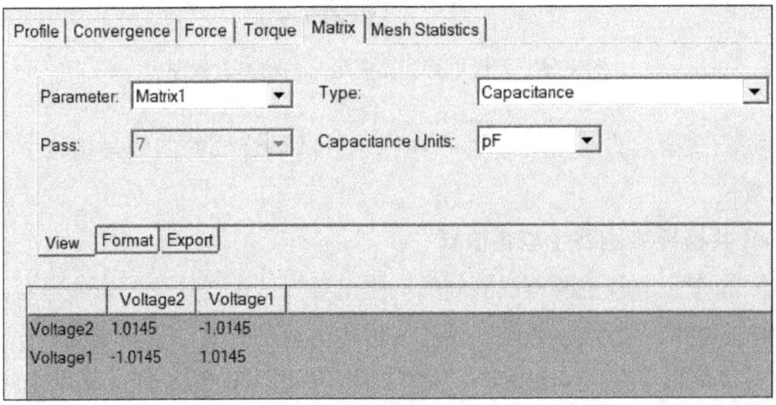

	Voltage2	Voltage1	
Voltage2	1.0145	-1.0145	
Voltage1	-1.0145	1.0145	

图 4-56　寄生电容仿真结果

上图中电容矩阵的主对角线上的电容值表示该线圈对无穷远处（可认为是大地）的寄生电容值，也叫自电容值；次对角线上的电容值表示线圈之间的寄生电容值。

5. 共模扼流圈与 Twin Builder 联合仿真

通过前述的仿真，得到了共模扼流圈的一些重要的参数值；但有时用户希望把共模扼流圈放到电源系统中进行系统仿真，以验证共模扼流圈实际对噪声的滤除能力。Maxwell 建立的共模扼流圈模型可直接连接到系统仿真软件 Twin Builder 中进行系统仿真。

（1）输入共模扼流圈的寄生电容模型

在 Twin Builder（Simplorer）中菜单操作：Twin Builder→SubCircuit→Maxwell Component→Add Dynamic Electrostatic，如图 4-57 所示。

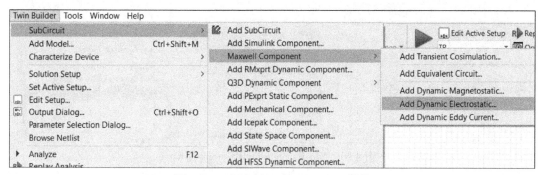

图 4-57　Add Dynamic Electrostatic 操作

连接抽取寄生电容的静电场求解器模型，如图 4-58 所示。

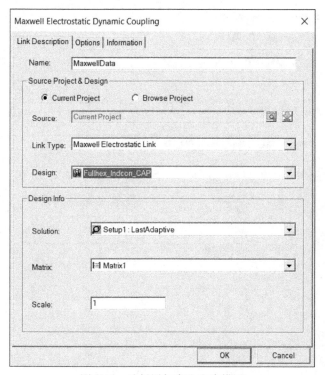

图 4-58　选择添加寄生电容模型

则共模扼流圈的寄生电容参数模型输入 Twin Builder（Simplorer）中，如图 4-59 所示，可以作为一个部件与其他元件一起进行系统仿真。

（2）输入共模扼流圈的阻抗模型

在 Twin Builder（Simplorer）菜单中操作：Twin Builder→SubCircuit→Maxwell Component→Add Dynamic Eddy Current，如图 4-60 所示。

连接抽取阻抗的涡流场求解器模型，如图 4-61 所示。

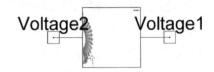

图 4-59　添加到 Simplorer 中的寄生电容模型

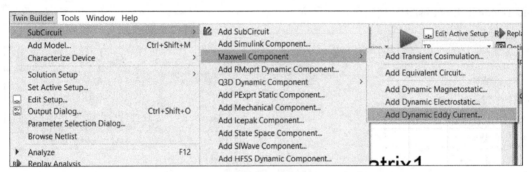

图 4-60　Add Dynamic Eddy Current 操作

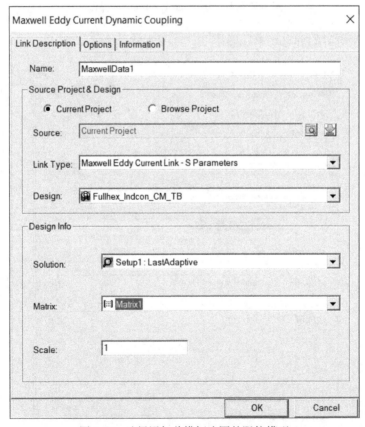

图 4-61　选择添加共模扼流圈的阻抗模型

则共模扼流圈的阻抗参数模型输入 Twin Builder（Simplorer）中，可以作为一个部件与其他元件一起进行系统仿真，如图 4-62 所示。

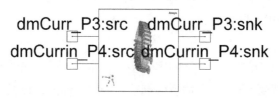

图 4-62　添加到 Simplorer 中的共模扼流圈阻抗模型

把阻抗模型和寄生电容模型在 Twin Builder（Simplorer）连接在一起，则得到共模扼流圈的完整模型，如图 4-63 所示，可以结合系统中的其他部件和电路进行系统仿真，综合评估共模扼流圈的性能。

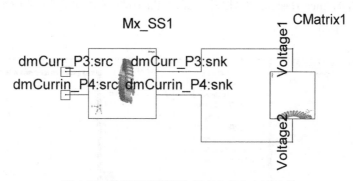

图 4-63　共模扼流圈阻抗模型和寄生电容连接

4.1.2.4　结论

共模电感是进行 EMI 整改时的重要部件，其共模阻抗、差模阻抗，以及寄生电容，是决定其性能的重要参数指标。采用 ANSYS 软件，可以基于物理模型和材料特性对共模电感进行建模和分析，获得其共模阻抗、差模阻抗、寄生电容等重要指标，并可以把这些参数输入 ANSYS 电路系统仿真软件中综合评估性能，帮助用户全面系统地设计出满足需求的共模电感。

4.1.3　磁屏蔽设计与仿真

4.1.3.1　概述

磁屏蔽是指把磁导率不同的两种介质放到磁场中，在它们的交界面上磁场要发生突变，这时磁感应强度 B 的大小和方向都要发生变化，也就是说，引起了磁力线的折射。当磁力线从空气进入铁磁物质时，磁力线对法线的偏离很大，因此有强烈的汇聚作用，从而形成了磁屏蔽。磁屏蔽在电子器件中有着广泛的应用。例如开关电源变压器或其他线圈产生的漏磁通会对其滤波器的共模和差模电感产生磁耦合从而加剧电磁兼容问题，也会对电子的运动产生作用，影响示波管或显像管中电子束的聚焦；在手表中，在机芯外罩以软铁薄壳就可以起防磁作用。为了提高仪器或产品的质量，必须将产生漏磁通的部件实行静磁屏蔽。利用仿真技术，可以对起磁屏蔽作用的铁磁物质的材料参数、屏蔽体几何尺寸和屏蔽方案进行分析研究，找到最低成本和最优的屏蔽方案。

4.1.3.2 仿真思路

磁屏蔽的方案和种类比较多，牵涉的因素多变，本案例的目的在于介绍在 Maxwell 里进行磁屏蔽仿真的基本思路和方法，评估铁磁屏蔽板的屏蔽性能，以及其最优的厚度。

4.1.3.3 详细仿真流程与结果

1. 软件与环境

ANSYS Electronics Desktop（AEDT）2021 R1 版本，内含电磁场有限元仿真软件 Maxwell。

2. 仿真设计过程

在 ANSYS Electronics Desktop（AEDT）2021 R1 中打开名字为 Shield On Box. Aedt 的工程文件，如图 4-64 所示。

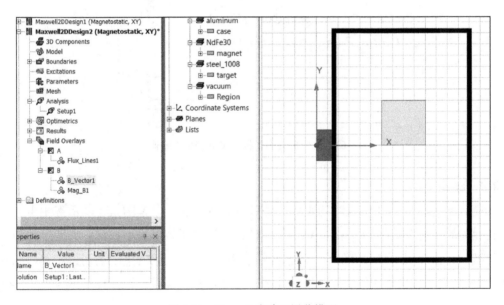

图 4-64　Maxwell 中建立屏蔽模型

在图中，左边红色部分 magnet 是材料为 NdFe30 的永磁体，充磁方向为 Y 轴正方向；黑色框为铝壳 case；假设框内的黄色部分 target 是受永磁体磁场干扰的空间。

鼠标右键单击 Project Manager 窗口内的 Setup1，再单击 Analyze 对模型进行求解。求解完成后，键盘 Ctrl+A 操作，选中所有物体，鼠标右键 Fields→A→Flux_Lines，如图 4-65 所示。

则得到整个空间的磁力线分布图如图 4-66 所示。

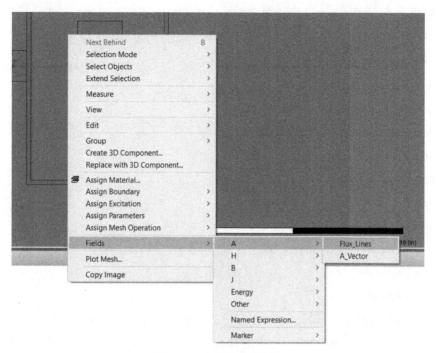

图 4-65　选择显示磁力线

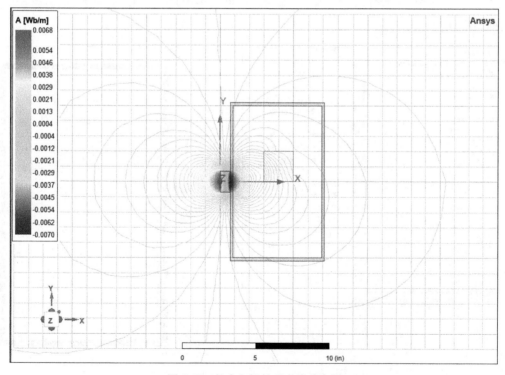

图 4-66　整个空间的磁力线分布图

从图中可以看出，由于铝壳无磁性，永磁体的磁场基本是直接耦合到了受扰空间。

可以通过查看受扰空间的平均磁通密度来判断受扰空间受永磁体磁场干扰的程度。菜单操作 Maxwell 2D→Fields→Calculator，打开场求解器，进行如下的选择和操作：

- Select Input→Quantity→B
- Select Vector→Mag
- Select Input→Geometry
- Select Volume→target→Press OK
- Select Scalar→∫
- Select Input→Number
- Select Scalar→Value：1→Press OK
- Select Input→Geometry
- Select Volume→target→Press OK
- Select Scalar→∫
- Select General→/

然后单击场求解器左上方的 Add，在弹出的对话框中输入 B_AVG，单击 OK；之后在求解器左上方的窗口中单击 B_AVG，再单击 Copy to stack，最后单击 Eval，得到受扰空间的平均磁通密度为 0.02603T。

在铝壳内部靠近永磁体的一侧加一个材料为 steel_1010 的屏蔽板（shield），如图 4-67 所示的绿色部分。

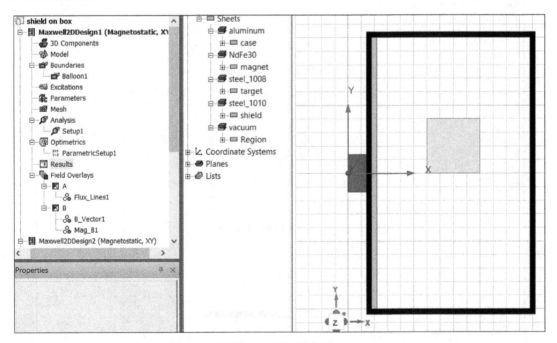

图 4-67　添加屏蔽板

添加屏蔽板后的空间磁力线分布图如图 4-68 所示。

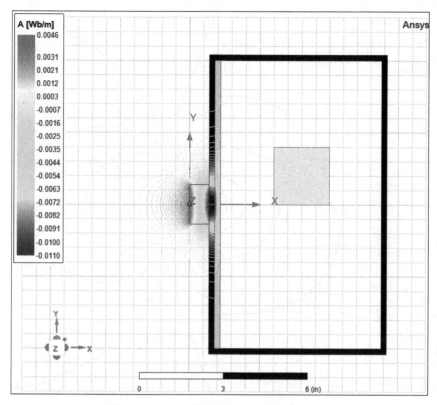

图 4-68　添加屏蔽板后的空间磁力线分布图

可绝大部分的磁力线被约束在了铁磁屏蔽板（shield）中，只有少部分耦合到受扰空间，同理可计算受扰空间的平均磁通密度为 0.0047636T，远远小于没有屏蔽前的 0.02603T。

3. 屏蔽层厚度对屏蔽性能的影响

加了屏蔽层后，屏蔽层太薄的话可能屏蔽效果不好，如果太厚的话可能会造成材料浪费或安装空间不够。针对这样的问题，可以通过 Maxwell 参数化的方法帮助分析，协助设计者取最优的厚度。

在 Project Manager 窗口处，鼠标右键操作 Optimetrics→Add→Parametric，在弹出的对话框中单击 Add，选择定义好的屏蔽层厚度变量 thick_shield，选择线性分步方式 Linear step，厚度变量从 0.02in 开始到 0.5in 结束，步进为 0.02in，再单击 Add，接着单击 OK，如图 4-69 所示。

在 Project Manager 窗口中，鼠标右键操作 Parametric Setup1→Analyze，对所有的厚度变量进行扫描分析。

求解完成后，在 Project Manager 窗口中，鼠标右键操作 Results→Create Fields Report→Rectangular Plot，Primary Sweep 选择 thick_shield，Y 选择受扰空间平均磁通密度 B_AVG，单击 New Report，如图 4-70 所示。

则得到平均磁通密度随屏蔽层厚度变化曲线，如图 4-71 所示。

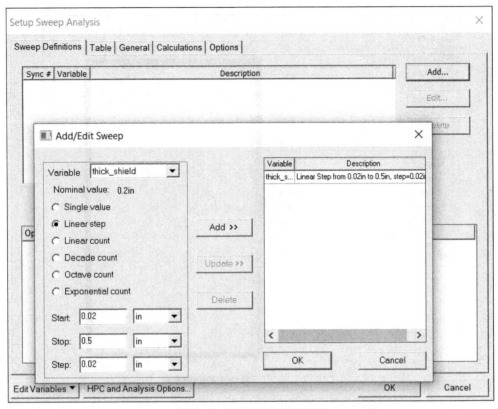

图 4-69　屏蔽层厚度参数化

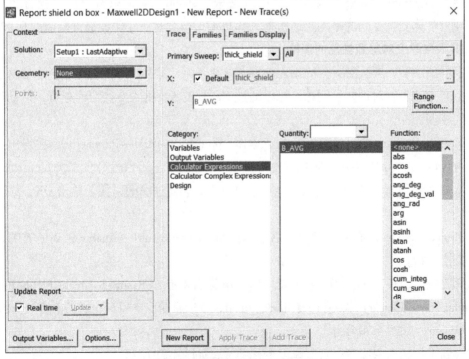

图 4-70　选择显示平均磁通密度

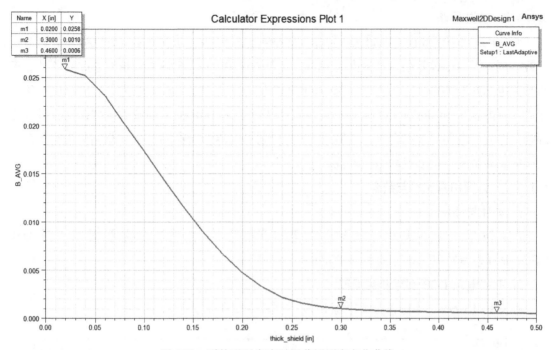

图 4-71 平均磁通密度随屏蔽层厚度变化曲线

从结果图中可以看出,当屏蔽层厚度从 0.02in 增加到 0.3in 时,受扰空间的平均磁通密度下降很明显;当超过 0.3in 时,受扰空间平均磁通密度只是缓慢下降,此时再增加屏蔽层的厚度,其屏蔽效果增加不是太明显。

4.1.3.4 结论

采用 ANSYS 的有限元分析软件 Maxwell,可以基于磁屏蔽的实际方案的物理结构和材料特性,并结合软件强大的后处理功能,观察空间或物理上的各种电磁场屏蔽前后的变化,综合评估磁屏蔽方案的效果。

4.1.4 开关电源系统传导发射(CE)仿真

4.1.4.1 概述

近年来,随着功率半导体器件的发展和开关器件技术的进步,开关电源的开关频率与功率密度不断上升,开关电源正在向小型化、集成化、高可靠性方向发展,带来了更高的 du/dt 和 di/dt;同时由于开关电源结构紧凑,PCB、线缆及电源模块与机箱具有分布复杂的寄生电感、电阻及电容等寄生参数,诸多的因素导致开关电源内部的电磁环境越来越恶劣,如果不对开关电源的电磁兼容问题进行研究、分析和规避,将对电源自身的正常工作及周围电子设备的正常工作都造成比较严重的影响。开关电源电磁兼容传统的设计方式都是通过后期的测试及工程经验进行分析与改善,很大程度上会造成多次反复整改也未能满足相应的设计标准,也会造成经济损失和项目延迟。利用虚拟仿真分析技术,在设计前期就对其进行分析并整改,是开关电源电磁兼容设计发展的必然趋势。本节将主要介绍开关电源系统 CE 的仿真案例和流程。

4.1.4.2 仿真思路

开关电源系统 CE 设计的因素比较多，包括其拓扑结构、开关频率、磁性器件、PCB 的布线布局，因素比较复杂。本案例的目的在于介绍开关电源 CE 仿真分析的思路和方法，基于开关电源的 PCB 模型，在 Q3D Extractor 中提取其对电磁兼容影响较为关键的 RLGC 寄生参数，再通过 Twin Builder（Simplorer）的菜单无缝导入 Q3D 提取的参数模型，结合开关电源的其他外部电路，并结合一个典型的 LISN（线性阻抗稳定网络），从仿真结果中得到开关电源电磁兼容的共模干扰和差模干扰。

4.1.4.3 详细仿真流程与结果

1. 软件与环境

ANSYS Electronics Desktop（AEDT）2021 R1 版本，内含寄生参数提取工具 Q3D Extractor 和系统电路仿真工具 Twin Builder（Simplorer）。

2. 开关电源 PCB 寄生参数提取

在 Q3D Extractor 中导入开关电源 PCB，如图 4-72 所示。

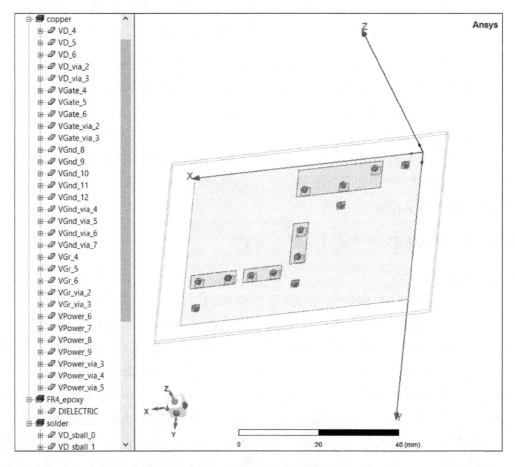

图 4-72　PCB 几何模型输入 Q3D Extractor

在 PCB 中，根据实际焊盘与 PCB 元件的连接关系，定义相应的源信号（Source）和漏信号（Sink）。根据 Q3D Extractor 的使用规则，在同一个网表 Net 上，可以有多个源信号，但只能有一个漏信号，但是这些源漏信号的定义不代表实际电流的流动方向，只代表 PCB 焊盘与 PCB 元件的连接关系。定义好源漏信号后的 PCB 仿真模型如图 4-73 所示。

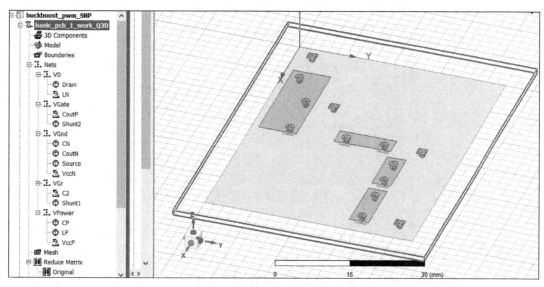

图 4-73　定义好源漏信号后的 PCB 仿真模型

如图 4-74 所示，右键单击 Analysis，并单击 Add Solution Setup。

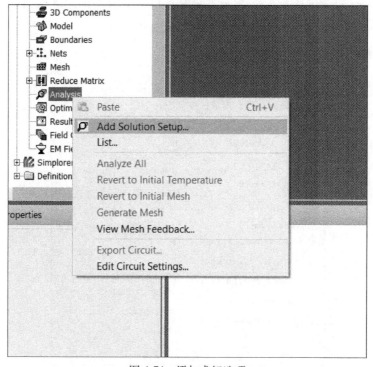

图 4-74　添加求解选项

在弹出的对话框中对 General 选项进行设置，如图 4-75 所示。

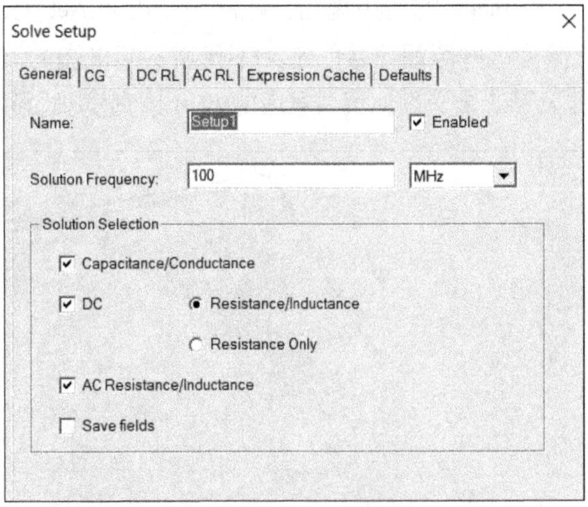

图 4-75　设置求解选项

在上图中，求解频率设置为了 100MHz，Q3D Extractor 将提取该频率下 PCB 的寄生参数。求解频率和需要仿真的传导 EMC 的最高频率相关，根据奈奎斯特定理，该求解频率至少要大于或等于传导 EMC 最高频率的两倍，才能复现 PCB 寄生参数对 EMC 最高频率的影响。而需要仿真的传导 EMC 最高频率和不同的 EMC 标准相关，用户可以根据实际情况设置该求解频率。

在 General 选项中，选中 Capacitance/Conductance，表示要求解 PCB 的 CG 参数；选中 DC 和后面的 Resistance/Inductance，表示需要求解 PCB 的直流电阻和电感；选中 AC Resistance/Inductance，表示需要求解 PCB 的交流电阻和电感。

CG 选项的设置如图 4-76 所示。

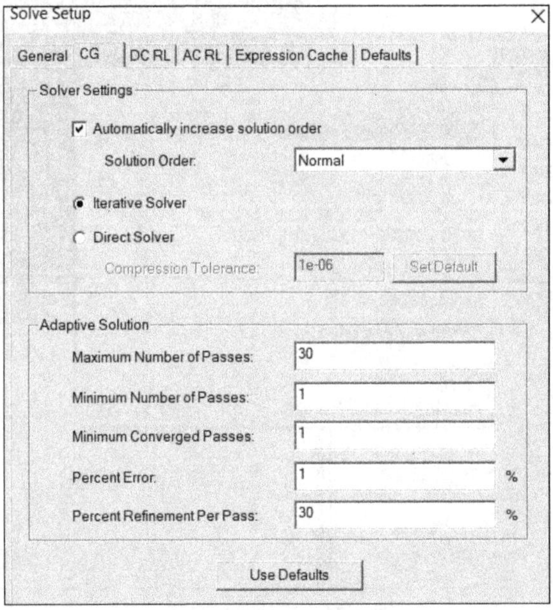

图 4-76　CG 选项的设置

DC RL 选项的设置如图 4-77 所示。

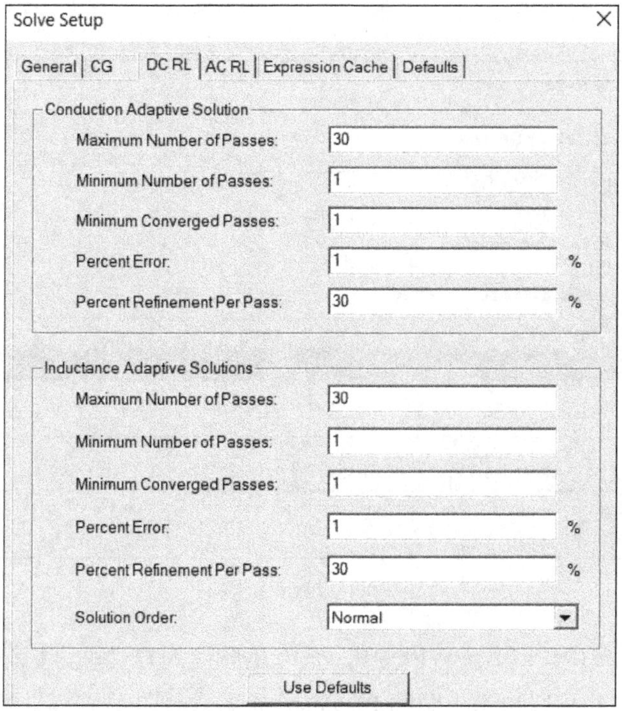

图 4-77　DC RL 选项的设置

AC RL 选项的设置如图 4-78 所示。

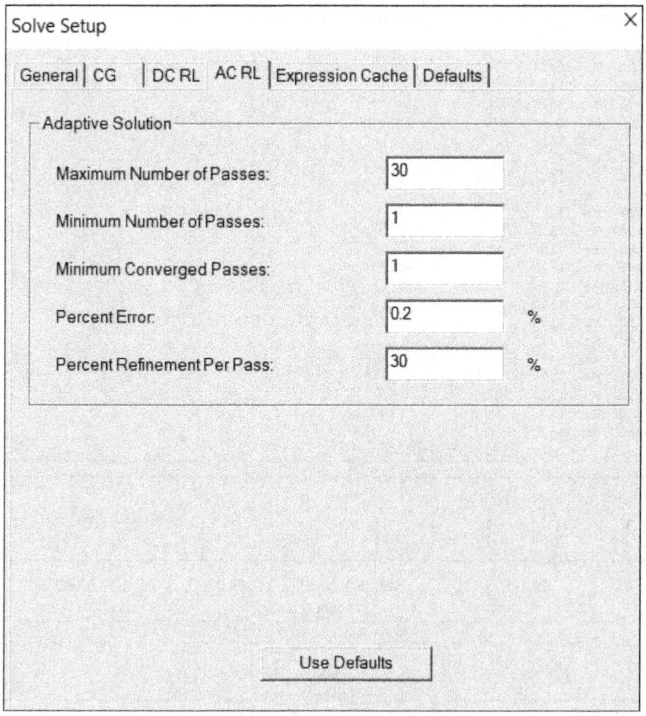

图 4-78　AC RL 选项的设置

右键单击 Setup1，并在弹出的下拉菜单中单击 Edit Frequency Sweep，在弹出的对话框中进行设置，如图 4-79 所示。

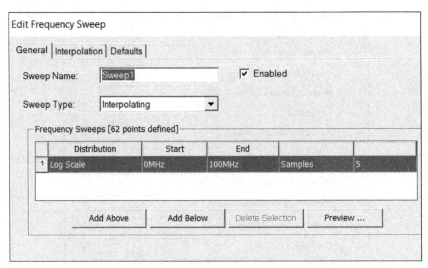

图 4-79　设置扫描频率

该设置表示从直流 0MHz 开始到 100MHz 以 10 倍频程的方式进行扫频，每 10 倍频程里扫描 5+1＝6 个频率点，也可以单击上图的 Preview，查看软件具体扫描计算的频点，如图 4-80 所示。

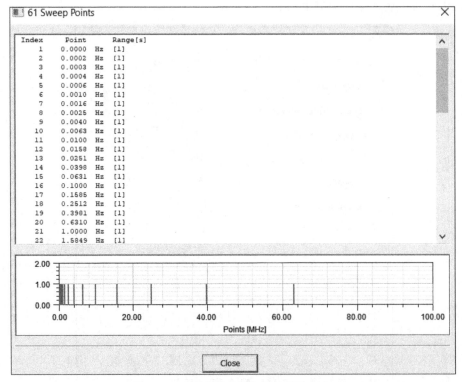

图 4-80　查看软件具体扫描计算的频点

设置完成后，如图 4-81 所示，操作单击 Analyze All，则可对 PCB 进行提取参数的操作求解。

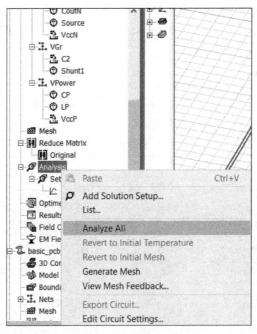

图 4-81　求解模型

求解完成后，可通过右键单击 Setup1，并单击 Matrix，可以查看 PCB 在各个扫描频点下的寄生参数矩阵，如图 4-82 所示。

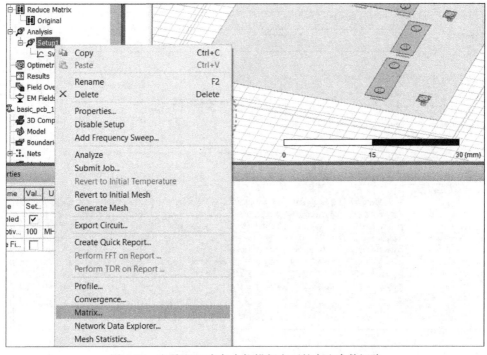

图 4-82　查看 PCB 在各个扫描频点下的寄生参数矩阵

寄生电容和电导矩阵如图 4-83 所示。

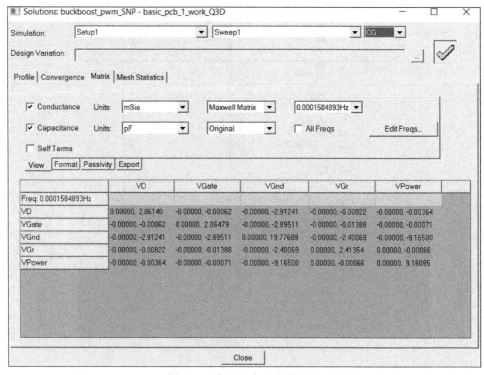

图 4-83　寄生电容和电导矩阵

直流寄生电感电阻矩阵如图 4-84 所示。

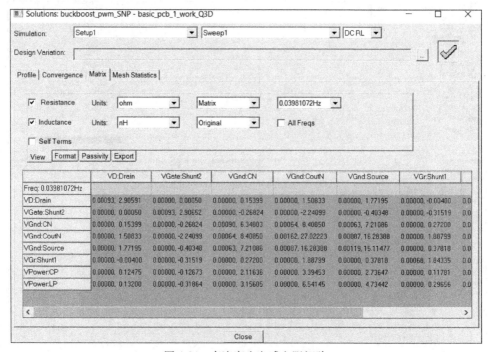

图 4-84　直流寄生电感电阻矩阵

交流寄生电感电阻矩阵如图 4-85 所示。

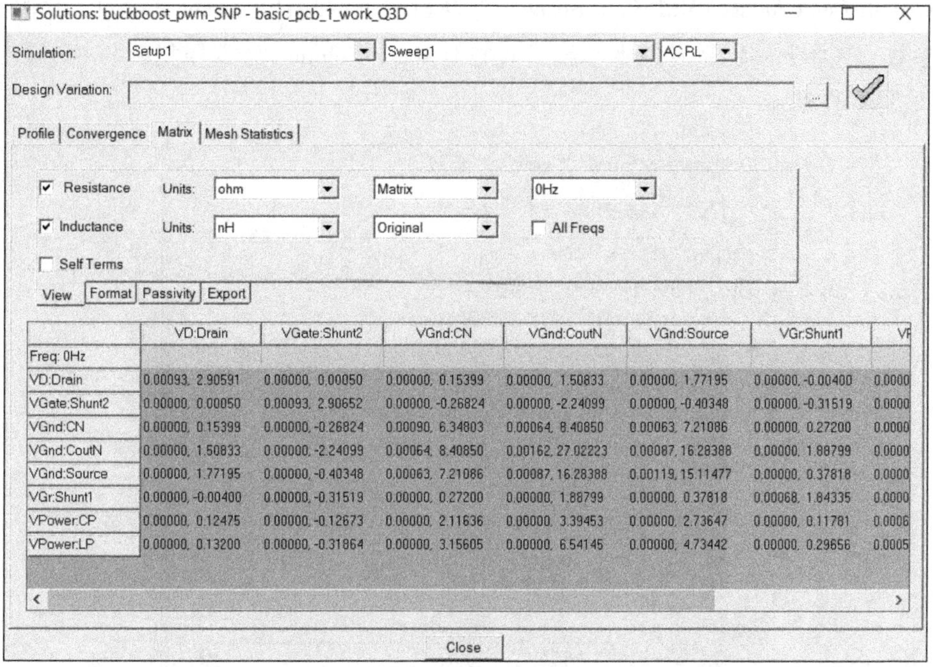

图 4-85　交流寄生电感电阻矩阵

3. 寄生参数模型导入 Twin Builder（Simplorer）中

打开名字为 Simplorer6_dynSS_LISN 的 Design，在该 Design 中已经把开关电源的电路原理连接好，并且搭建了一个电磁兼容 CE 测试和仿真需要的线性阻抗稳定网络 LISN。如图 4-86 所示。

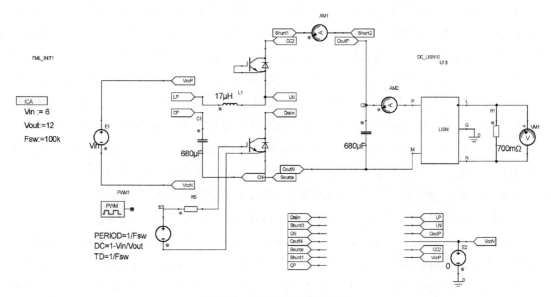

图 4-86　开关电源外围原理图

在 Twin Builder（Simplorer）中菜单操作 Twin Builder（Simplorer）→Add Component→Q3D Dynamic Component→Add State Space，选择当前工程文件 Current Project，并选择连接 RLGC 参数，选择上一步完成寄生参数提取的 Design，Solution 处选择扫频 Sweep1，详细参数配置如图 4-87 所示。

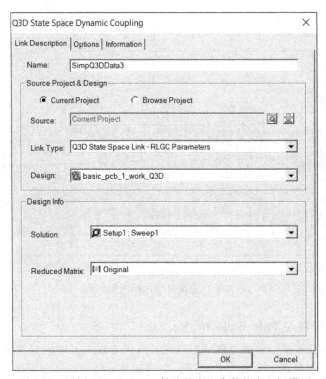

图 4-87　添加 Q3D Extractor 抽取的寄生参数状态空间模型

单击 Options，选择 Pin Description，这个选项将使在 Q3D Extractor 中定义的源（Source）信号和漏（Sink）信号的名称显示在 Twin Builder（Simplorer）中，便于连接开关电源的外部信号线；Create static link 选项默认为不选中，则每次仿真时 Q3D Extractor 都会启动以更新数据，如果选中该选项，那么在第一次生成数据后，数据就嵌入在 Twin Builder（Simplorer）中，工程文件可以转移到另一台计算机，并且可以在没有 Q3D Extractor License 时进行仿真，如果 Q3D Extractor 原设计的参数产生了变化，那么 Q3D Extractor 将重新运行以更新数据。Z（ref）是状态空间模型（State-Space）数据的参考阻抗，建议该值与实际系统的阻抗值匹配，一般在 1mΩ~1Ω 之间。设置参考阻抗值如图 4-88 所示。

按如图 4-89 所示的连接方式把 PCB 的寄生参数模型和外部线路连接起来。

在 LISN 模块（标号为 U13）中右键单击 Push Down 可以显示子电路的详细电路，如图 4-90 所示。LISN（Line Impedance Stabilization Network），即线路阻抗稳定网络。LISN 是开关电源系统中电磁兼容测试中的一项重要辅助设备。它可以隔离电波干扰，提供稳定的测试阻抗，并起到滤波的作用，其详细理论知识可参考相关资料。在该仿真中，LISN 模块的 U13. Vcm 为共模干扰信号，LISN 模块的 U13. Vdm 为差模干扰信号。

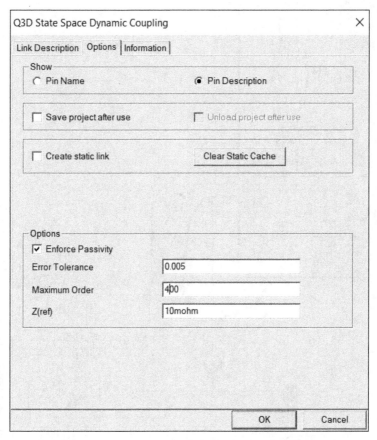

图 4-88　设置参考阻抗值

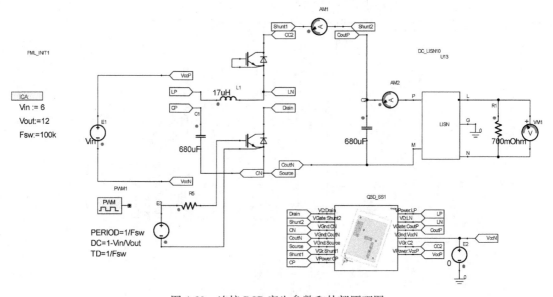

图 4-89　连接 PCB 寄生参数和外部原理图

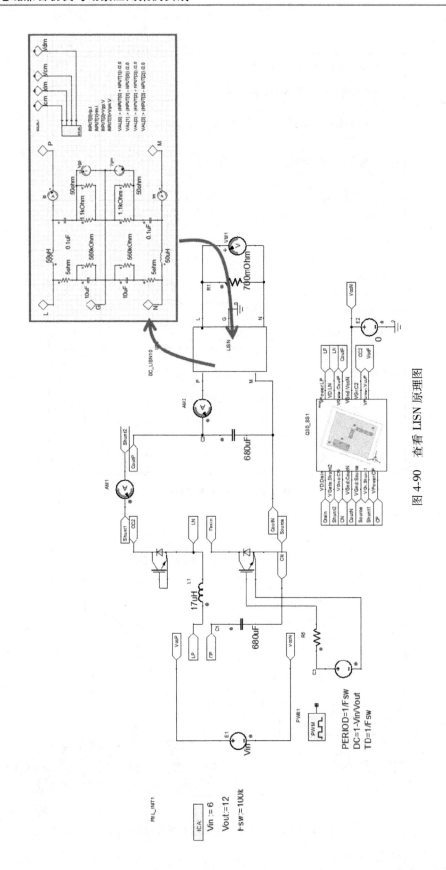

图 4-90　查看 LISN 原理图

4. 求解设置和结果查看

右键单击 Project Manager 窗口的 Analysis→Solution Setup→Add Transient，设置参数，如图 4-91 所示。仿真时间为 0~20ms，最小步长 Hmin 为 10ns，最大步长 Hmax 为 0.01ms。按照数字信号的奈奎斯特定理，该模型可以识别（1/10ns）/2＝50MHz 的信号。

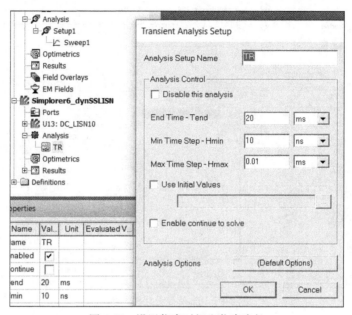

图 4-91　设置仿真时间和仿真步长

如图 4-92 所示，右键单击 TR，选择 Analyze，对模型进行求解。

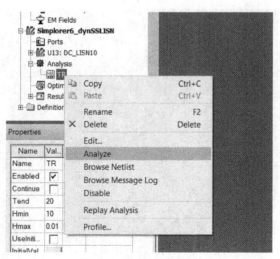

图 4-92　求解电路模型

求解完成后，右键单击 Project Manager 窗口的 Results→Create Standard Report→Rectangular Plot，在弹出的对话框中进行设置，如图 4-93 所示，Domain 处选择频谱 Spectral，Algorithm 处选择快速傅里叶变换（FFT），作 FFT 的数据开始时间（Start）为 0ns，终止时间

（Stop）为20ms，最高频率（Max Freq）为50MHz，噪声容限为160dB，选择对 LISN 电路的共模干扰信号 U13. Vcm 求 dB 值为 dB（U13. Vcm），然后单击 New Report。

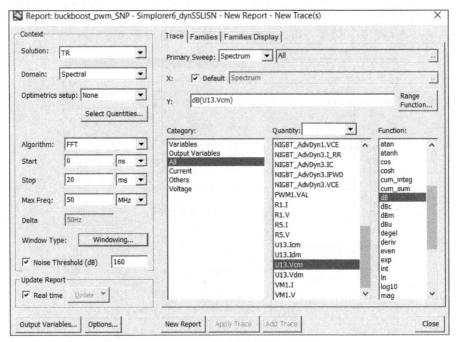

图 4-93　选择查看共模干扰

共模干扰结果图如图 4-94 所示。

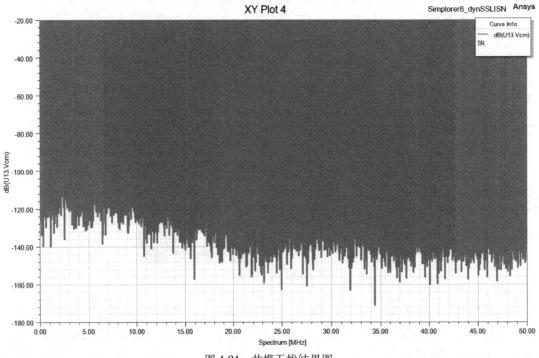

图 4-94　共模干扰结果图

该图与电磁兼容最终测试的信号形式差别比较大，可以作后续的设置：

首先单击报告的横坐标，并单击 X Scaling，把 Axis Scaling 选择为 Log，如图 4-95 所示。

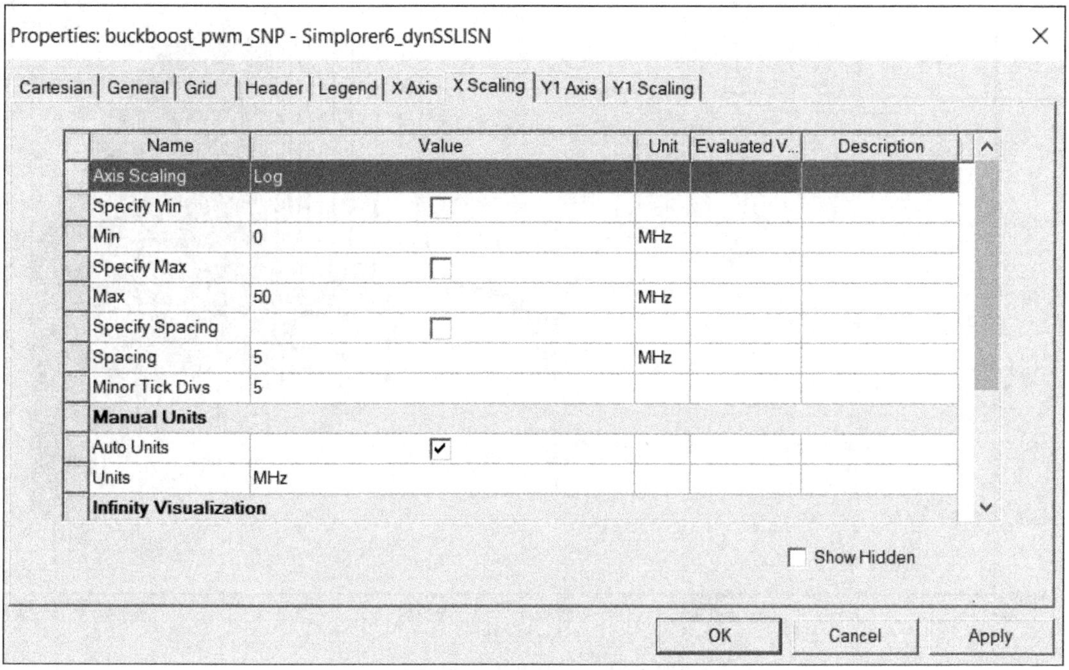

图 4-95　选择坐标轴为 Log

再单击报告中的红色曲线部分，把 Attributes 选项里的 Trace Type 选择为 Continuous，如图 4-96 所示。

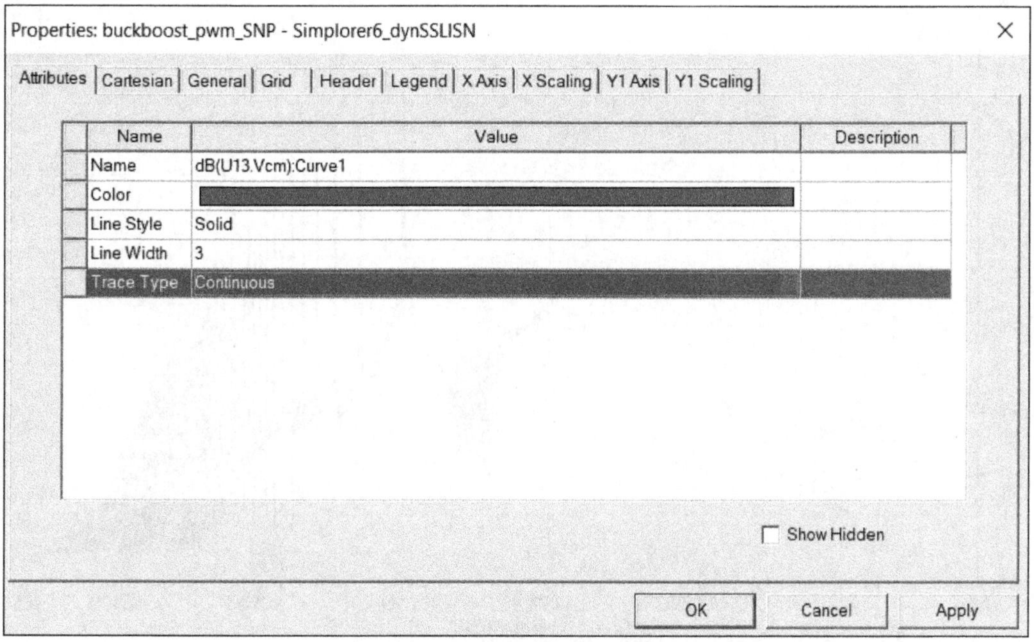

图 4-96　选择曲线的显示形式

共模干扰的频谱图如图 4-97 所示。

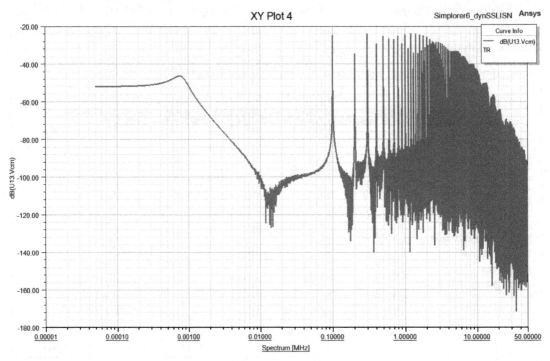

图 4-97　共模干扰的频谱图

同理，可以得到系统差模干扰的频谱图，如图 4-98 所示。

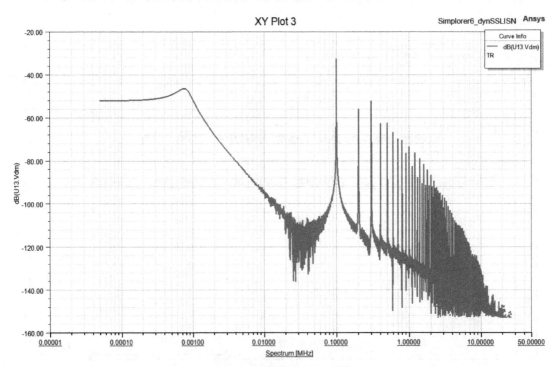

图 4-98　差模干扰的频谱图

4.1.4.4　结论

CE 问题是开关电源系统需要解决的重要问题，也是难点问题。造成 CE 问题的原因，除了半导体开关器件、磁性器件等部件之外，开关电源 PCB 的寄生电阻、电感、电容和电导，也是电源噪声的重要通路和源头。采用 ANSYS 的平台，可以提取出开关电源 PCB 的寄生参数，并输入 ANSYS 电路系统仿真软件中，结合匹配的 LISN 电路，综合评估开关电源的 CE 问题。

4.2　电驱系统

4.2.1　功率半导体模块寄生参数仿真

4.2.1.1　概述

功率变换器的核心是功率半导体器件，其在很大程度上决定了功率变换器的性能好坏。随着宽禁带半导体的发展，SiC 和 GaN 材料越来越受到大家的关注。功率开关器件的工作开关频率逐渐升高，带来电流和电压的快速变化，同时由于功率半导体的封装所造成的寄生参数更是在系统中引起瞬态电磁噪声，带来更多的电磁兼容问题。对于功率器件芯片，在大功率的应用场景下，往往会使用多个芯片进行并联后封装的方法来达到大功率开关场景的要求，其不同的封装形式所造成的寄生参数的差异往往也会造成器件的性能不同。因此在进行功率变换器设计时，能获取不同封装下的寄生参数的影响分析，会给电磁兼容工程师的优化设计带来更多的帮助，进而改善功率变换器的电磁兼容性能。

4.2.1.2　仿真思路

通过在 Q3D Extractor 中导入某多芯片并联的功率模块的三维结构模型，通过合理的材料赋值、网络识别、端口设置和扫频求解等，完成功率模块的寄生参数抽取，通过合理的设置获取精确的寄生参数。

4.2.1.3　详细仿真流程与结果

案例的主要步骤包括：软件与环境模型导入、材料设置、定义 Source 和 Sink 端口、求解设置及结果查看。

1. 软件与环境

ANSYS Electronics Desktop（AEDT）2022 R2 版本，内含 Q3D Extractor 软件。

2. 模型导入

在使用 CAD 软件绘制功率半导体模块的三维模型，导入 Q3D Extractor 中，关于如何绘制三维模型，此处不做说明。该案例使用一个简化的案例模型，并且已经导入 Q3D Extractor 中。请打开 Q3D Extractor，并解压案例文件 2IGBT_HBInv0. aedtz 文件，一般 ANSYS Electronics Desktop（AEDT）保存的文件扩展名为 . aedt，这里的 . aedtz 表示压缩后的文件类型，可以使用 ANSYS Electronics Desktop 解压后正常打开，并将解压后的 . aedt 文件保存在合适的工作路径下，注意该工作路径最好不要包含中文字符，以避免出现运行错误。

该模型是三相逆变器的单相半桥桥臂，使用经典的堆叠方式，包括半导体芯片、接线端子、基板、金属化基板、外壳；每个开关单元包含 4 个半导体芯片和 4 个反并联二极管；功率端子包括母线正极端子（DC_plus）、母线负极端子（DC_minus）和交流相端子（Phase_output），同时包含 2 个栅极信号端，图 4-99 所示为模型简要示意图和结构说明。

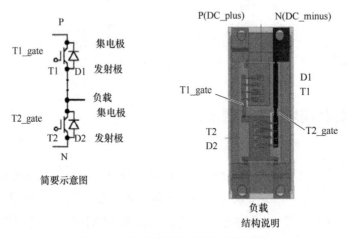

图 4-99　模型简要示意图和结构说明

3. 材料设置

在 ANSYS Electronics Desktop 软件里，打开仿真软件 Q3D，打开工程文件后，AEDT 模型界面如图 4-100 所示。

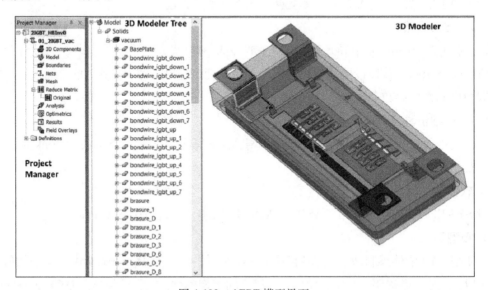

图 4-100　AEDT 模型界面

在 3D 模型树上，使用 Ctrl+Shift 键一次性选择多个物体，首先选中所有 Substrat_Ceram 的物体，右键单击选择 Assign Material，通过名称查找赋值为 Al_N 材料，如图 4-101 所示。

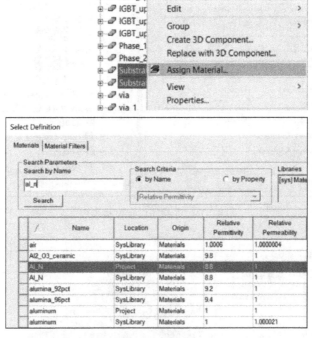

图 4-101　材料参数选择

同理，通过 3D 模型树将所有的物体进行材料赋值，见表 4-2。

表 4-2　材料参数

物体名称	材料参数名称
bondwire_xx，gate_xx，metal_xx，trace，trace_xx	aluminium
Substrat_Ceram	Al_N
brasure，brasure_xx	solder
diode，diode_xx，IGBT_xx	silicon
Frame	polyethylene
DC_xx，Phase_xx，via，via_xx，BasePlate	copper

在 AEDT 中可以选择一些物体，通过设置为 Non Model 的方式，使其不参与电磁计算，这样的设置可以缩短电磁仿真所用的时间。比如在该案例中，可以对非电气传导路径上的物体选择设置为 Non Model，同时选中 BasePlate、brasure、brasure_1、trace_1、trace_3、Frame，然后在左下角的 Properties 窗口中，取消勾选 Model 选项，设置材料后的模型如图 4-101 所示。最终形成的模型材料设置如图 4-102 和图 4-103 所示。

4. 定义 Source 和 Sink 端口

（1）为 Phase1 和 Phase2 定义 Sink 端口：Phase_out

在菜单栏将选择模式更改为 Face（快捷键操作是英文输入法下按 F 键），选择 Phase1 和 Phase2 的上表面，Assign Excitation 为 Sink，并将 Sink 的名称更改为 Phase_out，如图 4-104 所示。

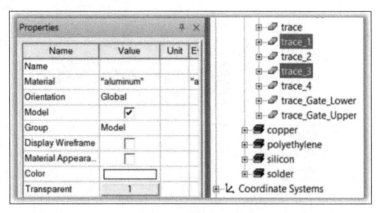

图 4-102　为物体设置材料参数

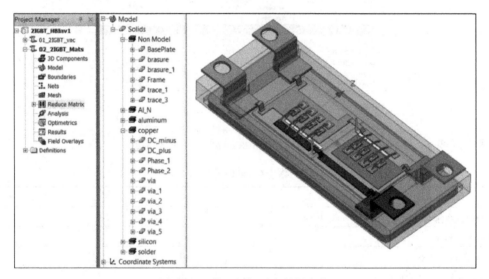

图 4-103　模型添加对应材料参数

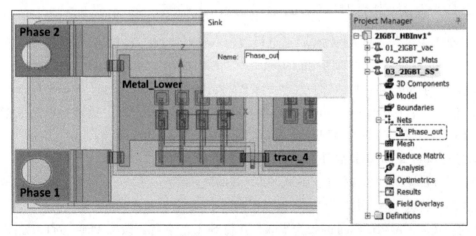

图 4-104　为 Phase1 和 Phase2 定义 Sink 端口

（2）为 igbt_pin_c 在焊盘上定义 Sink 端口

隐藏显示（快捷键为：Ctrl+H）所有的 IGBT 和 Diode 器件，在 Face 选择模式下，按住 Ctrl 键选择 brasure_D、brasure_D_1 到 3、brasure_MOS、brasure_MOS_1 到 3，共 8 个平面，如图 4-105 所示。

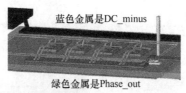

蓝色金属是DC_minus

绿色金属是Phase_out

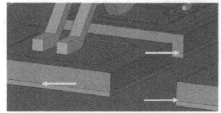

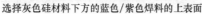

选择灰色硅材料下方的蓝色/紫色焊料的上表面

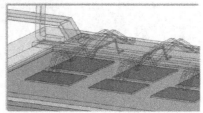

此处显示所选Face平面，都隐藏在硅材料物体的下面

图 4-105　为 igbt_pin_c 在焊盘上定义 Sink 端口

选中 8 个 Face 平面后，在 3D 模型树上右键单击选择 Assign Excitation→Sink，并且命名为 igbt_pin_c，因为硅材料并不是导体，所以需要确保所选择的 Sink 应该是焊盘上的 Face 平面，而不是硅材料物体的下表面。

（3）在 bondwire_igbt_down 键合线上定义 igbt_pin_c 的 Source 端口

在这里需要注意，由于需要一次性选择多个 Face 平面，所以操作有一定的困难，需要借助快捷键进行辅助操作，如使用 Ctrl 键进行多个平面选择，使用 B 键进行后面 Face 的选择，使用 H 键进行模型的隐藏，使用 Zoom+ 和 Zoom-进行物体的放大缩小显示等。在这些铝键合线 bondwire_igbt_down、bondwire_igbt_down_1 到 7 上进行选择，如图 4-106 所示。

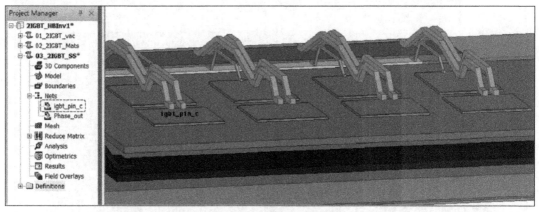

图 4-106　在 bondwire_igbt_down 铝键合线上定义 igbt_pin_c 的 Source 端口

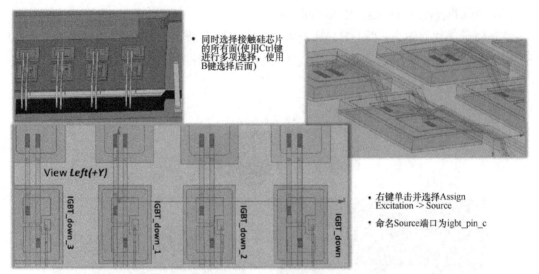

图 4-106　在 bondwire_igbt_down 铝键合线上定义 igbt_pin_c 的 Source 端口（续）

完成设置后，当在 Project Manager 中工程文件单击 igbt_pin_e 时，可以在右侧图中显示对应相关的键合线连接面均被选中，完成 igbt_pin_e 的 Source 定义后，同时需要检查一下各个键合线与硅材料物体的接触面，确保定义的 Face 平面正确。设置完成键合线的 Source 端口后的效果如图 4-107 所示。

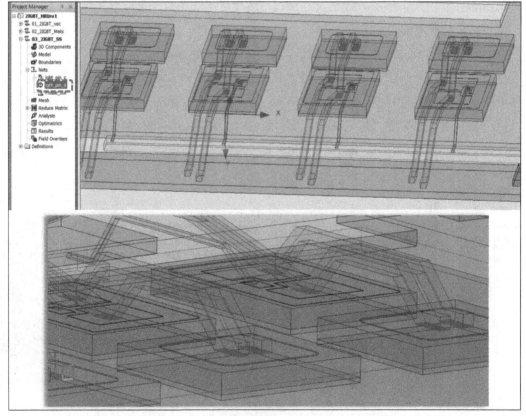

图 4-107　设置完成键合线的 Source 端口后的效果

（4）设置栅极信号线 Gate_down 和 Gate_up 的 Sink 端口

选中铝材料物体 Gate_down，在端面上选择 Face 平面，添加 Sink 端口，命名为 Gate_down_sink，同理对物体 Gate_up，进行相同设置，命名为 Gate_up_sink，如图 4-108 所示。

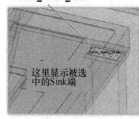
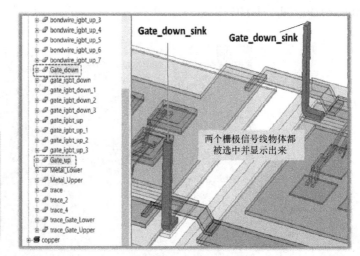

图 4-108　设置栅极信号线 Gate_down 和 Gate_up 的 Sink 端口

（5）在键合线 gate_igbt_down 上定义 Source 端口：igbt_pin_g

在 4 个 gate_igbt_down 名称的铝键合线上，选择它们与硅材料 IGBT_down 名称物体的下部的接触面（可以使用 Left（+Y）视图和使用快捷键 B 来快速选择这些接触面），然后右键单击并选择 Assign Excitation→Source，并且修改名称为 igbt_pin_g，如图 4-109 所示。

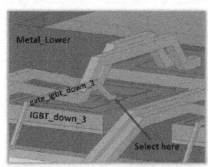

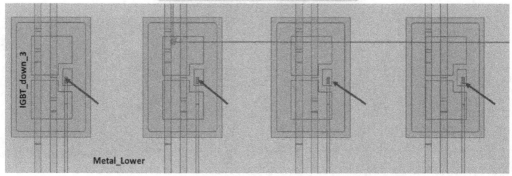

图 4-109　在键合线 gate_igbt_down 上定义 Source 端口

（6）在键合线 gate_igbt_up 上定义 Source 端口：igbt_pin_h

采用相同的方式，在 4 条 gate_igbt_up 名称的铝线上，选择它们与硅材料 IGBT_up 相接处的下部的接触面，不能选择硅材料上的 Face 平面，然后添加 Source 端口激励，修改名称为 igbt_pin_h，如图 4-110 所示。

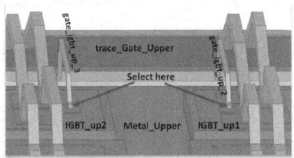

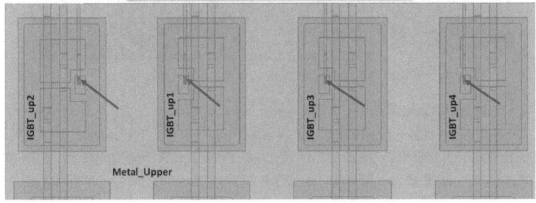

图 4-110　在键合线 gate_igbt_up 上定义 Source 端口

（7）在键合线 bondwire_igbt_up 上定义 Source 端口：igbt_pin_eup

在名称为 bondwire_igbt_up，bondwire_igbt_up_1 到 7 的 8 条键合线上，选择它们与硅材料 IGBT_up 和 Diode 相接触的下部共 16 个接触面，然后右键单击并选择 Assign Excitation→Source，并且修改名称为 igbt_pin_eup，如图 4-111 所示。

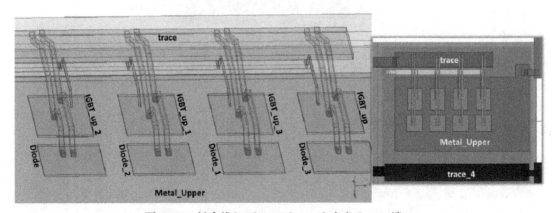

图 4-111　键合线 bondwire_igbt_up 上定义 Source 端口

（8）在焊盘 Solder 6 到 9 上定义 Source 端口：igbt_pin_cdwn

通过隐藏显示的方式将名称为 Diode 和 IGBT_down 的硅材料物体隐藏，这样可以避免选到硅材料物体的接触面，然后选择 brasure_D_6 到 9 和 brasure_MOS_6 到 9 这几个焊盘物体的上表面，然后右键单击并选择 Assign Excitation→Source，并且修改名称为 igbt_pin_cdwn，如图 4-112 所示。

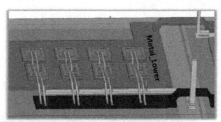

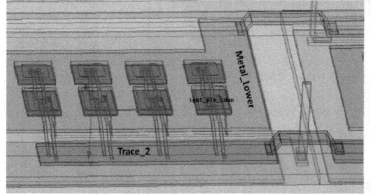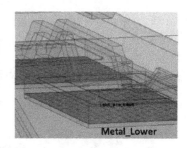

图 4-112　焊盘 Solder 6 到 9 上定义 Source 端口

（9）在 DC_minus 上定义 Sink 端口：DC_minus_sink

使用 Face 选择方式，选择铜材料物体 DC_minus 的上表面，然后右键单击并选择 Assign Excitation→Sink，并重新命名为 DC_minus_sink，同理，在 DC_plus 上定义 Source 端口，修改名称为 DC_plus_source，如图 4-113 所示。

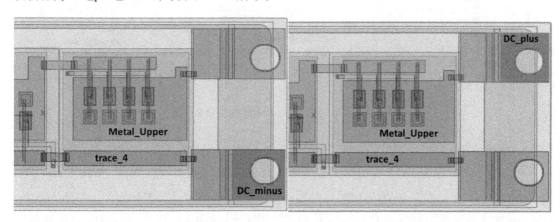

图 4-113　DC_minus 上定义 Sink 端口

在 Project Manager 下工程文件的 Nets 上，右键单击并选择 Auto Identify Nets，所有相接触的导体都会被识别成 1 个 Net，可以将前面所定义的 Source 和 Sink 识别到各自的 Nets 网络上，如图 4-114 所示。

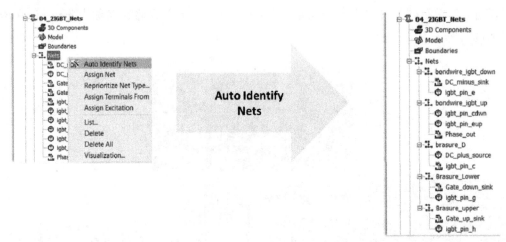

图 4-114　自动识别 Nets

在工程文件下，可以对识别的 Nets 进行重命名，方便理解各个 Nets 的含义，如图 4-115 所示。

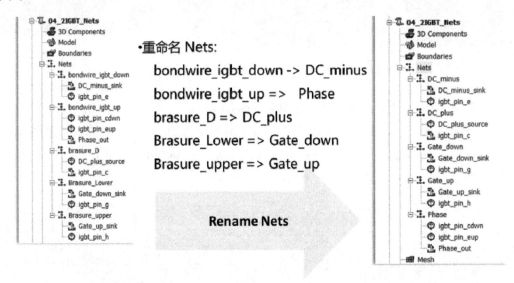

图 4-115　对识别的 Nets 进行重命名

5. 求解设置

在工程文件的 Analysis 上右键单击，选择 Add Solution Setup，在弹出的 Solve Setup 界面的 General 栏，输入名称为 2IGBT300，设置 Solution Frequency 为 300MHz，并勾选 Solution Selection 的求解内容，同样对 CG 栏、DC RL 栏和 AC RL 栏进行设置，单击 OK 退出求解设置。右键单击 Analysis 下面的 2IGBT300 求解设置，然后选择 Add Frequency Sweep，添加频

率扫描，在 Edit Frequency Sweep 中设置从 0Hz～300MHz 的求解频点，如图 4-116 所示。

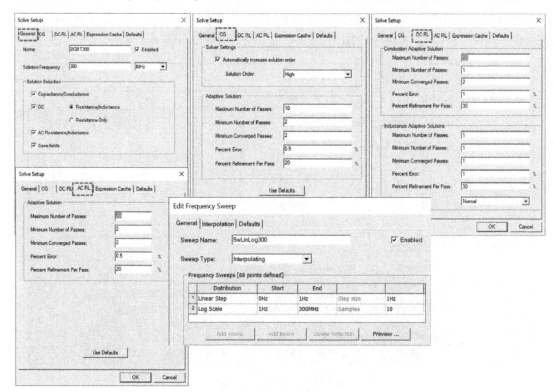

图 4-116 求解设置

然后单击菜单栏的 Validate 检查设置是否正确，如图 4-117 所示，单击 Close 关闭窗口，然后单击 Analyze All 运行该模型。当仿真结束后，保存仿真工程文件。

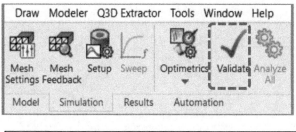

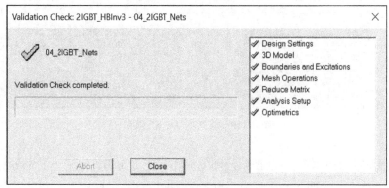

图 4-117 运行 Validation Check

329

6. 结果查看

当模型运行结束后，可以在菜单栏的 Results 栏中选择 Solution Data 进行数据的查看。仿真结果包含了模型的 CG 和 AC RL 的结果，分别如图 4-118 和图 4-119 所示。

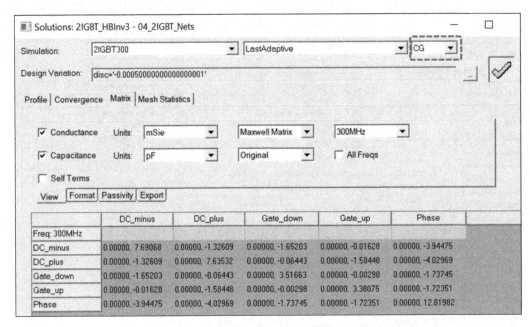

图 4-118　求解的 CG 结果

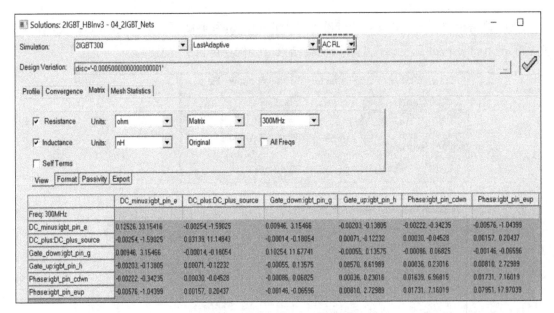

图 4-119　求解的 AC RL 结果

同时在场图的后处理中，可以查看云图的分布，比如 IGBT 封装上的铜导体和铝导体的表面电流密度的分布，如图 4-120 所示，可以对云图的 Scale 标尺进行修改，如显示方式改为 Log 模式。

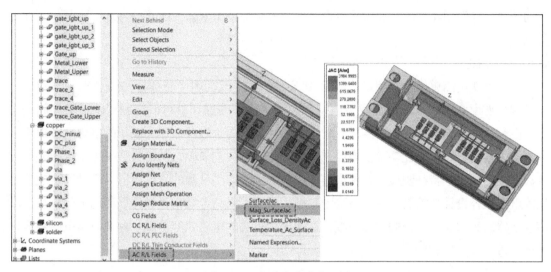

图 4-120　电流密度分布云图

由于该案例设置了 Frequency Sweep，所以可以查看 RLGC 参数随频率变化的情况，在工程文件的 Results 上右键单击，选择 Create Matrix Report→Rectangular Plot，可以对数据进行绘制，在弹出的 Plot 坐标系上，可以双击打开 Properties 窗口，定义坐标的相关参数，如在 X Scaling 栏下，Axis Scaling 从默认的 Linear 改为 Log，这样 X 轴改为对数坐标系显示，如图 4-121 所示。

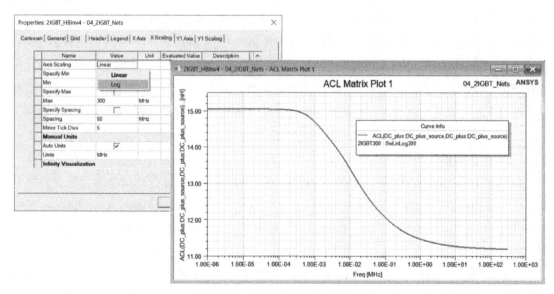

图 4-121　ACL 随频率变化的结果

7. 资源效果分析

本案例使用简单的单相半桥桥臂的功率半导体封装模型，对模型的寄生参数进行了仿真。案例从模型导入、材料设置、定义 Source 和 Sink 端口、求解设置及结果查看进行了详细的阐述。在使用 4 核的计算机平台上运行，大概需要 15min 完成该仿真过程，产生百兆的数据文件。

4.2.1.4 结论

该案例使用简单模型介绍了使用 Q3D Extractor 提取功率半导体模块封装寄生参数的相关步骤，使用 Q3D Extractor 提取杂散寄生参数，简单的操作就可以得到 Net 网络之间的电阻、电容、电感、电导的数值结果。功率模块封装里的杂散参数，为高频的电磁干扰提供了丰富的流通耦合路径，让功率变换器系统的电磁环境更加复杂，从仿真结果可以看出，寄生参数随频率变化的特征明显，功率半导体模块的杂散寄生参数的正确提取，为功率变换器系统的电磁兼容设计与仿真提供了坚实的基础。后续可以结合功率半导体器件的电气模型、功率变换器系统的其余部分的仿真模型，搭建更加真实的电磁兼容仿真平台，对其电磁兼容性能进行进一步分析和优化。

4.2.2 功率半导体特征化建模仿真

4.2.2.1 概述

新能源汽车电驱动系统中最为重要的功率器件 IGBT 或者 SiC MOSFET，其开关特性对主电路、保护电路及系统性能有重要的影响。同时，功率半导体器件的快速通断，产生较大的电流变化率 di/dt 和电压变化率 du/dt，形成电磁干扰源，并且通过驱动器和高低压线缆的寄生参数向外传播。这种电磁干扰会影响车载的高低压器件，其中电机驱动系统的传导电磁干扰不仅会影响自身系统的辐射发射超标，也会影响整车的安全性。因此，精确设计与分析电机驱动系统的前提就是需要对 IGBT 进行精确电气建模，从而评估其对系统的影响。ANSYS Twin Builder/Simplorer 可根据半导体厂商提供的数据手册上的测试波形实现特征化 IGBT/SiC MOS FET 建模（包含各种特征参数和特性曲线），并可一键生成半桥测试电路和系统仿真模型，高效解决 IGBT 开关特性测试和系统 EMC 性能分析问题，同时该建模方法还可以用来进行功率半导体器件损耗、热管理相关仿真。

4.2.2.2 仿真思路

ANSYS Twin Builder/Simplorer 软件提供半导体功率器件的特征化建模功能，所支持的功率半导体类型包括：IGBT、SiC MOSFET、功率二极管和晶闸管等。同时，Twin Builder/Simplorer 提供不同复杂程度的特征化建模方法，即所使用的等效电路原理不同，如图 4-122 所示。

同时，并不是选择 Advanced Dynamic Model 就是最合适的模型。很多软件初学者一开始就追求最高的模型精度，选择 Advanced Dynamic Model，但经常会遇到模型不收敛、仿真精度差的问题，不知如何是好。随着建模方式的复杂度增加，相同条件下软件仿真运行时间也相应增加，需要根据仿真需求选择合适的建模方式。通过选择不同复杂程度的特征化建模方法，用来对不同的应用问题进行仿真，不同建模类型的特点及应用场景说明见表 4-3。

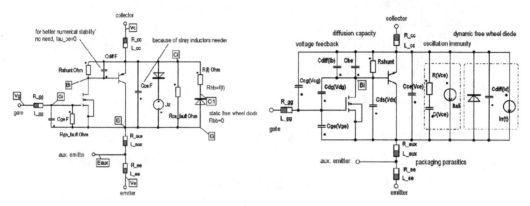

图 4-122　不同半导体功率器件的等效电路原理图

表 4-3　不同建模类型的特点及应用场景说明

建模类型	特点	应用场景
System Model	• 包含静态电流和电压关系 • 数字信号控制	系统功能性验证
Average Model	• 准确的静态行为 • 准确的热响应 • 不包含开关瞬间的波形	适用于大时间尺度下的能量和功率损耗分析及温升评估
Basic Dynamic Model	• 准确的静态、动态和热响应 • 准确的开关瞬态波形	适用于 EMI/EMC 分析、开关损耗的分析
Advanced Dynamic Model	• 包含 Basic Dynamic 的特点 • 更精确仿真米勒平台、电流、电压过冲，拖尾电流的波形	器件的详细优化设计、适用于 EMC/EMI 分析

利用 ANSYS Twin Builder/Simplorer 搭建的 IGBT 等效电路除了考虑静态特性外，还可以考虑电容随电压变化的情况，如图 4-123 所示，将电容特性分为增强区和耗尽区两部分，同时使用不同的系数对电容数值进行控制。除此之外，模型使用等效电流源模拟拖尾电流，考虑了温度和集射极电流与电压对拖尾电流的影响。

特征化建模所使用的热等效模型如图 4-124 所示，PT 和 PD 为等效电流源，表示 IGBT 和二极管流过的电流，同时使用通过数据手册提供的热阻抗曲线或者热网络模型，可以建立 IGBT 模块的热模型，该热模型考虑了芯片的结温、芯片内部的损耗、芯片到基板的损耗、基板到散热器的损耗和环境损耗。

软件包含的器件内部的热路拓扑一共提供了两种形式：Partial Fraction Model 和 Continued Fraction Model，其中前者将 IGBT 的热性能视为一个有理多项式，该多项式使用四个并联 RC 元件网络表征；后者将 IGBT 的热性能视为一个有理多项式，使用四个 RC 元件的梯形网络表征，如图 4-124 所示。如果不定义 external network，软件内部使用 Rthck 和 Cthck

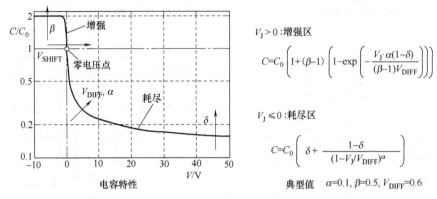

图 4-123 电容特性建模方式

表示 IGBT 芯片基板到环境的热路模型，软件也支持使用外部热路引脚来表示外部散热器对 IGBT 和续流二极管的散热效果。

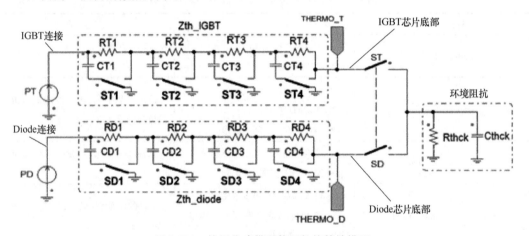

图 4-124 特征化建模所使用的热等效模型

4.2.2.3 详细仿真流程与结果

利用 ANSYS Twin Builder/Simplorer 进行 IGBT/SiC MOS FET 的特征化建模主要包含 12 个步骤，只需要按照软件提供的 Wizard 标准流程输入相关参数就可以反向拟合出器件模型，后续可以在 Twin Builder/Simplorer 中使用，进一步搭建出双脉冲测试电路或者三相逆变电路等。

1. 软件与环境

在 ANSYS Electronics Desktop（AEDT）2022 R2 版本，内含 Twin Builder 和 Simplorer 软件，对于特征化建模这一功能，两款软件均可以使用。需要注意的是，如果使用 Simplorer 建立的工程文件，可以使用 Twin Builder 打开，但反之不行，需要使用者拥有 Twin Builder 的 License 才可以打开。

2. 仿真流程

整个案例的仿真流程包含 12 个步骤，首先在 Twin Builder/Simplorer 中打开 Characterize

Device 功能，可以在菜单栏中选择 Twin Builder→Characterize Device→Semiconductors…也可以通过快捷栏，选择不同类型的 Semiconductors，如图 4-125 所示。这里使用 Basic Dynamic IGBT 模型作为说明，其余类型功率器件模型的建模方式与本案例类似，如果对之前已经建立的模型进行修改和编辑，可以选择 Continued Device Characterization 前的选项，选择对应的 ppm 扩展名文件就可以了。

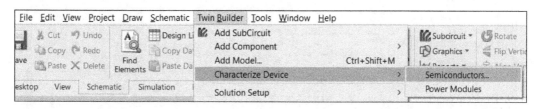

图 4-125　选择 Semiconductors 选项进行特征化建模

在进行相关类型的 IGBT/SiC MOS FET 模型方式选择后，可以根据标准建模流程建立相关模型，标准流程共 12 步，下面逐个进行阐述，本案例以 IGBT 的 Basic Dynamic Model 为例，如图 4-126 所示。

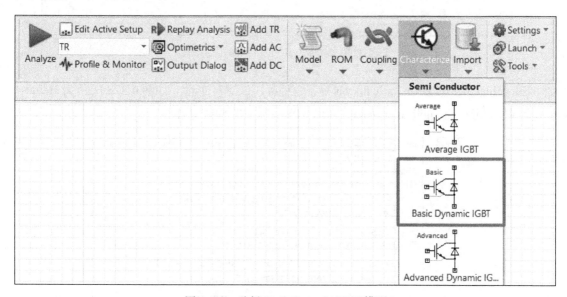

图 4-126　选择 Basic Dynamic IGBT 模型

（1）步骤 1：Component Information［1/12］

在 Component Information［1/12］页面可以输入相关的信息，比如器件型号、厂商信息、作者姓名，以及这个模型的一些 Comment 记录等。其中最重要的是 Manufacture 信息，可以单击后面的三个点，如图 4-127 所示，查看相关的测试信息，包括 IGBT/SiC MOS FET 的导通或者关断的起始时间、终止时间的定义标准等。不同厂家采用的标准可能会有一些差异，需要根据具体器件做出部分调整。

软件在 Twin Builder Help 的 Component Information 一节中有总结一些常见厂商的标准，

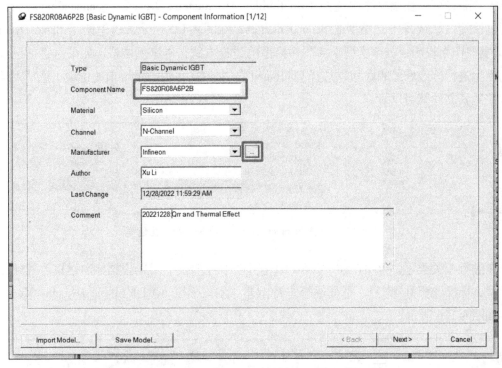

图 4-127　Component Information［1/12］

如 ABB、Hitachi、Infineon 和 Semikron 等，工程师可以进行查看。如图 4-128 所示为 Help 中所提及根据 Infineon application note AN2011-05 所建议的相关标准。

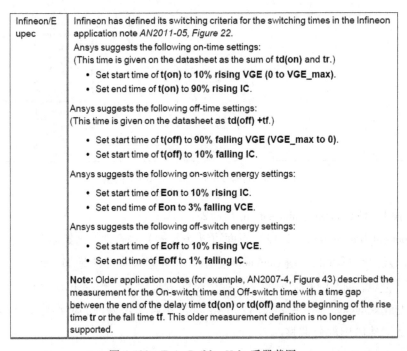

Infineon/E upec	Infineon has defined its switching criteria for the switching times in the Infineon application note *AN2011-05, Figure 22*. Ansys suggests the following on-time settings: (This time is given on the datasheet as the sum of **td(on)** and **tr**.) 　• Set start time of **t(on)** to **10% rising VGE (0 to VGE_max)**. 　• Set end time of **t(on)** to **90% rising IC**. Ansys suggests the following off-time settings: (This time is given on the datasheet as **td(off) +tf**.) 　• Set start time of **t(off)** to **90% falling VGE (VGE_max to 0)**. 　• Set start time of **t(off)** to **10% falling IC**. Ansys suggests the following on-switch energy settings: 　• Set start time of **Eon** to **10% rising IC**. 　• Set end time of **Eon** to **3% falling VCE**. Ansys suggests the following off-switch energy settings: 　• Set start time of **Eoff** to **10% rising VCE**. 　• Set end time of **Eoff** to **1% falling IC**. **Note:** Older application notes (for example, AN2007-4, Figure 43) described the measurement for the On-switch time and Off-switch time with a time gap between the end of the delay time **td(on)** or **td(off)** and the beginning of the rise time **tr** or the fall time **tf**. This older measurement definition is no longer supported.

图 4-128　Twin Builder Help 手册截图

如果器件厂商定义的电路的相关计算标准与软件默认值有出入，可以进行相关的更改，如图 4-129 所示。可以单击下拉键，也可以单击后面的三个点按钮，来选择对应的测试标准，图 4-129 显示了 t（on）Start Time 的定义。

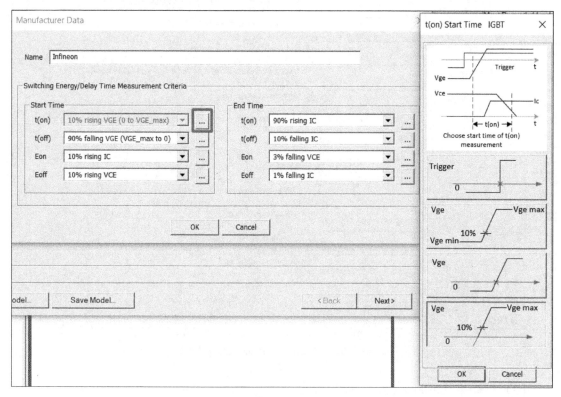

图 4-129　设置 Manufacturer Data

输入完相关信息后，可以单击 Next 进入 Nominal Working Point Values 信息填写。

（2）步骤 2：Nominal Working Point Values［2/12］

在 Nominal Working Point Values［2/12］界面，如图 4-130 所示，IGBT 和 SiC MOS FET 填写的参数大致相同，包含额定电压 Vce nom、额定电流 Ic nom、额定温度 Tj nom、额定漏电流 ILeak nom、导通阈值电压 Vth、栅极开通电压 Vge on、栅极关断电压 Vge off、输入电容 Cin、米勒电容 Cr 和输出电容 Cout，在 SiC MOS FET 的界面会多一个参数：开通状态下的漏源极电阻 Rds。在进行上述参数的填写时，最好与数据手册保持一致：如 Vce nom 和 Ic nom 最好采用测试条件的开关特征填写，Tj nom 往往填写开关测试的最大温度或者能获取最多测试信息的温度点。但如果最大温度的数据缺失，也可以退而求其次，填写数据最丰富的温度数值，获取相对较好的仿真模型。对于 ILeak nom 这个数据，如果数据手册有明确的数值就填写，否则可以按照默认值，这个数值会对模型的静态特性和动态特性的数据拟合有一些影响。对于 Vth、Vge on、Vge off、Cin、Cr 和 Cout 往往在数据手册的表格中都可以找到，并填写，然后单击 Next 进入下一步。

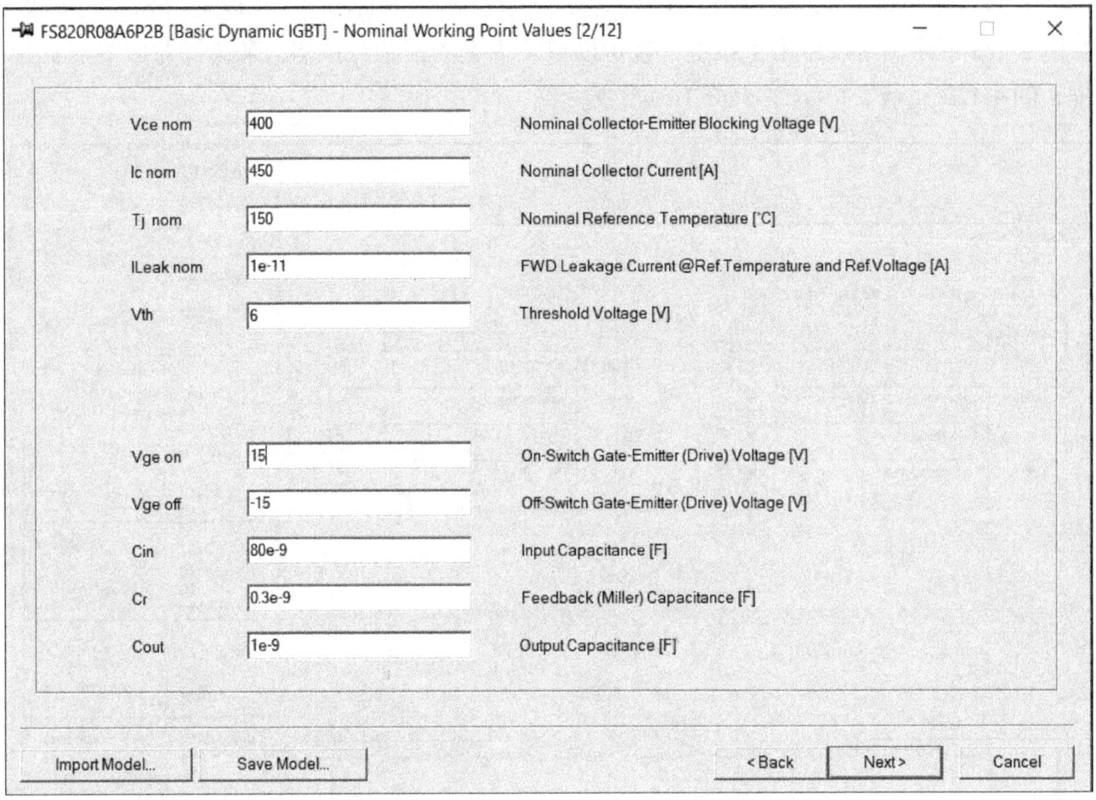

图 4-130　Nominal Working Point Values［2/12］

（3）步骤 3：Breakthrough Values［3/12］

在进入模型创建的第 3 步：IGBT/SiC MOS FET 的模型击穿特性 Breakthrough Value［3/12］，如图 4-131 所示。一般情况下，会默认器件工作在 SOA 安全工作区，所以会勾选 Disable Breakthrough Model，模型默认不考虑击穿特性。但是如果需要考虑击穿特性，可以取消勾选 Disable Breakthrough Model，然后对集射极击穿电压 Vce br、击穿电流 Ic br、击穿温度 Tj br、栅极击穿电压 Vge br、击穿时集射极电阻 Rce br 和击穿时栅射极电阻 Rge br 数值进行填写。图 4-131 中灰色的各值为系统默认值，而击穿电流和电压一般可以设置为 2 倍的 Vce max 值和 Ic max 值；击穿温度要高于工作点的最高温度，尽量依据数据手册提供内容填写。如果仿真的流程目的不涉及击穿特性，建议勾选 Disable Breakthrough Model 以确保模型的收敛性。单击 Next 进入下一步。

（4）步骤 4：Half-Bridge Test Circuit Condition［4/12］

进入半桥测试电路的参数输入界面，如图 4-132 所示，主要设置的参数有封装内部栅极连接电阻 Rg、总引线电阻 R_tot、外部栅极寄生电感 Lg_ext、总引线电感 L_tot、外部负载电路引线电感 L_extern、外部栅极驱动导通电阻 Rg_on、外部栅极驱动关断电阻 Rg_off、驱动器引入的外部栅极电容 Cge ext 和外部的负载电容 CLoad，可以参考右侧的原理示意图和数据手册提供的数据进行填写。

FS820R08A6P2B [Basic Dynamic IGBT] - Breakthrough Values [3/12] *　　　　　　　－　□　✕

Vce br	1000000000000	Breakthrough Collector Emitter Voltage [V]
Ic br	1000000	Breakthrough Collector Current [A]
Tj br	500	Breakthrough Junction Temperature [°C]
Vge br	1000000000000	Breakthrough Gate Emitter Voltage [V]
Rce br	1000000000000	Collector-Emitter Resistance After Fault [Ohm]
Rge br	1000000000000	Gate-Emitter Resistance After Fault [Ohm]

☑ Disable Breakthrough Model

Import Model...　　Save Model...　　　　　　　　　< Back　　Next >　　Cancel

图 4-131　Breakthrough Values ［3/12］

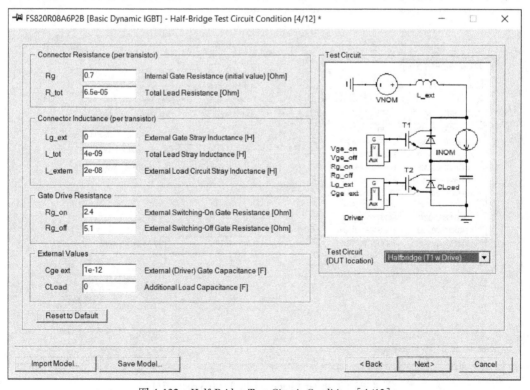

FS820R08A6P2B [Basic Dynamic IGBT] - Half-Bridge Test Circuit Condition [4/12] *　　　－　□　✕

Connector Resistance (per transistor)
Rg	0.7	Internal Gate Resistance (initial value) [Ohm]
R_tot	6.5e-05	Total Lead Resistance [Ohm]

Connector Inductance (per transistor)
Lg_ext	0	External Gate Stray Inductance [H]
L_tot	4e-09	Total Lead Stray Inductance [H]
L_extern	2e-08	External Load Circuit Stray Inductance [H]

Gate Drive Resistance
Rg_on	2.4	External Switching-On Gate Resistance [Ohm]
Rg_off	5.1	External Switching-Off Gate Resistance [Ohm]

External Values
Cge ext	1e-12	External (Driver) Gate Capacitance [F]
CLoad	0	Additional Load Capacitance [F]

Test Circuit

Test Circuit
(DUT location)　Halfbridge (T1 w Drive)　▼

Reset to Default

Import Model...　　Save Model...　　　　　　　　　< Back　　Next >　　Cancel

图 4-132　Half-Bridge Test Circuit Condition ［4/12］

在这里需要解释一下：R_tot 和 L_tot 是指每个 IGBT 器件开关单元的引线电阻和引线电感，如果数据手册提供的是半桥模块的引线电阻和引线电感，则需要取数据值的一半，并且电阻数值不能超过 0.025/Inom。如果器件厂商没有提供该数据，保持软件默认值，L_tot 设置为 0 以避免数值计算不收敛。L_extern 是指功率回路总的寄生电感之和，这个参数是半桥测试电路的一部分，会影响器件动态开关特性，但是这个并不是功率器件特征化建模本身的参数，在特征化建模中只是取其值作为拟合的初始值，除非数据手册中有明确说明，否则按照软件默认值填写，同时 L_extern 的值往往大于 L_tot 的值。对于此案例中 Infineon 的器件，此处 R_tot 取 R_cc_ee 值的一半，L_tot 取数据手册 Lsce 的一半，L_extern 取在测试 Eon 和 Eoff 时给出的 Ls 数值，Rg_on 和 Rg_off 取开关特性测试时所取的 Rg 值，Cge ext 取 Help 手册推荐值 1pF。在界面的右侧，可以选择 Test Circuit 的类型来自动生成不同的测试电路。然后单击 Next 进入下一步。

对于 MOSFET 器件，通常在半桥电路中测试，待测器件位于下桥臂位置，上桥臂由二极管或电阻器代替。但是在这里可以选择其他电路测试方案，比如上桥臂放置被测器件或上下桥臂均放置被测器件，右侧的简化示意图会随着设置调整。

（5）步骤 5：Transfer Characteristic Ic = f(Vge)［5/12］

在第 5 步转移特性设置中，如图 4-133 所示，主要包括：IGBT 的特性数据（Characteristic Data）、边界条件设置（Boundary Conditions）、拟合范围（Fitting Ranges）、拟合特性序列框

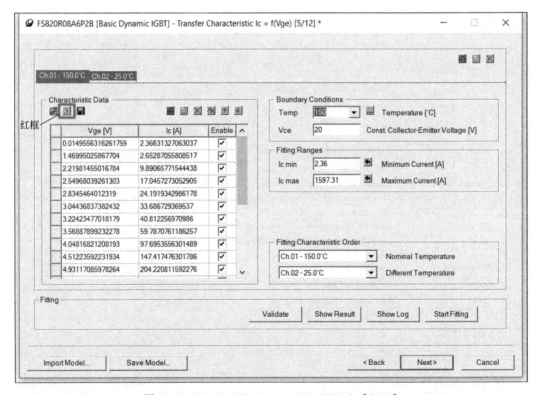

图 4-133　Transfer Characteristic Ic = f(Vge)［5/12］

（Fitting Characteristic Order）和拟合设置框（Fitting）这几部分。Characteristic Data 主要是设置不同温度下的转移特性曲线，当输入转移特性曲线后，需要在 Boundary Conditions 内选择合适的温度和对应的集射极电压，Fitting Ranges 会自动识别出拟合的数据范围，也可以通过手动调整拟合的数据范围，然后在 Fitting Characteristic Order 中选择对应温度下的曲线，一般 Nominal Temperature 与前面定义相同，Different Temperature 选择另一个温度下的曲线。需要注意的是，如果仅输入 Nominal Temperature 下的曲线，Different Temperature 下需要下拉选择 Not Used，后面曲线输入时也一样，在 Fitting Characteristic Order 处不要留下空白。

下面介绍 Characteristic Data 的数据输入方法，在 ANSYS 软件中有一个提取图片上数据的通用工具，叫 SheetScan 功能，可以很方便地将 jpg 格式的坐标系曲线上的数据值提取到软件中。单击上图红框中的按钮，在跳出的 Datasets 窗口上单击 SheetScan，然后进入 SheetScan 的软件操作界面，如图 4-134 所示。

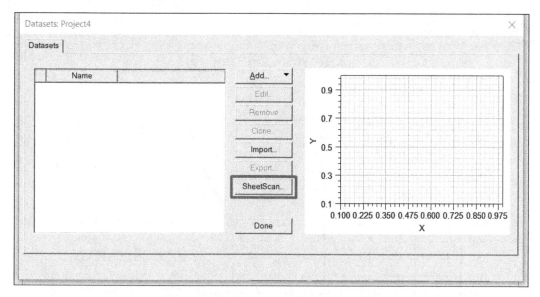

图 4-134　通过 SheetScan 导入 Datasets 数据

单击菜单栏的 Picture 按键，选择 Load picture，可以将 jpg 等各种格式的图片导入软件中，如图 4-135 所示。

然后在菜单栏单击 Coordinate System→New 新建一个坐标系，通过 Point1、Point2 和 Point3 三个按键在图片上拾取对应三个圈中坐标点的数值，同时输入 3 个 Ponits 的 X-Value 和 Y-Value 值，并且确认 Scaling X-Axis 和 Scaling Y-Axis 是 linear、logarithmic 还是 decibel（dB），然后单击 OK 就会在导入的图片上显示虚线覆盖在整个图片上，如图 4-136 所示。

单击菜单栏的 Curve，选择 New 新建曲线，输入 X-Axis 和 Y-Axis 的相关信息，单击 OK。然后在图片的虚线框内依次单击所需数据曲线，每条曲线大概单击 20 个点，然后左侧就可以显示曲线的数据信息。单击菜单栏的 File，选择 Export 可以将曲线保存成 dataset，可

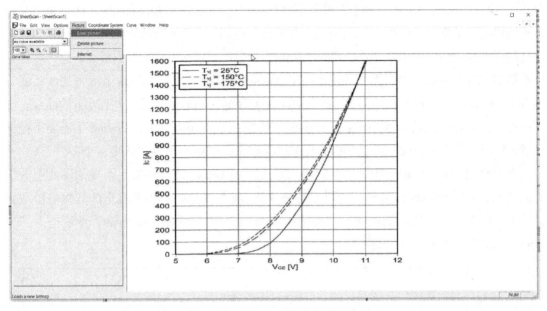

图 4-135　SheetScan 导入图片文件

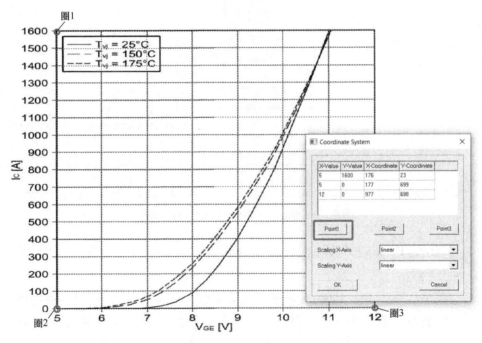

图 4-136　定义坐标系信息

以直接使用，如图 4-137 所示；或者保存 .mdx（Twin Builder Characteristic）的 File 文件，方便下次使用该曲线。再次单击菜单栏的 Curve，可以新建另一条曲线，在一个 SheetScan 中可以保存多条曲线数据，同样也可以将该 SheetScan 保存下来，保存成 .ssf（SheetScan File）文件，方便下次使用。保存后的 dataset 数据可以直接在本次建模中使用。

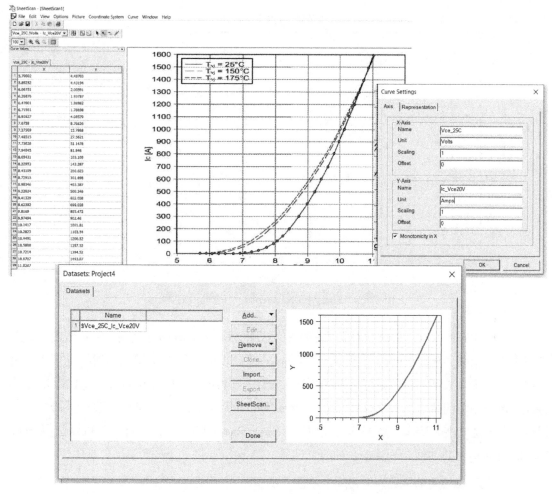

图 4-137　建立 25℃下 Vce 为 20V 的 Transfer Characteristic 数据曲线

同理建立 150℃下的转移特性曲线。

单击界面窗口右下角的 Start Fitting 可以对曲线进行拟合。图 4-138 中显示 2 条实线和 2 条虚线，虚线是通过 SheetScan 获取的数据点，实线是软件拟合的数据点，可以通过判断实线和虚线的重叠程度来判断数据拟合的准确性，也可以打开 Show log 中的 Fitting Results 中的方均根相对误差值查看拟合的误差值大小。如果重叠程度较高，可以单击 Next 进入下一步，如果明显发现实线和虚线差异较大，应选择 Back 对之前步骤填写的数据进行检查，查找是否有错误存在。有时候数据手册上提供的 IGBT 的转移特性曲线会远大于 IGBT 正常工作条件范围，如果此时将所有数据均输入软件中进行拟合，则可能会让拟合聚焦于高电流范围，进而对拟合的效果产生负面影响，因此转移特性曲线的拟合范围最好在 Inom 数值的 3 倍以内，以保证拟合精度和质量。

（6）步骤 6：Output Characteristic Ic = f(Vce)［6/12］

Output Characteristic 输出特性页面的填写方式与步骤 5 Transfer Characteristic 的输入方式

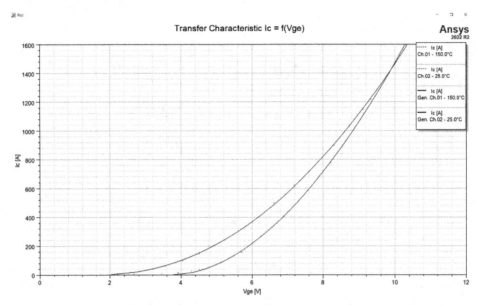

图 4-138　Transfer Characteristic 拟合曲线对比

一致，如图 4-139 所示，从数据手册中获取相关数据后填写。Tnom 温度和 Tdiff 温度与之前步骤中设置相同，Semi Saturated Branch（Tnom）选择 Vge 电压在不饱和栅射极电压下的特性曲线，如果有数据的话，最好可以选择比如 25℃下 Vge = 8V 的输出特性，这时候的输出特性有趋于平坦的特点。该案例中，对于 Semi Saturated Branch（Tdiff）在数据手册中没有提供，此处选择 Not Used。数据填写完成后，选择 Start Fitting 进行拟合，并可以选择 Show Results 显示拟合后曲线，确认拟合曲线合理后，单击 Next 进入下一步。

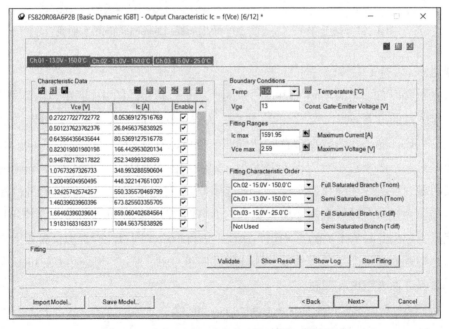

图 4-139　Output Characteristic Ic = f(Vce)［6/12］

（7）步骤 7：Freewheeling Diode Characteristic If = f(Vf) [7/12]

同理进行续流二极管特性的拟合，如图 4-140 所示，这个界面与步骤 5 和步骤 6 的界面相同，同样输入特征曲线后，先单击 Start Fitting 进行曲线拟合，然后单击 Validate 进行数据合理性验证，如果拟合曲线在可接受误差范围内，则单击 Next 进行下一步。如果勾选左下角的 No Data Available，软件就不会考虑反向续流二极管的影响。

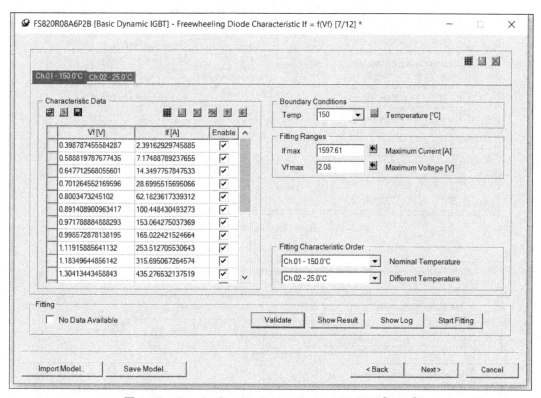

图 4-140　Freewheeling Diode Characteristic If = f(Vf) [7/12]

（8）步骤 8：IGBT Thermal Model [8/12]

步骤 8 和步骤 9 是热效应模型的相关设置页面，如图 4-141 所示，如果不考虑损耗及温度相关影响，可以直接在左下角页面勾选 No Data Available or Isothermal，就会跳过热效应模型的相关参数设置。如果需要设置热效应模型，则在 IGBT Thermal Model [8/12] 页面输入瞬态热阻抗（Use Transient Thermal Impedance）或者输入分数参数模型（Use Fraction Coefficients），两者输入一种就可以。功率器件特征化建模需要使用单脉冲激励下的热阻抗，Fraction Coefficients 就是数据手册中提供的热阻 R(i) [K/W] 和时间常数 Tau(i) [s] 的数值。此处也可以设置散热器（Heatsink）的数值，可以勾选使用外部的热网络或者使用散热器供应商提供的 Rthck 和 Cthck 数据，如果没有该数据，可以使用软件默认值。

（9）步骤 9：Freewheelling Diode Thermal Model [9/12]

步骤 9 是续流二极管热效应模型的相关设置页面，如图 4-142 所示，与步骤 8 界面相似，此处不再赘述，完成设置后，单击 Next 进入下一步。

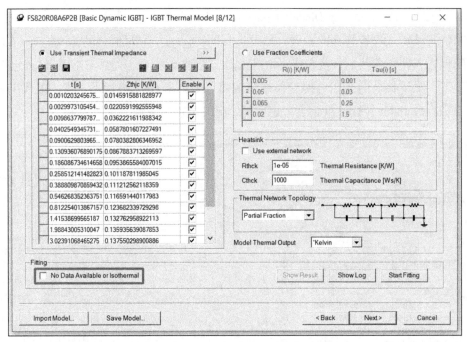

图 4-141　IGBT Thermal Model［8/12］

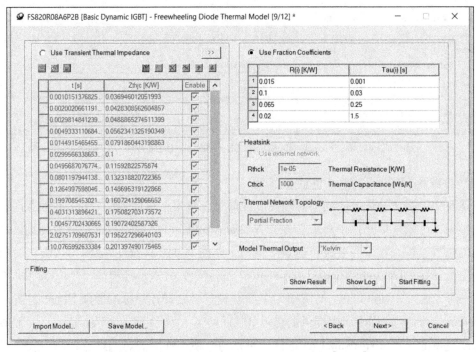

图 4-142　Freewheeling Diode Thermal Model［9/12］

（10）步骤 10：Dynamic Model Input［10/12］

动态模型输入界面会有 6 种工况下器件开通、关断损耗，开通、关断时间，反向恢复电荷的数值输入，可以根据数据手册所提供的数值进行填写，后续的数据拟合中会考虑在 Enable 勾选的工况，如图 4-143 所示。在进行 Ton 和 Toff 数据拟合时，对于开通状态 Td(on)+Tr=T(on)，对于关断状态 Td(off)+Tf=T(off)。软件默认是没有显示 Qrr（Reverse recovery charge）的数据项，需要单击 Adv. Settings，在 Model & Goal Settings 窗口勾选 Qrr 数据，选择的 Goals to Display 会在步骤 10 的界面上显示。在这里要注意，不推荐同时勾选 Qrr 和 Irr，容易造成模型不收敛，使用 Irr 对数据精度要求较高，一般推荐勾选 Qrr 来进行拟合。软件默认的求解精度是 5%，可以修改 Res（Resolution）的数值来提高精度，但是过小的精度可能会导致模型不收敛。

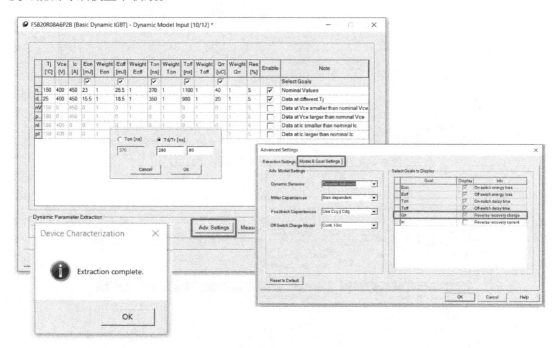

图 4-143　Dynamic Model Input［10/12］

在本页面的数值填写完整后，单击 Extraction，对模型的数据进行拟合抽取，可以在 Fitting Info 中查看数据的抽取过程记录，当显示 Extraction complete 的时候，则显示抽取过程结束，单击 Next 进入下一步。

（11）步骤 11：Dynamic Parameter Validation［11/12］

在动态参数验证的页面，单击右下方的 Validate 按键，软件会自动计算出仿真模型的 Eon、Eoff、Ton、Toff 和 Qrr 的数值，左侧框中是根据数据手册填写的数值，Enable 右侧的数据则是仿真模型计算的数值。单击 Show Log 可以查看 Fitting Info 的信息，如图 4-144 所示，可以看出数据手册的数值和仿真模型的数值误差（Error）均满足 5%以内。单击 Next 进入下一步。

（12）步骤 12：Model Parameters［12/12］

在该页面主要显示软件拟合模型后的相关参数信息，如图 4-145 所示，在 Place Component 下拉框可以选择 Testcircuit-Halfbridge（T1 w. Drive）来生成半桥测试电路、直接生成 SML 格式的模型文件或者选择 Place Component 直接将模型放置在工程文件中。

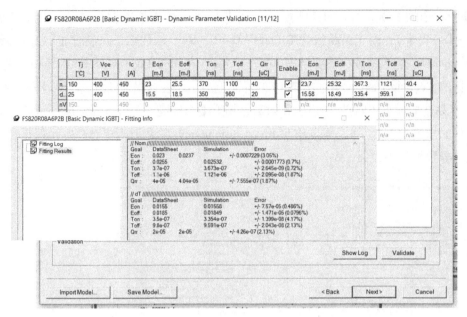

图 4-144　Dynamic Parameter Validation ［11/12］

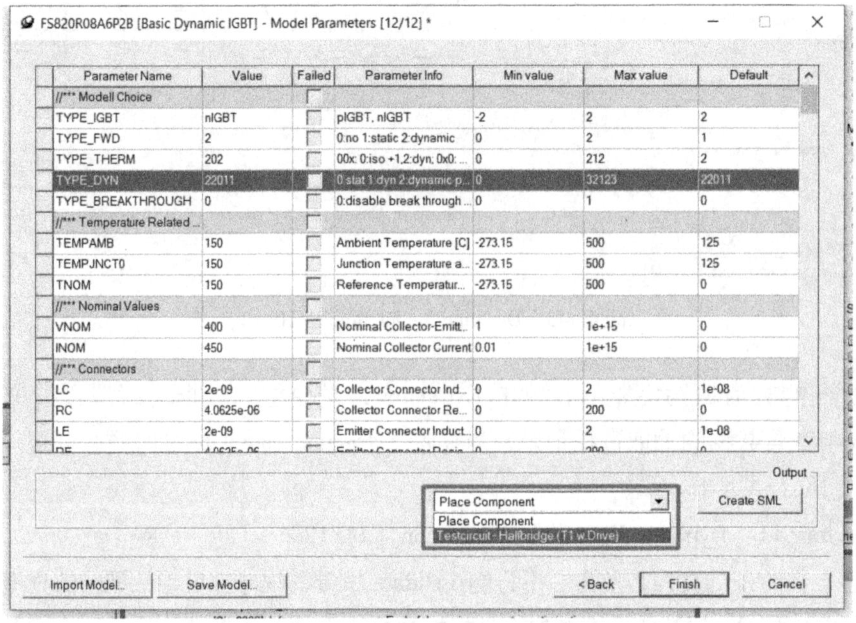

图 4-145　Model Parameters ［12/12］

单击 Finish 完成整个建模过程，并保存该 ppm 文件。生成的半桥测试电路如图 4-146 所示。在使用生成的半导体器件模型时，双击 T1 或者 T2，如果 Electrical Behavior Level 选择 Dynamic，会发现模型界面下面有 External Synchronization 栏，里面填写 VSyncT1. V 和 VSyncT2. V，建议在使用特征化建模后的仿真模型时，填写与栅极驱动信号相位相同的理想数字开关信号作为同步信号。

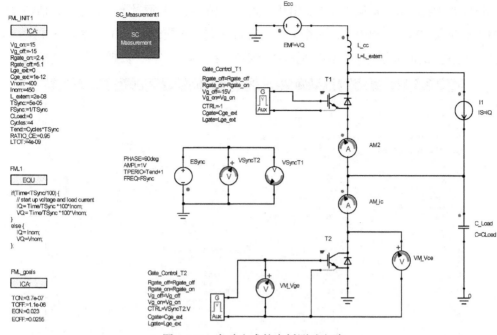

图 4-146　自动生成的半桥测试电路

3. 仿真结果分析

通过对功率半导体器件的特征化建模操作流程，以及通过数据手册或者测试数据信息，可以比较快速准确地获取特定型号的 IGBT 或者 SiC MOS FET 的仿真模型，图 4-147 是本案例所建立的 IGBT 在半桥测试电路下开通状态的数据波形。

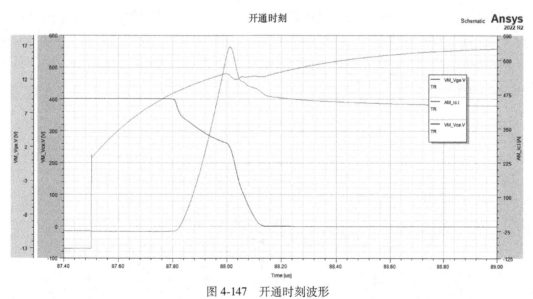

图 4-147　开通时刻波形

在 Twin Builder/Simplorer 界面中右键双击生成的 IGBT 特征化建模的模型图标，可以查看相关的参数的数值，如图 4-148 所示。特征化建模是采用对数据手册或者测试波形的数据资料输入，同时对相关参数进行拟合，仿真出开关波形。有时我们会通过测试波形来评估仿真模型的准确性，可以对特征化建模拟合的相关参数进行微调，来使仿真的开关波形更加贴合实测波形。但是在生成的模型中，我们发现这些参数框背景都是棕色，数据是不能被修改的。

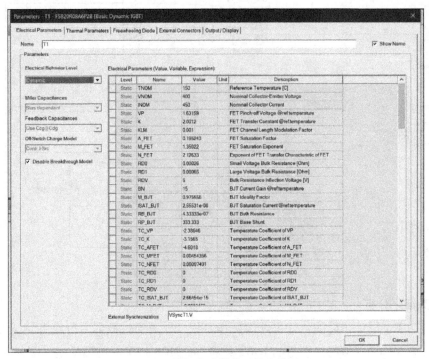

图 4-148 特征化建模模型的参数界面

我们可以通过 Copy Date 的方式来微调相关数值。对于建立的模型，右键单击选择 Copy Data（快捷键是 Ctrl+Shift+C），如图 4-149 所示。对于该案例，我们建立的是 IGBT Basic Dynamic Model，所以在右侧的 Component Libraries 中搜索找到 NIGBT_BasicDyn：N-Channel Basic Dynamic IGBT 模型。

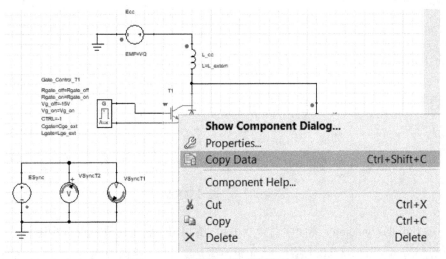

图 4-149 复制特征化建模模型参数

搜索路径如图 4-150 所示，找到模型后拖拽到原理图工作框中，同时可以右键单击选择 Paste Data（快捷键是 Ctrl+Shift+V），则会将之前特征化建模器件中的相关参数数据导入新的模型 NIGBT_BasicDyn1 中。

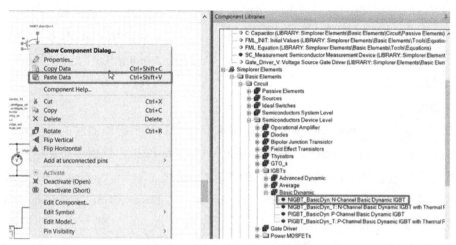

图 4-150　粘贴特征化建模模型参数

此时右键双击 NIGBT_BasicDyn1 模型，则会看到相关的模型参数的背景是白色，同时 Value 值可以修改，如图 4-151 所示。可以通过修改相关的一些参数后再次验证仿真模型的波形是否与实测波形相符。

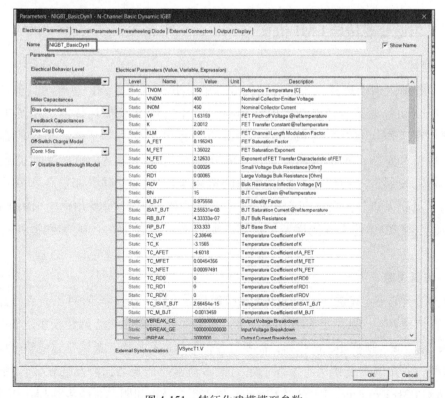

图 4-151　特征化建模模型参数

4. 资源效果分析

本案例主要针对 IGBT 或者 SiC MOS FET 器件级别的模型创建步骤进行了详细说明，根据软件所提供的标准建模流程，通过 12 个步骤可以快速准确地获取特定型号的仿真模型。本案例根据器件厂商提供的数据手册的 PDF 文档中的相关参数及特性曲线，得到比通用器件仿真模型更加准确的仿真模型。在四核计算机上，搭建 Basic Dynamic IGBT 模型，包括数据的输入和拟合的过程大概需要 30min 的时间，如果进行 Average IGBT 的模型建立，仿真的时间会在 10min 左右。

4.2.2.4 结论

本案例使用 Twin Builder/Simplorer 中的标准流程对功率半导体器件的电气及热效应模型的建模过程进行了详细的阐述，案例使用 FS820R08A6P2B 的数据手册中所提供的相关测试数据及波形进行了 Basic Dynamic IGBT 模型的建模，对于 Average IGBT Model、Advanced Dynamic IGBT Model、Power MOSFET（Average）、Power MOSFET、Power Diode 等器件的建模过程有一定的参考和借鉴意义，整体过程基本相同。建立的模型后续可结合 IGBT 的封装模型进行场路协同的仿真，后续可使用该模型进一步搭建半桥测试电路模型或者逆变器模型。结合其中的热效应模型及外部散热的相关 ROM（Reduced Order Model）降阶模型或者有限元模型，可以对逆变器系统进行电热相关的损耗分析及效率分析；或者结合 3D 封装、PCB 和线缆母线的寄生参数等进一步分析逆变器系统的传导电磁兼容的相关问题。

4.2.3 三相逆变器传导 EMI 仿真

4.2.3.1 概述

新能源汽车区别于燃油汽车最重要的标志就是电机驱动系统，在电动汽车的行驶过程中，电机驱动系统不断将电池的电能转换成汽车的动能及损耗热能。系统中的功率半导体器件在工作状态下的高 du/dt 和 di/dt 以及系统中核心零部件所包含的寄生参数会产生高幅值和宽频范围的电磁干扰，随着新能源电动汽车高压电气平台的应用及宽禁带半导体的发展，进而使电机驱动系统的电磁兼容问题变得更加复杂和棘手。所以在实际的产品研发设计阶段，研究电机驱动系统的传导 EMI 问题和辐射 EMI 问题的机理，建立相关的 EMI 仿真预测模型，对新能源汽车的电磁兼容的改善和提升有着重要的意义。

4.2.3.2 仿真思路

本案例仿真的重点是进行三相电驱动系统的传导 EMI 问题，同时对比有无添加滤波器件后的仿真结果差异，以满足 CISPR25 标准。电驱系统包含的核心部件较多，如电池、线缆、PCB、扼流圈、逆变器、电机等，需要对各个部件进行建模，最终搭建成整个电驱系统的仿真模型。本案例需要使用者掌握一定的软件基本操作技巧，涉及的软件包括 SIwave、2DExtractor、Q3D Extractor、HFSS 及 Circuit，侧重于搭建电机驱动系统传导 EMI 仿真模型的思路和方法。主要的仿真思路是在 Circuit 作为仿真平台，搭建电机驱动系统的拓扑结构图，使用 SIwave 处理包括滤波器电路板、驱动器电路板在内 PCB 模型信息的静态状态空间模型文件，使用 2DExtractor 完成线缆的寄生参数抽取模型，使用 Q3D Extractor 进行母线和功率模块的寄生参数模型，使用 HFSS 提取共模扼流圈的仿真模型，对于功率半导体器件和驱动芯片则使用 PSpice 模型，并将各种器件的仿真模型放置于 Circuit 搭建的电路级仿真平台中，通过添加 LISN 器件，获取传导 EMI 的噪声信息，通过使用 FFT 变化获取电磁噪声的频谱关系图。

4.2.3.3　详细仿真流程与结果

案例的主要步骤包括：

1）在 SIwave 处理 PCB 模型。

2）打开 Circuit 仿真软件。

3）在 Circuit 导入 Q3D RLGC 仿真模型。

4）在 Circuit 导入 Dynamic Link 模型。

5）在 Circuit 导入 State Space 模型。

6）在 Circuit 导入 PSpice 模型。

7）在 2DExtractor 处理线缆模型。

8）在 Circuit 进行电池线缆和 LISN 的建模。

9）在 HFSS 进行扼流圈建模仿真。

10）在 Q3D 进行母线和功率器件封装建模仿真。

11）在 Circuit 导入驱动板 PCB 模型。

12）简化的电机模型和线缆模型的导入。

13）SVPWM 算法的实现。

14）不包含滤波器的电机驱动系统搭建。

15）电气规则检查和仿真设置。

16）添加滤波器的电机驱动系统传导 EMI 仿真。

1. 软件与环境

ANSYS Electronics Desktop（AEDT）2022 R2 版本，内含 SIwave、Q3D、2DExtractor、HFSS、Circuit 等软件。

2. 仿真流程

整个案例的仿真流程如图 4-152 所示。

（1）在 SIwave 处理 PCB 模型

在使用 EDA 软件绘制完 PCB 的 Layout 文件后，需要对 PCB 的文件进行处理，保存成 ODB++格式的文件。在 ANSYS Electronics Desktop 界面下，打开 SIwave 软件，可以在菜单栏的 import 下选择特定路径下的 ODB++文件，然后单击保存，如图 4-153 所示。

在 SIwave 中需要对 PCB 的层叠结构进行确认和校对，在开始菜单栏中选择 Layer

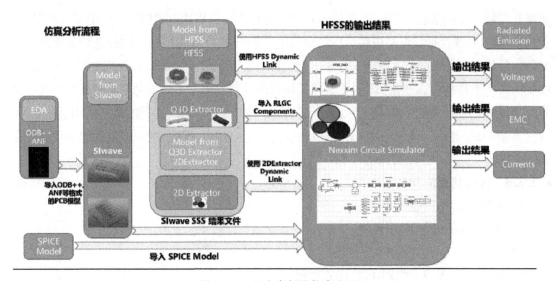

图 4-152　整个案例的仿真流程

图 4-153　导入生成的 ODB++文件

Stackup Editor，对 PCB 的层叠结构、铜皮厚度和介质层材料参数进行确认，如果发现有不合适的参数，需要进行校正，如图 4-154 所示。

在检查 SIwave 中材料参数设置没有问题后，选择对 SIwave 文件进行 Validation Check，然后进行 PCB 的 S 参数的抽取，如图 4-155 所示。

如图 4-156，单击 Compute SYZ Parameters，然后在 SIwave 中设置扫频的频率范围及频点，检查确认生成 Q3D 的模型，在菜单栏的 Results 界面上选择 Export to Network Data Explorer，通过 Broadband 来输出驱动板的 .sss 文件（static state space file），在选择文件类型时，推荐勾选 Iterated fitting of PV（Low Frequency）选项。

同理，可以对滤波器的 PCB 进行处理，生成 .sss 文件，后续可以将该文件导入 Circuit 中，进行仿真。

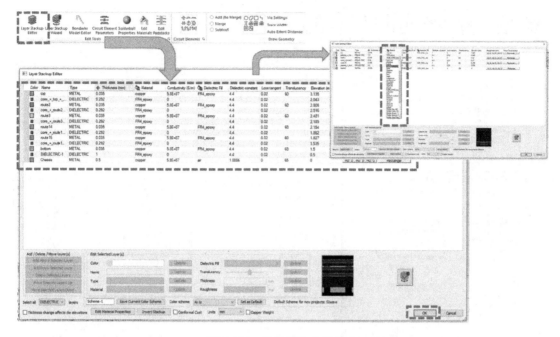

图 4-154　修改 PCB 参数信息

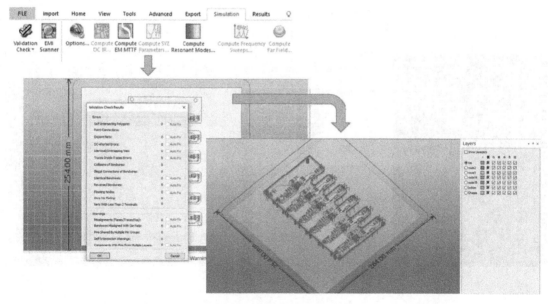

图 4-155　进行 Validation 检查

（2）打开 Circuit 仿真软件

在 ANSYS Electronics Desktop 软件里，可以找到电路仿真软件 Circuit。新建工程并设置 workflow 为 None，然后就可以将生成的各种仿真模型导入软件中，并在 Circuit 中搭建三相电机驱动系统的仿真模型，如图 4-157 所示。

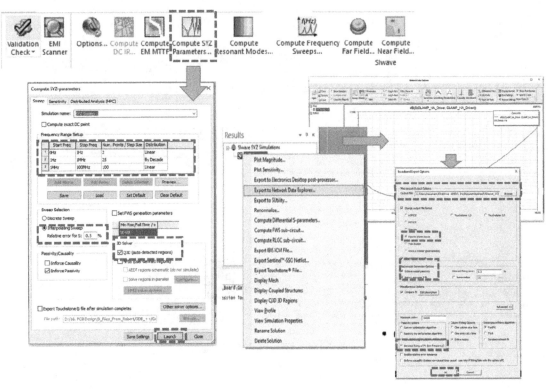

图 4-156　Compute SYZ Parameters

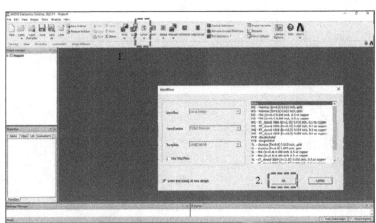

图 4-157　打开 Circuit 界面

（3）在 Circuit 导入 Q3D RLGC 仿真模型

在 Circuit 中的菜单栏，选择 Circuit→Toolkit→Q3D RLGC Component 将建立的 Q3D 的模型，如母线、功率器件封装的模型等导入 Circuit 中。软件会自动对 Q3D 模型进行拟合，如果 RL fitting Error 数值符合要求，则会生成在 Circuit 中使用的模型，如图 4-158 所示。

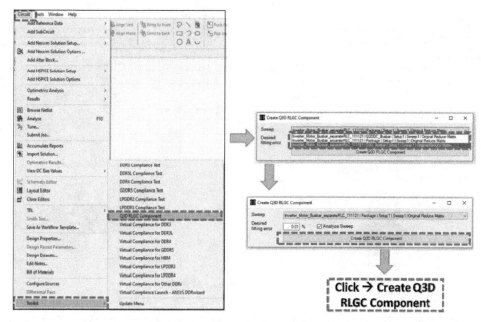

图 4-158 导入 Q3D RLGC 仿真模型

（4）在 Circuit 导入 Dynamic Link 模型

在 Circuit 中同样可以导入 Dynamic Link 类型的模型，包括 2DExtractor、HFSS、Q3D 所创建的仿真模型，可以选择 Last Adaptive 或者 Sweep 的方式的对应模型，如图 4-159 所示。

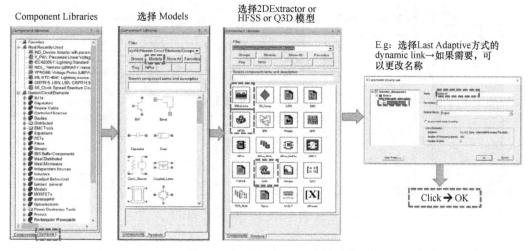

图 4-159 导入 Dynamic Link 的流程说明

比如对于电池线缆或者电机端线缆，如果认为线缆不考虑弯折或编织方式带来的影响，可以使用 2DExtractor 对线缆的横截面进行建模。其生成的端口模型如图 4-160 所示。

（5）在 Circuit 导入 State Space 模型

对于之前使用 SIwave 处理的 PCB 仿真文件，比如滤波板或者功率模块驱动板的 PCB 文

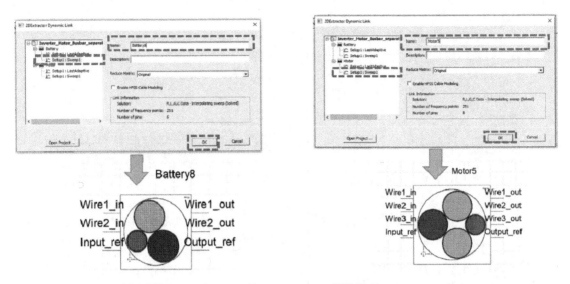

图 4-160　导入 2DExtractor 线缆模型

件，可以参考前面的方法生成 .sss 文件，如图 4-161 所示。这类文件的导入方法与 Dynamic Link 的方式接近，同样是在 Component Libraries 中选择 Model，然后选择状态空间 SSS 模型，找到 .sss 文件的路径位置，就可以直接导入。

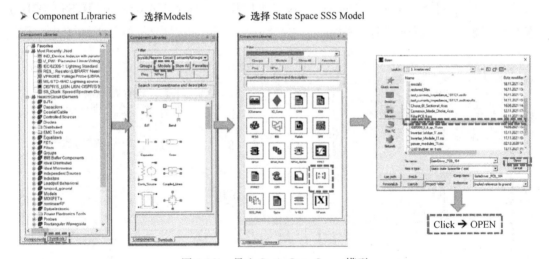

图 4-161　导入 Static State Space 模型

（6）在 Circuit 导入 PSpice 模型

对于 IGBT 模型或者 SiC MOS FET 等功率器件，生产厂家往往会提供 PSpice 模型供客户使用，在 Circuit 中也支持 PSpice 模型的导入。对于校准验证后的 PSpice 模型，能够反映出功率器件在开关过程中的波形变化，在将 PSpice 模型导入 Circuit 后，还可以对模型的 Symbol 和引脚位置进行修改，方便后续进行连接。如果有驱动器芯片的 PSpice 模型，也可以同样方式导入 Circuit 软件中，如图 4-162 所示。

➤ 选择所需的PSpice文件　　➤ 不需要选择所有型号，只　　➤ 将模型放置　　➤ 右键单击选择Edit Symbol
　　　　　　　　　　　　　　要选择需要的PSpice模型　　在工作区中　　以重绘Symbol图形

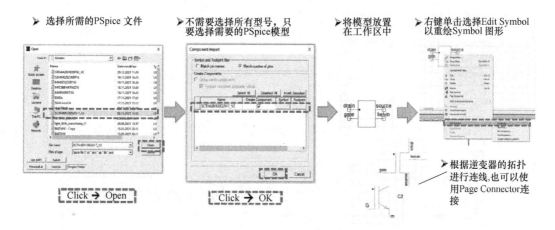

➤ 根据逆变器的拓扑
进行连线,也可以使
用Page Connector连
接

图 4-162　导入 PSpice 模型

（7）在 2DExtractor 处理线缆模型

对于电池端和电机端的功率线缆，暂不考虑其弯折特性和屏蔽层编制特性的影响，使用 2DExtractor 进行线缆横截面的建模。在 2DExtractor 中进行线缆建模的主要步骤包括模型绘制、设置求解器、设置 Conductor 条件、设置网格和求解频率几个部分。由于篇幅原因，具体的操作流程和步骤不在此处进行详细说明，仅提及需要注意的地方。以电机的线缆为例，其 Solution Type 选择为 Open，在 Conductor 中将三相电缆设置成 Signal Line，同时将汇流地线设置成 Reference Ground，如图 4-163 所示。

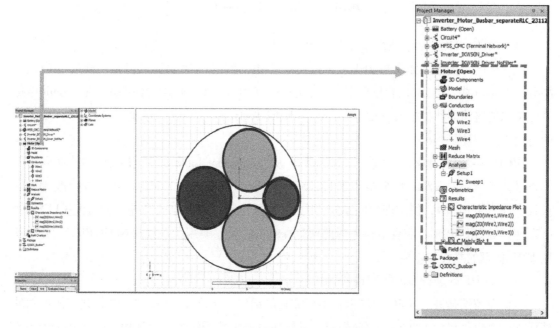

图 4-163　在 2DExtractor 处理线缆模型

同时设置扫频频率点，扫描频率点方式可以选择 Linear Count 或者 Log Scale 等，使频点分布在整个频段范围内，如图 4-164 所示。

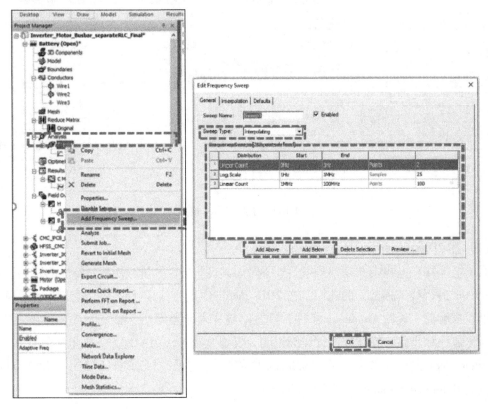

图 4-164　设置 Sweep Frequency

（8）在 Circuit 进行电池线缆和 LISN 的建模

在之前已经阐述了如何在 2DExtractor 中建立电池线缆的模型和如何将求解后的数据模型导入 Circuit 中。此部分将继续阐述如何在 Circuit 中搭建 LISN 的模型网络。在 Circuit 中提供了丰富的电路器件模型可以使用，还包括 EMC Tools（工具包），方便用户进行 EMC 相关的仿真电路搭建。

按照图 4-165 中的器件位置和相对关系，从 Component Libraries 中拖拽相关器件到绘图工作区，搭建相关电路。每个器件双击后都可以打开其 Parameter 窗口，输入或更改相关的参数。在图 4-165 中，使用理想的 400V 电压源代替电池，使用电压脉冲发生器 V_PLUSE 控制理想开关 NXISPDC，实现电路电源的通电和断电效果。使用元器件库中 CISPR25_LISN 获取 EMC 仿真的共模和差模电压。

（9）在 HFSS 进行扼流圈建模仿真

共模扼流圈是进行 EMC 滤波设计不可或缺的组件，所以在 EMC 仿真中，共模扼流圈的建模和仿真也是极为重要的一部分内容。以往在进行磁性器件的绕组建模时，往往采用同心圆环的方式表征每一匝线圈，但是在进行 EMC 仿真中，需要使用螺旋线来建立出共模扼流圈的绕组模型。可以在共模扼流圈的下方绘制圆形平面，并将其设置为理想导体边界条件，

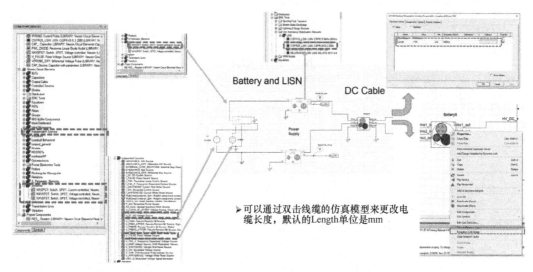

可以通过双击线缆的仿真模型来更改电缆长度，默认的Length单位是mm

图 4-165　搭建 LISN 和 Cable 相关电路

同时在两对绕组与理想导体上绘制 4 个平面，并设置为 4 个 Lump Port 端口，如图 4-166 所示。完成端口和边界条件的设置后，可以设置 HFSS 进行频率扫描分析，需要注意的是，在关心的重点频段或者谐振点频率附近，最好加密频率扫描的点数。

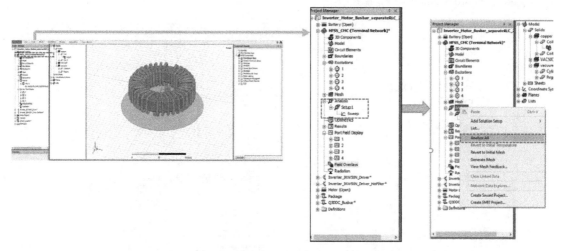

图 4-166　在 HFSS 中实现共模扼流圈的仿真建模

在完成扫频求解设置后，可以通过前面阐述的 Dynamic Link 的导入方法，将 HFSS 仿真的共模扼流圈模型添加到 Circuit 中，同时也可以将共模扼流圈的 PCB 的状态空间模型 .sss 文件导入 Circuit 中，并按照实际的方式进行连接，如图 4-167 所示。在添加了 HFSS 的模型后，需要右键单击选择 Refresh Dynamic Link，以保证模型调用结果的正确性。

搭建滤波器的模型后，需要对其滤波效果进行查看，在工程中，往往使用插入损耗表征滤波器的滤波效果。电源 EMI 滤波器往往不仅仅包含共模扼流圈，还有 X 电容、Y 电容等安规器件，软件可以在电路中添加电容模型，此处仅使用理想的电容模型，也可以导入电容

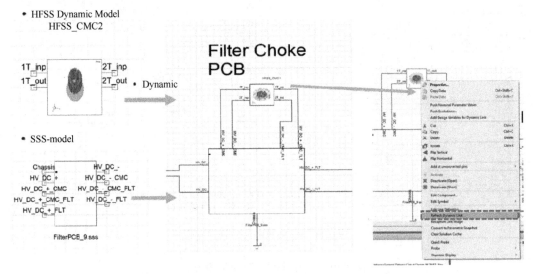

图 4-167 导入共模扼流圈及滤波器 PCB 的仿真模型

的 S 参数模型或者高频等效电路模型以获取更真实的滤波效果。在 Circuit 中需要对模型添加 Port 端口，如图 4-168 所示，在菜单栏选择 Interface Port 连接 PCB 模型的 4 个端口，同时进行 Linear Network Analysis 频域分析。

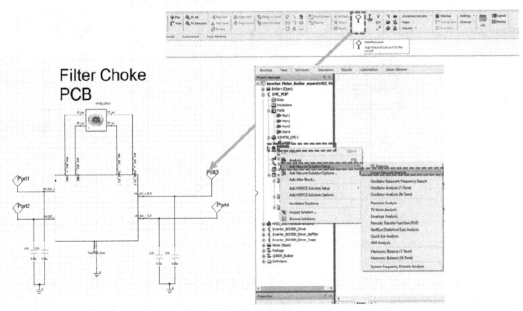

图 4-168 分析滤波器的插入损耗

从仿真结果可以对比出是否添加 Y 电容的滤波器插入损耗的区别，图 4-169 中 S Parameter Plot 1 表示电源输入端口 HV+和直流母线 DC Link+端口之间的 S 参数；S Parameter Plot 2 表示电源输入端口 HV+和电源输入端口 HV-之间的 S 参数，可以看出添加 Y 电容后，其滤波效果确实在某些频段内有所改善。

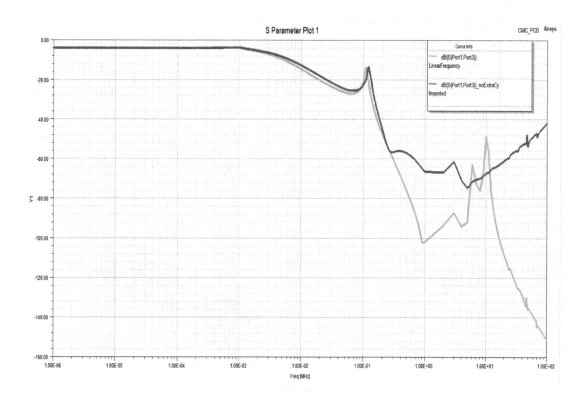

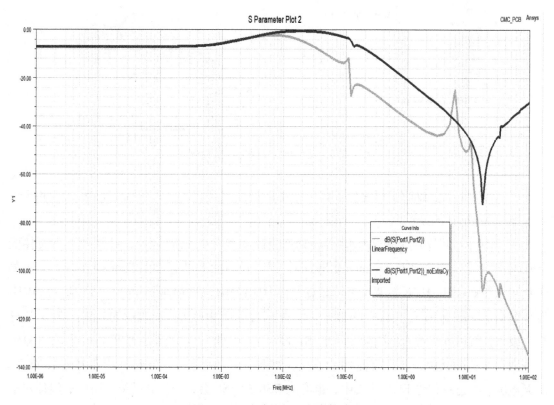

图 4-169　滤波器的 S21 参数波形

（10）在 Q3D 进行母线和功率器件封装建模仿真

当功率器件的工作频率较低时，其电流和电压的变化率也相对较低，功率模块内部的键合线和铜导体都可以认为是良导体；当功率器件的工作频率较高时，功率模块的寄生电感和分布电容会改变高频噪声的耦合路径，进而引发出电磁干扰。因此，功率母线和功率器件的寄生参数提取是电机驱动系统电磁兼容建模和仿真的重要内容之一。在 Q3D 中建立功率母线和功率模块封装的 3D 模型，对模型中不同的物体进行材料参数设置，同时设置导体中电流流通的 Source 和 Sink 网络，就可以提取出不同频率下的寄生参数 RLGC 矩阵，使复杂的工作简单化，如图 4-170 所示。

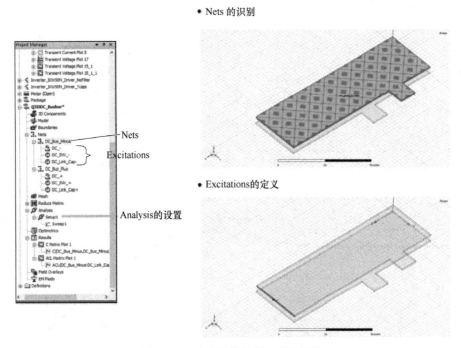

图 4-170　功率母线的寄生参数抽取

在母线的寄生参数抽取和建模过程中，主要的注意点有 3 个：Nets 的识别、Excitations 的定义和 Analysis 的设置。

在 Q3D 中，可以对求解物体做不同频率下寄生参数的扫描分析。可以在工程文件的 Setup 右键单击，选择 Add Frequency Sweep，同时设置扫频的频点数量和插入方式，比如 Q3D 可以在 0Hz 和 1Hz 设置两个求解频点，在 1Hz～1MHz 设置 Log Scale，在 1MHz～100MHz 设置 Linear Scale 的方式，如图 4-171 所示。用户可以任意定义扫描频点的方式。在 Q3D 分析完成后，就可以查看到不同频率下的 RLCG 矩阵，同时可以使用之前阐述的方法将 Q3D 的模型导入 Circuit 中，并进行器件的连接，如图 4-172 所示。功率母线上往往连接着 DC Link 电容，在进行传导 EMC 仿真中，电容的 ESR 和 ESL 会影响仿真结果，所以一般使用电容的高频等效电路模型而非电容的理想模型。

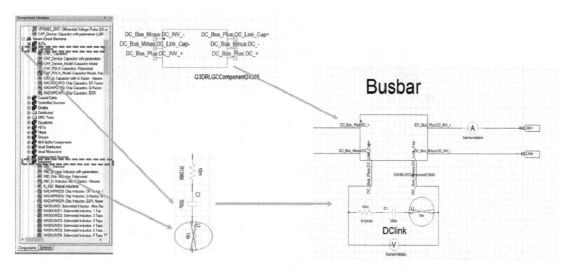

图 4-171　将母线及电容的高频模型添加到电路中

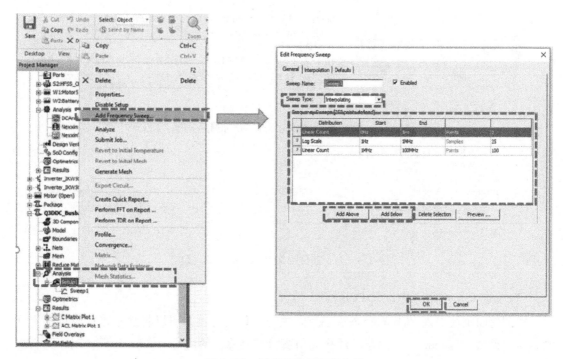

图 4-172　设置母线的扫频分析

同理，也可以对功率模块的 3D 模型进行寄生参数的抽取，如图 4-173 所示。

对于电机驱动系统的 3 相桥臂，可以分别导入各自的功率封装的 RLGC 模型，使用 Page Connector 连接对应的模型的引脚接口，方便后续进行数据和信号传递。可以在工作区右键单击需要连接 Page Connector 的 Component，选择 Add at unconnected pins，可以根据 Port Name 自动添加，如图 4-174 所示。

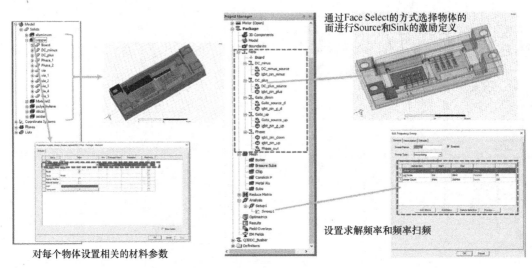

通过Face Select的方式选择物体的
面进行Source和Sink的激励定义

设置求解频率和频率扫频

对每个物体设置相关的材料参数

图 4-173　求解功率器件封装的寄生参数

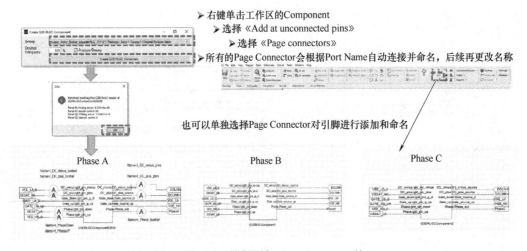

➤ 右键单击工作区的Component
➤ 选择《Add at unconnected pins》
　　➤ 选择《Page connectors》
➤ 所有的Page Connector会根据Port Name自动连接并命名，后续再更改名称

也可以单独选择Page Connector对引脚进行添加和命名

Phase A　　　　　　Phase B　　　　　　Phase C

图 4-174　对于器件添加 Page Connector 接口

（11）在 Circuit 导入驱动板 PCB 模型

根据前面阐述导入 PCB 的静态状态空间模型文件的方法，可以将功率器件驱动器 PCB 的 .sss 文件导入 Circuit 中，由于驱动板的引脚接口较多，直接导入 Circuit 后，对于连接器件引脚很不方便，可以在 Symbol Editor 中对驱动板 PCB 的图标重新编辑引脚分布和 Symbol 图标形状，如图 4-175 所示，将驱动板 PCB 的引脚区分为 High Side 和 Low Side，方便后续与 PSpice 模型等进行电路连接。

形成的包含驱动器 PCB 参数的仿真模型如图 4-176 所示。

（12）简化的电机模型和线缆模型的导入

在整个电机驱动系统中，电机和交流端的线缆是非常重要的部分，因此在传导 EMC 仿真的过程中，这部分内容也应考虑在内。对于电机端的线缆，其仿真方法与之前阐述

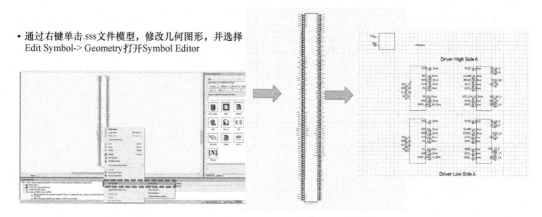

图 4-175　修改 PCB 模型 Symbol 引脚布局

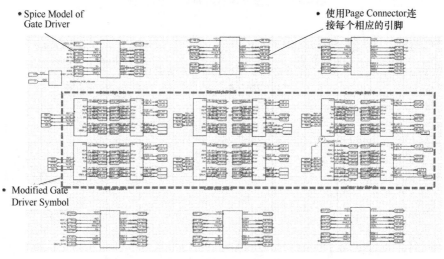

图 4-176　形成的包含驱动器 PCB 参数的仿真模型

的电池端线缆相似，这里不再赘述。对于不同的电机类型，其高频等效电路模型拓扑也往往并不相同，如永磁同步电机的高频等效电路模型往往需要考虑绕组的共模和差模阻抗、铁心与机壳的耦合电容等因素，在诸多的论文及书籍中均有论述。这里为了展示流程，仅使用绕组的等效 RL 参数表征电机模型，并使用 Page Connector 设置信号连接端口，如图 4-177 所示。

（13）SVPWM 算法的实现

电动汽车的电机驱动系统通常采用空间矢量脉宽调制（SVPWM）控制，逆变器的功率模块输出三相 PWM 电压驱动电机运转。在 Circuit 中，提供了三相两电平的 SVPWM 模块，可以直接从 Component Libraries 中拖拽到工作区使用，如图 4-178 所示。

（14）不包含滤波器的电机驱动系统搭建

最终在 Circuit 中完成的不包含 EMC 滤波器的电机驱动系统传导 EMC 仿真电路图如图 4-179 所示。

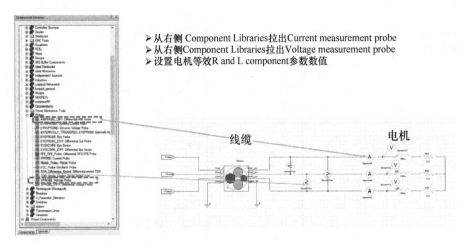

➤ 从右侧 Component Libraries 拉出 Current measurement probe
➤ 从右侧 Component Libraries 拉出 Voltage measurement probe
➤ 设置电机等效 R and L component 参数数值

线缆　　　　　　　电机

图 4-177　添加交流线缆和电机等效模型

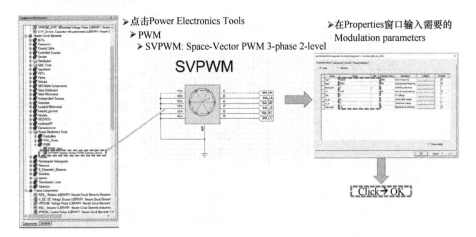

➤ 点击 Power Electronics Tools
➤ PWM
　➤ SVPWM: Space-Vector PWM 3-phase 2-level

➤ 在 Properties 窗口输入需要的 Modulation parameters

Click → OK

图 4-178　添加 SVPWM 控制模块

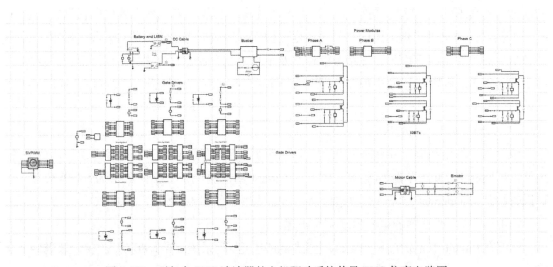

图 4-179　不包含 EMC 滤波器的电机驱动系统传导 EMC 仿真电路图

（15）电气规则检查和仿真设置

在搭建完成整个系统电路后，需要对电路模型进行电气规则检查。单击菜单栏的 Schematic 栏的 Electric Rule Check，并运行 Run ERC，如果显示没有 Error，就说明系统模型建立正确，如果有 Error，就依据 Error Message 和 Goto Error 按键找到错误点并更正，如图 4-180 所示。

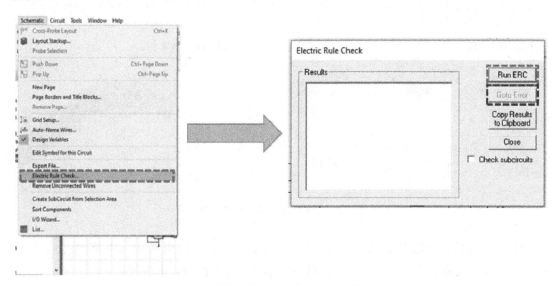

图 4-180　电气规则检查和仿真设置

设置求解时间和精度后就可以运行工程文件，在运行前主要注意连接的 Dynamic Link 模型需要 Refresh 更新和 2DExtractor 模型及 Q3D 模型需要提前运行出结果，如图 4-181 所示。

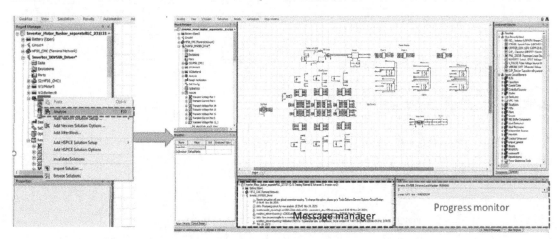

图 4-181　运行 Circuit 仿真

运行结束后，可以绘制出时域和频域的数据波形，如图 4-182 所示。

（16）添加滤波器的电机驱动系统传导 EMI 仿真

EMI 电源滤波器是改善电机驱动系统 EMC 性能的重要手段，在前面搭建的电机驱动系

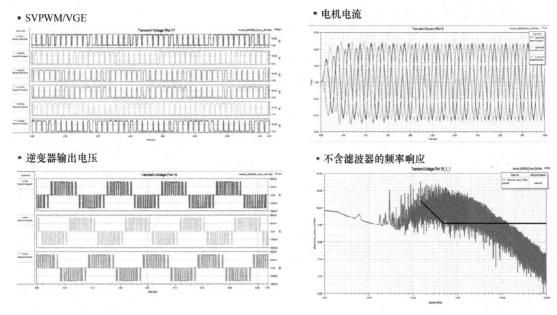

图 4-182 不含滤波器的仿真结果波形

统的传导 EMC 仿真电路中添加之前设计的滤波器模型，搭建的电路如图 4-183 所示。同样进行 ERC 电气规则检查和相关设置后，就可以运行工程文件得到仿真结果。

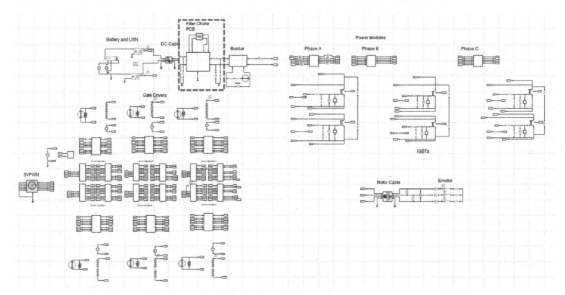

图 4-183 添加滤波器的电机驱动系统传导 EMI 仿真

含滤波器的仿真结果波形如图 4-184 所示。

3. 仿真结果分析

通过进行不同的 EMC 滤波方式，比如添加共模扼流圈或者 Y 电容，可以查看不同滤波方式对传导电磁噪声的抑制效果，如图 4-185 所示。

- SVPWM/Vgs

- 电机电流

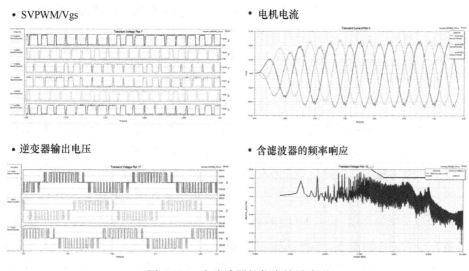

- 逆变器输出电压

- 含滤波器的频率响应

图 4-184　含滤波器的仿真结果波形

- 不包CMC滤波器

- 包含CMC滤波器

- 去掉滤波Y电容

➤ 三种仿真结果对比：包含CMC滤波器-不包含CMC滤波器-去掉滤波Y电容

➤ 仿真结果对比：包含 CMC滤波器-不包含 CMC 滤波器

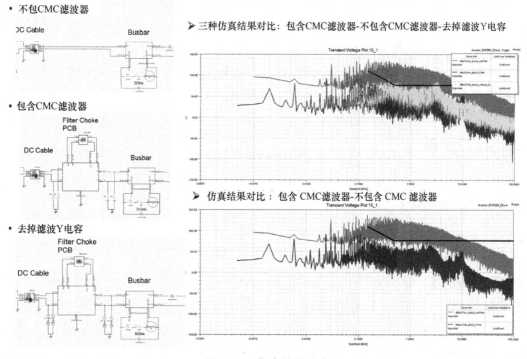

图 4-185　仿真结果对比

4. 资源效果分析

本案例搭建了完整的电机驱动电路的传导 EMI 仿真电路，使用包括 SIwave、HFSS、Q3D、2DExtractor、Circuit 等 ANSYS Electronics Desktop（AEDT）内部的软件。在案例中，2DExtractor 的动力线缆和 HFSS 的共模扼流圈模型使用 Dynamic Link 链接到 Circuit 中的系统级电路原理图；根据 Q3D 的功率母线和功率半导体模块封装的设计仿真结果，生成 RLGC

模型来生成系统级电路仿真的模型；根据 SIwave SYZ 的 PCB 的仿真结果，生成静态状态空间模型，然后将其导入系统仿真中。在四核计算机上，完整的电机驱动系统传导 EMI 系统电路仿真可能需要 8~12h 的仿真时间，并且在计算机硬盘上生成数千兆字节的数据文件。

4.2.3.4　结论

本案例搭建了电动汽车电机驱动系统的传导 EMI 仿真案例，着重考虑了功率半导体器件封装、功率母线、功率线缆的有限元仿真模型及其寄生参数，在建模过程中考虑了 PCB 参数的影响，生成静态状态空间模型；同时结合 IGBT/SiC MOS FET 及其控制器的 PSpice 模型，搭建完整的电机驱动系统的仿真电路模型，通过时域的仿真得到各个电路节点的电流和电压波形，使用 LISN 网络获取电磁噪声波形，通过 FFT 变化，得到电磁噪声在频域下的仿真波形。本案例还对是否添加了 EMI 电源滤波器的共模扼流圈及 Y 电容的案例做了结果对比，可以有效地验证不同滤波方式对 EMI 电磁噪声的减弱情况。

在该案例中，对电机模型并没有过多考虑，后续可以针对不同的电机类型以及不同电机转速下，使用不同的电机高频等效电路模型进行替换。同时，在 EMC 设计中，线缆是电磁干扰传导噪声和辐射噪声重要的耦合路径，该案例也仅使用 2D 横截面模型，该模型比较简单，比如后续可以考量功率线缆的屏蔽层设计及线缆弯折对电磁干扰的影响。对于电动汽车的电机驱动系统，动力电池在不同 SOC（State of Charge，荷电状态）情况下，其阻抗特性不同，也对电机驱动系统的 EMC 性能有所影响，本案例仅使用理想电压源代替，上述各点均可以作为后续研究的方向。

4.3　电力装备

4.3.1　电弧放电仿真

4.3.1.1　概述

在海平面附近的清洁空气作为绝缘电介质时的场强门限约为 3MV/m，如果空气中的中性质子不发生电离，则空气就能呈现良好的绝缘性能。但是当场强不断增加时，空气中的中性质点在电场作用下以及运动粒子的撞击下，可以发生游离或电离，使中性粒子分离出自由电子和正离子，其新形成的自由电子不断向阳极加速运动，同时不断与中性质点发生碰撞，从而引发更多的游离。随着碰撞游离的不断增加，两极之间将充满电子和正离子，形成较大的电导，导致其空气电介质强度不断减小，当气体的电介质强度小于施加的电场强度时就会发生空气放电形成电弧。

因此电弧的实质是一种空气放电现象，在一定的条件下使两极之间的气体空间导电，电流击穿空气介质所产生的瞬间火花，其中电弧的部分电能转化为热能和光能。现实中电弧放电严重影响输电系统、配电系统以及电子设备的系统性能，另外电弧产生的高热使得金属材料变形、烧毁，严重时造成设备永久毁坏，因此在工业产品设计中均应考虑防止和消除电弧现象。

ANSYS EMA3D Charge 软件提供平台级的充放电仿真解决方案。针对电弧放电仿真，EMA3D Charge 在三维电磁场求解算法 FDTD（时域有限差分）的基础上增加了非线性空气化学模块，计算空气的电导率随着外加电场强度的非线性变化。由于电弧的产生过程是等离子物理过程，放电区域从非常弱的导电空气变化为完全电离，其过程包含不同种类的粒子的物理和原子过程，因此为了模拟电弧的发生，EMA3D Charge 综合考虑了放电区域的粒子密度守恒、动量守恒和能量守恒[1-3]。

本案例采用 ANSYS EMA3D Charge 软件仿真电力系统中母线的电弧放电，演示仿真流程以及结果处理。

4.3.1.2　仿真思路

本案例首先导入母线排的几何模型，为各母线结构定义材料。创建求解区域以及放电区域，定义电流源激励，设置电压探针以及电弧击穿电流探针，分析击穿电压以及电弧路径。

4.3.1.3　详细的仿真流程与结果

1. 软件与环境

本案例采用 ANSYS EMA3D Charge 2022 R1 完成全部过程。

EMA3D Charge 通过非线性空气化学模块仿真电弧放电，为各类充放电问题提供解决方案。

2. 仿真流程

（1）模型导入与求解区域定义

如图 4-186 所示为导入的母线 CAD 模型，其中包含三组母线，三组母线之间空气隔离，每组母线内部通过导线连接。首先在 Domain 中定义仿真频率、求解区域、网格尺寸、边界条件以及并行分区数目。其中 FDTD 的时间步长、空间步长、Start Time、End Time 均基于指定的最低频率和最高频率计算得到，另外 Lowest Frequency $= 1/t_{\text{end}}$，$\Delta t \leqslant \dfrac{1}{c\sqrt{\Delta x^2 + \Delta y^2 + \Delta z^2}}$。

求解区域 Domain 的具体设置如下：

1）仿真频率和时间：Lowest Frequency 定义为 5MHz，Highest Frequency 定义为 12GHz，End Time 软件计算为 2×10^{-7}s，定义 Stability Margin 为 1%，则 Step Time 计算为 4.76×10^{-12}s。

2）求解区域：MinimumX：-485mm，Y：-920mm，Z：-740mm；MaximumX：410mm，Y：60mm，Z：250mm。

3）网格尺寸（Step Size）：5mm。

边界条件设置为 Mur1 H-Field，将吸收来自电流源的辐射场。

（2）击穿区域定义

电弧放电仿真前需要定义击穿区域，该模型中空气击穿区域为三组母线模型之间的两部分区域。在 EMA3D 菜单下的 Simulation 标签中，选择 Break Down 定义两个击穿区域，可以通过拉动视图中的红色、蓝色和绿色箭头或者直接输入坐标完成定义。在 Break Down 区域定义中 EMA3D Charge 支持定义空气的相对密度（Relative Air Density）和绝对含水量（Ab-

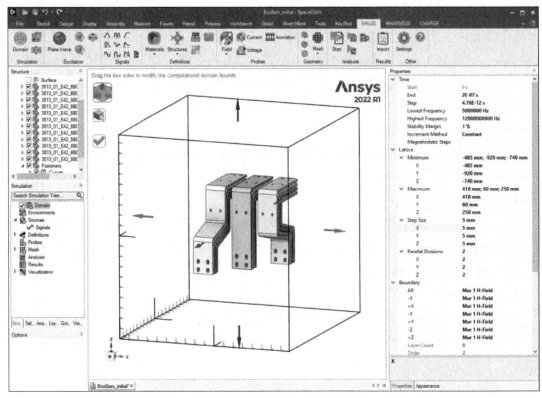

图 4-186　母线 CAD 模型导入及求解区域 Domain 定义

solute Water Content），分别如图 4-187 和图 4-188 所示。

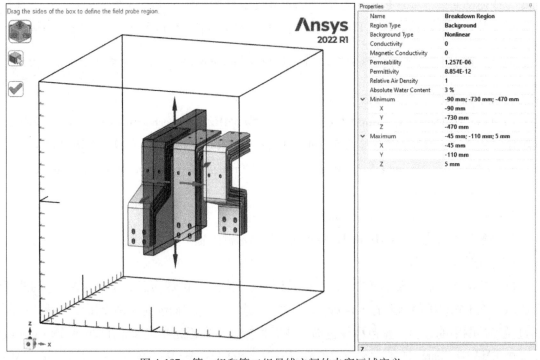

图 4-187　第一组和第二组母线之间的击穿区域定义

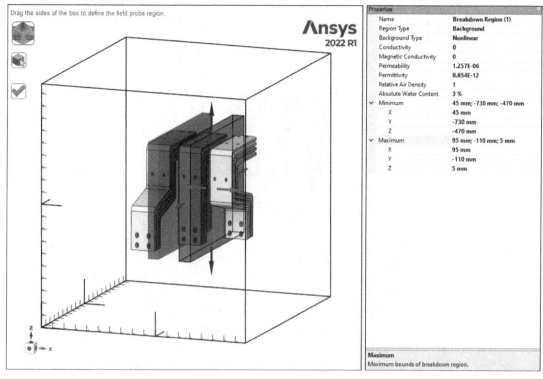

图 4-188　第二组和第三组母线之间的击穿区域定义

（3）定义电流源及接地线

仿真中为第一组母线添加电流源激励，电流源从 Domain 边界条件引出注入第一组母线上。第二组和第三组母线通过接地线从母线引出接入 Domain 边界上。在 EMA3D 菜单下的 Geometry 标签中选择 Line 工具创建从几何点到 Domain 边界的激励线和接地线。

如图 4-189 所示，左侧 Line 为电流源激励线，右侧下方两根 Line 为接地线。在 EMA3D 菜单下的 Excitation 标签中选择 Current，选择左侧电流激励线定义电流激励源，通过 Reverse Current Direction 调整电流激励方向。

定义 Linear Ramp 的 Signal，其中 Time-End、Time-Start 及 Time-Step 均设置为 Same as Simulation，将 Amplitude 设置为 100，Time to Peak（t_0）设置为 100ns。在左侧 Simulation 仿真设置树中，将 Sources→Signals 中创建的 Linear Ramp 波形拖到 Current 中完成电流源波形加载，如图 4-190 所示。

（4）材料定义

EMA3D Charge 仅对赋予了材料的几何进行网格剖分和仿真计算，因此在仿真前需要对母线和接地线进行材料定义。在 Materials 中选择 PEC，将母线和接地线定义为 PEC 材料，如图 4-191 所示。

（5）设置探针

在仿真前需要定义电压、电流以及表面电流密度等探针。

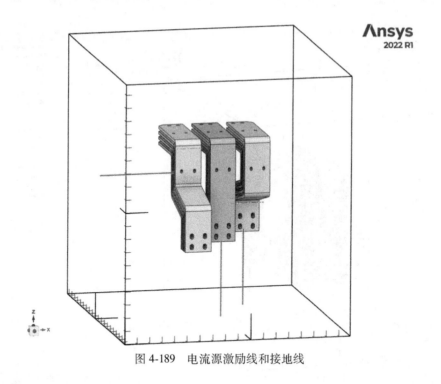

图 4-189　电流源激励线和接地线

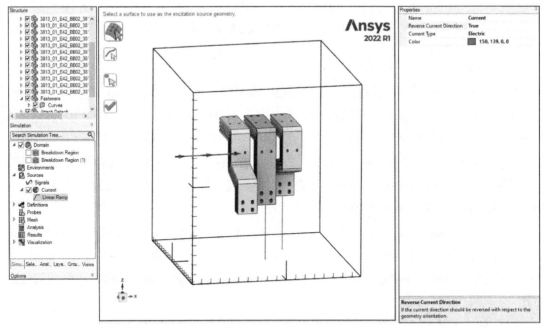

图 4-190　创建电流源并定义电流波形

　　1）设置电压探针。在 EMA3D 菜单下面的 Probes 标签中选择 Voltage。如图 4-192 所示，Negative Point 选择在第一组母线，Positive Point 选择在第二组母线，创建 Voltage to First Bar 探针。第二个电压探针的 Negative Point 选择在第二组母线，Positive Point 选择在第三组母线，创建 Voltage from First to Second Bar 探针。

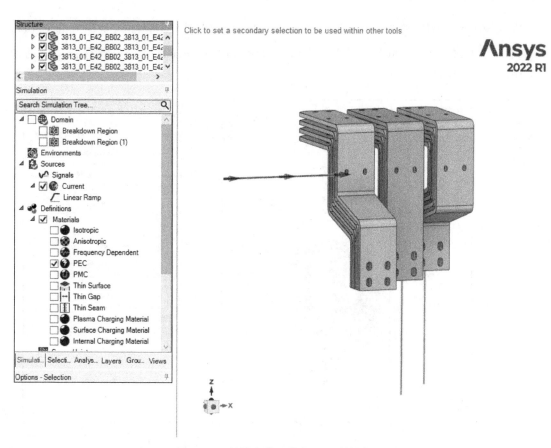

图 4-191　母线和接地线的 PEC 材料定义

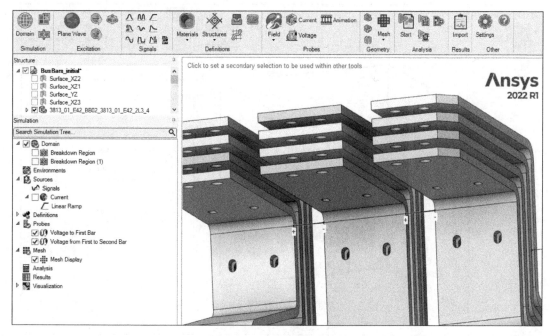

图 4-192　电压 Probes 定义

2）设置电流探针。在 EMA3D 菜单下面的 Probes 标签中选择 Current。创建 Bulk Current to Boundary、Bulk Current to First、Bulk Current First to Second Bar 三个电流探针，分别如图 4-193~图 4-195 所示。

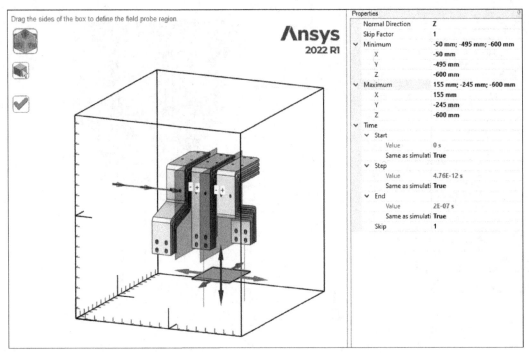

图 4-193　Bulk Current to Boundary 电流探针定义

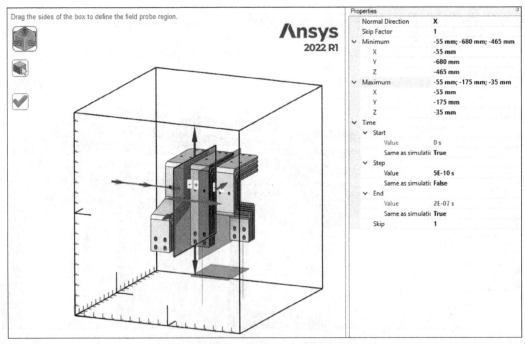

图 4-194　Bulk Current to First 电流探针定义

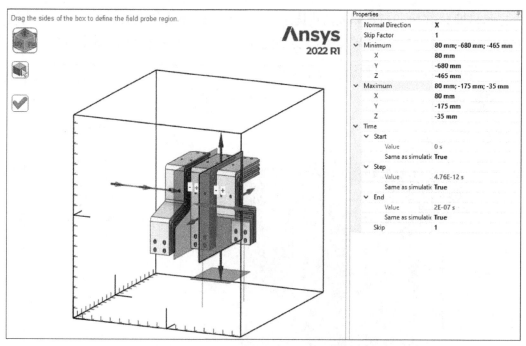

图 4-195　Bulk Current First to Second Bar 电流探针定义

3）设置表面电流密度探针 Animation Probe。首先创建监视面 Surface_XZ1、Surface_XZ2、Surface_XZ3 和 Surface_YZ 四个切面，如图 4-196 所示。

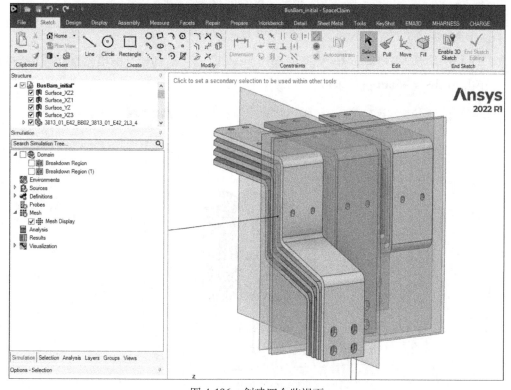

图 4-196　创建四个监视面

在 EMA3D 菜单下面的 Probes 标签中选择 Animation，选择创建的监视面，Probe Type 中选择 Electric Current，其他选项保持默认设置，分别创建四个表面电流密度探针，如图 4-197 所示。

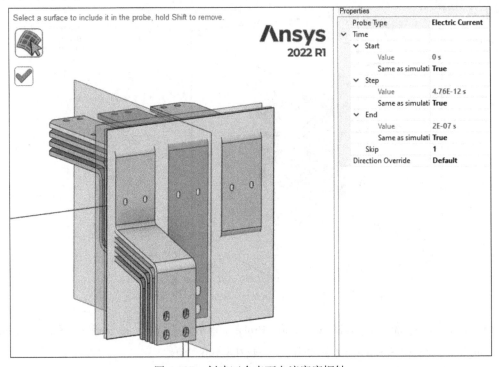

图 4-197　创建四个表面电流密度探针

（6）网格剖分与计算

在 EMA3D 菜单下的 Geometry 标签中选择 Mesh 完成网格剖分，网格查看如图 4-198 所示，并单击 Analysis→Start 进行求解。

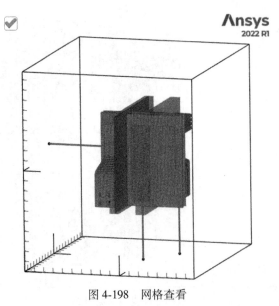

图 4-198　网格查看

（7）结果后处理

在 Results 下面打开完成的计算数据节点，分别右键单击选择 Voltage、Bulk Current 并单击 Plot，即可在 Visualization 下面看到绘制的 2D Plots，分别如图 4-199~图 4-203 所示。

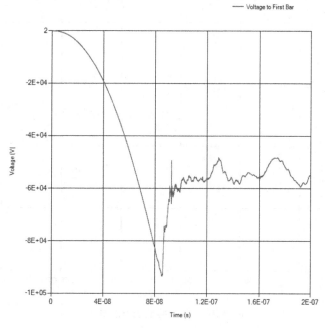

图 4-199　第一组和第二组母线之间的电压

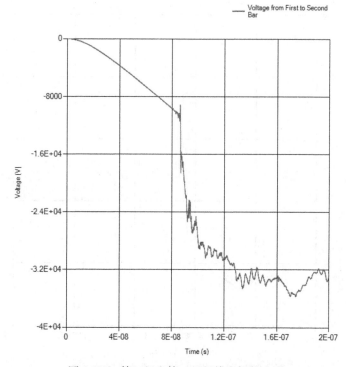

图 4-200　第二组和第三组母线之间的电压

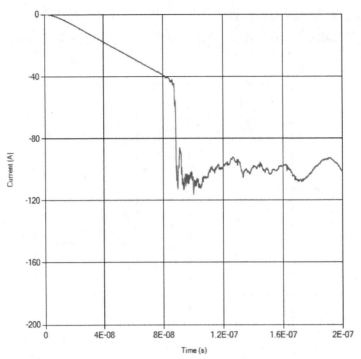

图 4-201　两根接地线上的电流

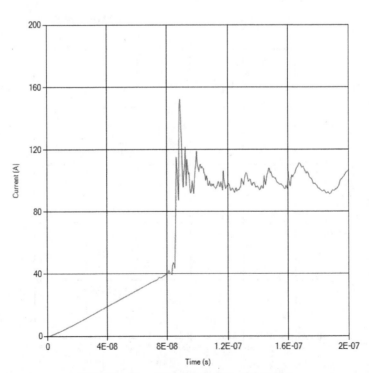

图 4-202　第一组和第二组母线之间的电流

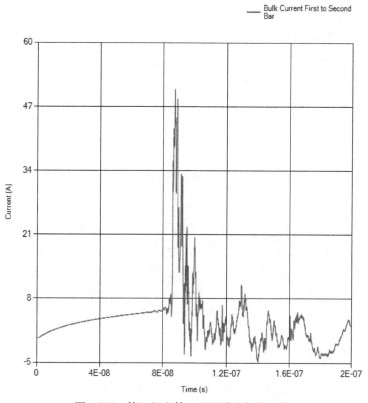

图 4-203　第二组和第三组母线之间的电流

右键单击 Results 下面的 Current_XZ1 Probe 选择 Generate Animation 可生成表面电流的时域动画图。将 Axis 的 Maximum 设置为 1000，得到如图 4-204 所示的结果。

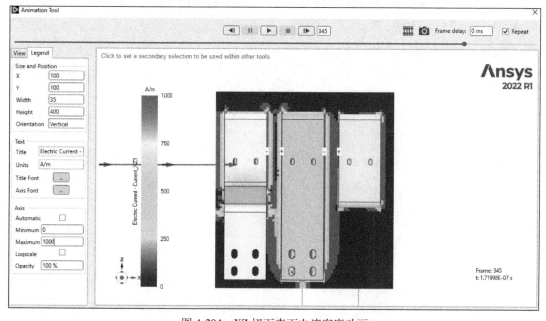

图 4-204　XZ 切面表面电流密度动画

3. 仿真结果分析

案例中 EMA3D Charge 计算了三组母线之间的空气击穿时的电弧放电。当第一组和第二组母线之间的电压达到 93kV，即 85ns 时，电压迅速降低，母线之间产生电弧放电，通过监测切面的表面电流密度可以获得电弧放电的电流路径。随着第一组和第二组母线之间的空气击穿，以及电流的持续注入，第二组和第三组母线之间也产生了较弱的电流，它们之间的电压也随之达到平衡状态。

4. 资源效果分析

计算资源统计：CPU 主频 2.1GHz，八核并行计算，计算时间为 35min。

4.3.1.4 结论

本案例中采用 EMA3D Charge 计算了在电流注入情况下三组母线之间的空气击穿电弧放电现象。EMA3D Charge 通过非线性空气化学模块在 FDTD 电磁场求解的基础上仿真空气电导率的非线性变化，在考虑空气的相对密度和绝对含水量的前提下仿真电弧放电，准确预测了击穿电压以及击穿后形成的导电通道，整个仿真工作对于电弧放电仿真具有极大的参考价值。

4.3.2 本节参考文献

［1］RUDOLPH T，PERALA R A. Development and Application of Linear and Nonlinear Methods for Interpretation of Lightning Strikes to In-Flight Aircraft［R］. NASA CR-3974，1986.

［2］RUDOLPH T，PERALA R. Linear and Nonlinear Interpretation of the Direst Strike Lightning Response of the NASA F-106B Thunderstorm Research Aircraft［R］. NASA CR-3746，1983.

［3］FOWLER R. A Trajectory Theory of Ionization in Strong Electric Fields［J］. Journal of Physics B：At. Mol. Phys，1983，16.